Strategien der Implantatentwicklung mit hohem Innovationspotenzial

Ulrike Löschner · Fabienne Siegosch · Steffen Fleßa
(Hrsg.)

Strategien der Implantatentwicklung mit hohem Innovationspotenzial

Von der Idee zur erfolgreichen Standardlösung

Springer Gabler

Hrsg.
Ulrike Löschner
Lehrstuhl für Allgemeine
Betriebswirtschaftslehre und
Gesundheitsmanagement
Universität Greifswald
Greifswald, Deutschland

Fabienne Siegosch
Lehrstuhl für Allgemeine
Betriebswirtschaftslehre und
Gesundheitsmanagement
Universität Greifswald
Greifswald, Deutschland

Steffen Fleßa
Lehrstuhl für Allgemeine
Betriebswirtschaftslehre und
Gesundheitsmanagement
Universität Greifswald
Greifswald, Deutschland

ISBN 978-3-658-33473-4   ISBN 978-3-658-33474-1   (eBook)
https://doi.org/10.1007/978-3-658-33474-1

Die Deutsche Nationalbibliothek verzeichnet diese Publikation in der Deutschen Nationalbibliografie; detaillierte bibliografische Daten sind im Internet über http://dnb.d-nb.de abrufbar.

Planung/Lektorat: Margit Schlomski
Springer Gabler ist ein Imprint der eingetragenen Gesellschaft Springer Fachmedien Wiesbaden GmbH und ist ein Teil von Springer Nature.
Die Anschrift der Gesellschaft ist: Abraham-Lincoln-Str. 46, 65189 Wiesbaden, Germany

Vorwort

Innovative Implantate sind eine faszinierende Technologie, die sofort begeistert. Modernste Werkstoffe, Mechanik und Elektronik vereinen sich zu Medizinprodukten mit dem Potenzial, Krankheiten und Behinderungen zu heilen, Lebensqualität zu erhöhen und insbesondere einen immensen Beitrag zur Wohlfahrt der alternden Bevölkerung zu leisten. Die Expertise, mit der heute Mediziner diese „Wunderwerke" implantieren, verdient genauso Respekt und Bewunderung wie die kreativen Ideen der Ingenieure und Naturwissenschaftler, die immer wieder scheinbar unmögliche Aufgaben lösen und die Medizintechnik, das Gesundheitswesen und die Gesellschaft voranbringen. Wer könnte angesichts der lebensverändernden Dimension von Cochleaimplantaten oder Koronarstents daran zweifeln, dass diese Innovationen von Anfang an wirkliche Durchbrüche der Medizin und Technikwissenschaften waren. Es steht doch außer Frage, dass jedem Banker und Geschäftspartner sogleich einleuchtete, dass sich die Investition lohnt? Wer könnte infrage stellen, dass aus diesen guten Ideen nach kürzester Zeit Standardlösungen werden, die Technik, Medizin, Gesundheitsfinanzierung und Gesellschaft prägen?

Die Realität ist aber eine andere: Von der Idee des Mediziners oder Ingenieurs bis zum marktreifen Produkt und schließlich zur Durchsetzung der Innovation auf den Märkten als Standardlösung sind viele Prozesse zu durchlaufen, zahlreiche Barrieren zu überwinden und immer wieder neue Wege zu suchen. Die Produktentwicklung und Marktdurchsetzung ist ein komplexer und dynamischer Prozess. Viele Produkte, deren Vorteilhaftigkeit ex post absolut klar zu sein scheint, hatten einen schweren Start, überlebten nur in Nischen oder verdanken ihren letztendlichen Erfolg der Beharrlichkeit weniger „Nerds", die an die Idee glauben und diese gegen alle Widerstände durchsetzen. Andere Produktideen finden nie oder nur nach sehr langer Zeit den Weg in die Praxis. Scheitern bis hin zur Insolvenz ist die „dunkle" Seite der Implantatentwicklung.

Der Markterfolg eines Implantats hat dabei viele Väter und Mütter: Neben dem Ideengeber und dem Entwickler sind es die Finanzierungsinstrumente, das Marketing, die exakte Kenntnis der Kunden und ihrer Bedürfnisse, die geschickte Personalauswahl. Vor allem aber muss der Prozess in seiner Gesamtheit strukturiert geplant, organisiert und kontrolliert werden. Die hohen Investitionskosten und die große gesellschaftliche Bedeutung der Entwicklung zukunftsfähiger Implantate erfordern, dass der komplette

Prozess vom Anfang bis zum Ende nicht dem Zufall oder der persönlichen Begeisterung einzelner Individuen überlassen wird, sondern in allen Dimensionen systematisch gemanagt wird. Kein Element des Prozesses, so wie er in Abb. 1.2 abgebildet ist, darf entfallen. Keine Schnittstelle darf willkürlich sein. Keine Feedbackschleife darf ignoriert werden. Nur wenn die Implantatentwicklung einem systematischen Management-prozess folgt, sind die Risiken überschaubar, die Entwicklungszeiten verkürzbar und die Marktchancen planbar. Nur dann wird auch aus einer „verrückten" Idee verlässlich eine Standardlösung mit einem Impact auf das Gesundheitswesen und die alternde Gesell-schaft.

Für die „big players" der Branche sind diese Aussagen selbstverständlich. Die inter-nationalen Konzerne der Medizintechnik haben häufig ganze Abteilungen, die sich mit diesen Fragestellungen beschäftigen: Kostenanalysen, Zulassung, Erstattung, Markt-forschung etc. sind in diesen Unternehmen personell und organisatorisch verankert. Viele kleine und mittelständische Unternehmen und insbesondere die Start-ups bzw. Ausgründungen von Universitäten und Forschungsinstituten sind jedoch häufig über-fordert, neben ihrer technischen Expertise auch noch die Managementkompetenz des Innovationsprozesses einzubringen. Für Unternehmensberatungen, die diese Dienste teilweise auch anbieten, fehlt häufig die Finanzkraft. Und so scheitert gerade bei diesen Unternehmen manche gute Idee bereits an den Barrieren und wird nie einen Impact auf die Gesellschaft haben.

Für diese Unternehmen wurde dieser Leitfaden geschrieben. Er möchte zusammen-fassend die wichtigsten Elemente, Barrieren und Strategien der Entwicklung hoch-innovativer Implantate von der Idee bis zur Standardlösung aufzeigen. Vor allem aber möchte dieser Leitfaden eine Hilfestellung für die Systematisierung des komplexen, mehrstufigen Adoptionsprozesses bieten. Zweifelsohne findet man im Internet zu den meisten Gebieten hilfreiche Ausführungen (z. B. zu Kostenanalysen), aber die Zusammenführung zu einem Modell aus einem Guss bleibt häufig schwierig. Tatsäch-lich entscheidet aber nicht die Qualität eines Teilprozesses, sondern nur der Gesamt-prozess über den Erfolg der Implantatentwicklung. Deshalb dient dieser Leitfaden dazu, ein Gesamtbild zu geben. Die einzelnen Schritte werden anhand von Beispielen ver-anschaulicht, aber vor allem wird die unübersichtliche Komplexität des Implantatent-wicklungsprozesses von der Idee bis zur Standardlösung durch Strukturierung auf ein beherrschbares Maß reduziert.

Die Autoren stammen überwiegend aus der Praxis und haben im Rahmen des Projektes RESPONSE selbst an der Implantatentwicklung mitgewirkt. Als Ingenieure, Naturwissenschaftler, Demografen, Mediziner, Kostenrechner oder Manager haben sie Erfahrungen gesammelt, die sie in diesem Leitfaden teilen möchten. Wenn dieser Leit-faden einige Führungskräfte von kleinen und mittleren Unternehmen (KMUs) ermutigt, den „Dschungel" der Implantatentwicklung zu beherrschen, wenn er Technikwissen-schaftler anspornt, nicht nur ihre Methoden und Werkstoffe, sondern die Bedürfnisse der Kunden zu sehen, und wenn dieses Manuskript letztlich dazu beiträgt, bewundernswerte und gesellschaftsverändernde Implantate nicht nur als Prototypen zu bauen, sondern zur Marktreife und Durchsetzung auf den Gesundheitsmärkten zu führen, dann haben die Autoren ihr Ziel erreicht!

Ulrike Löschner
Fabienne Siegosch
Steffen Fleßa

Inhaltsverzeichnis

Autorenverzeichnis

Altiner, Attila Institut für Allgemeinmedizin, Universitätsmedizin Rostock

Buchholz, Annika Klinik für Hals-, Nasen- und Ohrenheilkunde, Medizinische Hochschule Hannover

Barth, Alexander Rostocker Zentrum zur Erforschung des demografischen Wandels

Busch, Raila Klinik für Innere Medizin B, Universitätsmedizin Greifswald

Doblhammer, Gabriele Rostocker Zentrum zur Erforschung des demografischen Wandels

Drewelow, Eva Institut für Allgemeinmedizin, Universitätsmedizin Rostock

Fleßa, Steffen Lehrstuhl für Allgemeine Betriebswirtschaftslehre und Gesundheitsmanagement, Universität Greifswald

Frech, Stefanie Universitätsaugenklinik, Universitätsmedizin Rostock

Guthoff, Rudolf Universitätsaugenklinik, Universitätsmedizin Rostock

Harzheim, Laura Cologne Center for Ethics, Rights, Economics, and Social Sciences of Health, Universität zu Köln

Hassel, Angela-Verena Lehrstuhl für Allgemeine Betriebswirtschaftslehre und Gesundheitsmanagement, Universität Greifswald

Helbig, Christian Institut für Allgemeinmedizin, Universitätsmedizin Rostock

Jünger, Saskia Cologne Center for Ethics, Rights, Economics, and Social Sciences of Health, Universität zu Köln

Klar, Ernst Allgemein-, Viszeral-, Gefäß- und Transplantationschirurgie, Universitätsmedizin Rostock

Kreft, Daniel Rostocker Zentrum zur Erforschung des demografischen Wandels

Lenarz, Thomas Klinik für Hals-, Nasen- und Ohrenheilkunde, Medizinische Hochschule Hannover

Leuchter, Matthias Allgemein-, Viszeral-, Gefäß- und Transplantationschirurgie, Universitätsmedizin Rostock

Lorke, Mariya Cologne Center for Ethics, Rights, Economics, and Social Sciences of Health, Universität zu Köln

Löschner, Ulrike Lehrstuhl für Allgemeine Betriebswirtschaftslehre und Gesundheitsmanagement, Universität Greifswald

Martin, Heiner Institut für Biomedizinische Technik, Universitätsmedizin Rostock

Nagel, Jaro Klinik für Innere Medizin B, Universitätsmedizin Greifswald

Raths, Susan Lehrstuhl für Allgemeine Betriebswirtschaftslehre und Gesundheitsmanagement, Universität Greifswald

Ritzke, Manuela Institut für Allgemeinmedizin, Universitätsmedizin Rostock

Siegosch, Fabienne Lehrstuhl für Allgemeine Betriebswirtschaftslehre und Gesundheitsmanagement, Universität Greifswald

Thum, Christin Lehrstuhl für Allgemeine Betriebswirtschaftslehre und Gesundheitsmanagement, Universität Greifswald

Wollny, Anja Institut für Allgemeinmedizin, Universitätsmedizin Rostock

Woopen, Christiane Cologne Center for Ethics, Rights, Economics, and Social Sciences of Health, Universität zu Köln

Steffen Fleßa, Ulrike Löschner, Heiner Martin und Fabienne Siegosch

1.1 Modell der Adoption innovativer Implantattechnologie

U. Löschner und S. Fleßa

Die Branche der Medizintechnik, der auch Implantattechnologien zuzuzählen sind, ist von hoher Dynamik und Innovationskraft gekennzeichnet. Deutsche Hersteller von Medizintechnik generieren ein Drittel ihres Umsatzes mit relativ neuen Produkten, d. h. solchen, die erst wenige Jahre auf dem Markt sind. Dementsprechend weist die Branche bedeutende Forschungs- und Innovationsaktivitäten auf (Faulkner und Kent 2001).

Der Begriff der Innovation ist eine sehr weite Bezeichnung und in der einschlägigen Fachliteratur nicht eindeutig definiert (Hauschildt et al. 2016). Während viele Definitionsansätze auf die weitläufig anerkannte Erläuterung nach Schumpeter bauen, wonach eine Innovation als jegliche Abänderung der Produktionsmethoden, die Herstellung neuer Produkte, eine veränderte Unternehmensorganisation oder auch die Eröffnung eines neuen Marktes bezeichnet wird (Schumpeter 1934), spezifizieren

S. Fleßa (✉) · U. Löschner · F. Siegosch
Lehrstuhl für Allgemeine Betriebswirtschaftslehre und Gesundheitsmanagement, Universität Greifswald, Greifswald, Deutschland
E-Mail: steffen.flessa@uni-greifswald.de

U. Löschner
E-Mail: ulrike.loeschner@outlook.com

F. Siegosch
E-Mail: fabienne.siegosch@uni-greifswald.de

H. Martin
Institut für Biomedizinische Technik, Universitätsmedizin Rostock, Rostock, Deutschland

© Der/die Autor(en), exklusiv lizenziert durch Springer Fachmedien Wiesbaden GmbH, ein Teil von Springer Nature 2021
U. Löschner et al. (Hrsg.), *Strategien der Implantatentwicklung mit hohem Innovationspotenzial*, https://doi.org/10.1007/978-3-658-33474-1_1

andere Autoren den Begriff weiter. Im Zusammenhang mit Neuerungen in der Gesundheitswirtschaft ist der Ansatz nach Vahs und Brem eindeutig zutreffender. Dieser setzt
den Innovationsbegriff mit der ökonomischen Optimierung der Wissensverwertung und
somit der initialen, wirtschaftlichen Umsetzung einer Idee gleich (Vahs und Brem 2015).
Im engeren Sinne stellt eine Innovation demnach die erfolgreiche Einführung auf dem
Zielmarkt dar. Im weiteren Sinn umfasst dies den langfristigen wirtschaftlichen Erfolg
einer Neuerung und somit den Verbleib auf diesem Markt. Zusätzlich voneinander abzu-
grenzen sind hierbei die Begriffe Invention und Innovation. Ersterer ist lediglich auf
die Vorgänge der Ideengenerierung und der ersten technischen Umsetzung (z. B. als
Prototyp) begrenzt. Letzterer stellt einen umfassenderen ganzheitlichen Prozess dar,
der durch die Ideengewinnung initiiert wird und mit der erfolgreichen Annahme durch
potenzielle Nutzer (Adoption) abgeschlossen ist. Inventionen werden als Innovation
bezeichnet, sobald sie innerhalb eines Systems bei der Mehrheit der beteiligten Elemente
Anwendung finden (Fleßa 2006).

▶ **Definition: Innovationsbegriff** Erstmalige wirtschaftliche Umsetzung einer Idee
sowie deren erfolgreiche Einführung und langfristiger Verbleib auf dem Zielmarkt.

Entwickler und Hersteller innovativer Implantattechnik sehen sich mit denselben
Herausforderungen konfrontiert, die auch in anderen Bereichen des Gesundheitssystems
zunehmend in den Vordergrund treten. Demografische Entwicklungen werden immer
deutlicher in einem veränderten Krankheitsspektrum resultieren, d. h., vor allem ältere,
multimorbide Patienten mit einer Reihe chronisch-degenerativer Erkrankungen werden
das Behandlungsspektrum prägen. Zusätzlich sieht sich die Gesundheitswirtschaft einem
steigenden Fachkräftemangel gegenüber. Innovative Technologien können hier einen
erheblichen Beitrag zu einer verbesserten Versorgung der Patienten leisten (BVMed
2017).

Hinweis

Aktuelle und zukünftige Herausforderungen im Gesundheitswesen

- Demografische Alterung
- Fachkräftemangel
- Finanzierung
- Marktzugang ◀

In diesem Zusammenhang müssen sich auch Forscher, Entwickler und Hersteller
innovativer Implantattechnologien am aktuellen sowie zukünftigen medizinischen Bedarf
orientieren, gleichzeitig Herausforderungen der demografischen Entwicklung berücksichtigen und somit einen wichtigen Beitrag zur besseren Patientenversorgung leisten.
Herz-Kreislauf-Erkrankungen, grauer und grüner Star sowie Schwerhörigkeit bis hin

zu Taubheit werden bereits heute unter Einsatz von Implantaten behandelt. Kontinuierliche Forschung im Bereich der implantatbasierten Therapie soll die Versorgung dieser Patientengruppen in Zukunft weiter verbessern und nachhaltig gestalten. Allein in Deutschland betrifft dies jährlich 800.000 Patienten, die unter Gefäßerkrankungen leiden, 440.000 Patienten mit Erkrankungen an den Augen sowie potenziell etwa 14 Mio. Betroffene mit Hörstörungen. Im Fokus steht hierbei eine möglichst hohe Lebensqualität der Patienten bis in das hohe Alter zu erhalten (Konsortium RESPONSE 2020).

Medizinisch relevante Therapiekonzepte unter Einsatz innovativer Implantate sollen zum einen zu einer Entlastung des Gesundheitssystems bei der Behandlung von Krankheiten mit hoher Prävalenz und steigender Inzidenzrate beitragen. Zum anderen soll mittels neuer implantatbasierter Behandlungsoptionen die Versorgung multimorbider, vorrangig älterer Patienten verbessert werden. Maßgeblich für die Entwicklung und erfolgreiche Etablierung solcher Technologien auf dem Gesundheitsmarkt ist die Kommunikation und Kooperation aller am Prozess der Implantatentwicklung beteiligten Akteure. Personengruppen unterschiedlicher Sektoren sind entweder direkt oder indirekt involviert. Die Abstimmung verschiedener Interessen und deren Koordination sind entscheidend für die Translation einer innovativen Produktidee in die praktische Anwendung. Unter Beteiligung wissenschaftlicher, medizinischer sowie wirtschaftspraktischer Expertise und der Nutzung daraus entstehender Synergieeffekte kann die Adoption von Innovationen im Bereich der Implantattechnologie beschleunigt werden.

Hinweis

Kommunikation und Kooperation aller direkt oder indirekt beteiligten Interessengruppen müssen geplant und gesteuert werden.

Sektoren
Forschung/Entwicklung/Privatwirtschaft/Politik/Medizin/Pharmazie/Gesellschaft. ◄

Ziel des vorliegenden Leitfadens ist es, herstellende Unternehmen sowie deren Partner in der Forschung und Entwicklung in die Lage zu versetzen, ihre Position am Markt zu erhalten und durch die Einführung neuartiger Implantattechnologien weiter auszubauen.

Bei der Entwicklung eines innovativen Implantats steht die erfolgreiche Behandlung bestimmter Krankheitsbilder bzw. die Bereitstellung eines verbesserten Therapieansatzes als Alternative zu bestehenden Behandlungsmöglichkeiten im Fokus. Die Innovationsadoption neuartiger Implantate ist ein sehr komplexer und mehrstufiger Prozess mit einer Vielzahl verschiedener Interdependenzen. Abb. 1.1 stellt diesen in vereinfachter Form dar.

Initial ist die Ausformung einer Idee für ein neuartiges Implantat. Bei erfolgreicher Adoption endet der Innovationsprozess mit der Übernahme einer neuartigen Implantattechnologie als Teil einer Standardtherapielösung. In den meisten Fällen lässt sich

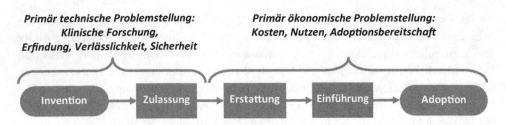

Primär technische Problemstellung:
Klinische Forschung,
Erfindung, Verlässlichkeit, Sicherheit

Primär ökonomische Problemstellung:
Kosten, Nutzen, Adoptionsbereitschaft

Invention → Zulassung → Erstattung → Einführung → Adoption

Abb. 1.1 Vereinfachter Innovationsprozess neuartiger Implantattechnologie. (Quelle: Eigene Darstellung)

jedoch nicht von einem linear verlaufenden Prozess sprechen. Viel mehr gleicht er einem Adoptionszyklus mit mehreren Feedbackschleifen zwischen vor- und nachgelagerten Prozessstufen (Kline und Rosenberg 1986). Bis es zur eigentlichen Markteinführung kommt, durchlaufen Implantate mehr als eine Entwicklungsperiode. Neue medizinische, biochemische oder ingenieurstechnische Erkenntnisse können im Laufe des Entwicklungsprozesses auftreten, welche eine frühzeitige Adaption des Implantats notwendig machen kann. Von der Idee, der anschließenden Forschung und eigentlichen Entwicklung eines marktfähigen Produktes über die Marktzulassung sowie die Prüfung der Erstattungsfähigkeit bis hin zur Markteinführung, besteht der Innovationsprozess bei implantatbasierten Technologien aus mehreren Phasen. Idealerweise resultiert dieser in der erfolgreichen Adoption der Innovation.

Hinweis

Der **Adoptionsprozess** verläuft in Realität nicht linear, sondern ist von Interdependenzen, Rückkopplungen und Anpassungsnotwendigkeiten geprägt. ◄

Die Invention, d. h., die Idee zu einem neuen Produkt und deren Entwicklung sowie Zulassung stellen für einen Markt primär technische Probleme dar. Die frühen Phasen im dargestellten Prozess sind im Wesentlichen von klinischer Forschung, Entwicklung sowie dem Nachweis von Sicherheit und Verlässlichkeit einer innovativen Implantattechnologie geprägt. Dahingegen beinhalten die letzten drei Phasen des Innovationsprozesses vor allem ökonomische Problemstellungen. Neben Kosten-Nutzen-Bewertungen ist auch der Analyse der Innovationsbereitschaft der beteiligten Stakeholder eine hohe Bedeutung beizumessen.

Zahlreiche Promotoren und Inhibitoren bestimmen den Implantatinnovationsprozess. Letztere stellen dabei Barrieren dar, die eine Adoption neuartiger Produkte am Gesundheitsmarkt verzögern, behindern oder gänzlich verhindern können (Mirow 2010). Als Promotoren bezeichnete Schlüsselpersonen stehen dem gegenüber und tragen in entscheidender Weise dazu bei, identifizierte Inhibitoren zu überwinden (Witte 1973).

Hinweis

Problemstellung: Innovationsprozesse sind sowohl von technischen Fragestellungen in der Entwicklung als auch ökonomischen Herausforderungen geprägt. ◄

Der Innovationsprozess neuartiger Implantattechnologie bildet das Spektrum von den ersten Anregeinformationen bis hin zur erfolgreichen Markteinführung und Übernahme in die Regelversorgung ab. Der Zugang zu Therapien unter Einsatz innovativer Medizinprodukte verzögert sich jedoch oft. Dies ist auf verschiedene Barrieren zurückzuführen. Eine möglichst frühe Sensibilisierung der an der Implantatentwicklung beteiligten Personengruppen für Adoptionshindernisse ist essenziell für eine erfolgreiche Übernahme als Standardtherapie.

Abb. 1.2 erfasst den um verschiedene Einflussfaktoren erweiterten Innovationszyklus neuartiger Implantattechnologie. Hier wird der von Komplexität und Mehrstufigkeit geprägte Prozess detailliert dargestellt und bildet sowohl spezifische Interdependenzen als auch Feedbackschleifen ab.

Die Entwicklung einer Produktidee setzt voraus, dass Anregeinformationen, Neugierde und Gewinnerwartung zusammentreffen. Durch Anregeinformationen können andere Innovation (z. B. Behandlungsoptionen anderer Organsysteme oder unter Einsatz anderer Materialien), klinische Defizite (z. B. Schwachstellen bestehender Behandlungsmöglichkeiten), demografische Faktoren (z. B. zukünftig erwartete Fallzahlen) sowie ökonomische Aspekte (z. B. Erstattungsmöglichkeiten) identifiziert werden. Neugierde und ihre Ausprägung steht neben individuellen Faktoren in Abhängigkeit des Führungsstils, d. h., eine innovationsförderliche Organisationsstruktur, die Zielorientiertheit mit Freiräumen kombiniert, ist von hoher Relevanz. Die Gewinnerwartung basiert auf einer frühzeitigen Einschätzung der Kosten sowie möglicher Erlöse, steht aber auch in Abhängigkeit der Patentschutzsituation sowie der Entwicklung von Alternativen.

Hinweis

Produktidee: Neugierde, Anregeinformationen und der erwartete Gewinn müssen in geeigneter Kombination aufeinandertreffen. ◄

Die Forschungsleistung bis hin zur Entwicklung eines Prototyps ist ein aufwendiger und zeitintensiver Prozess, welcher tendenziell im Verhältnis zum Zeitraum der Vermarktungsmöglichkeit immer länger wird. Umso wichtiger ist es, dass ein Prototyp möglichst schnell den Kundenanforderungen sowie den gesetzlichen Vorgaben entspricht.

► **Definition: Prototyp** Vorbild oder das erste Modell eines Produktes oder eines Produktionsprozesses.

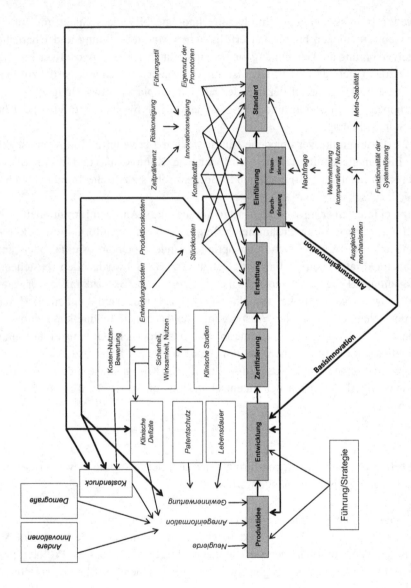

Abb. 1.2 Erweiterter Innovationszyklus neuartiger Implantattechnologie. (Quelle: Eigene Darstellung)

Die Zulassung bzw. Zertifizierung für einen Markt erfordern zwingend klinische Studien. Hier spielt die Translationsforschung vom Kleintiermodell bis hin zu Phase III der klinischen Forschung eine zentrale Rolle. Sie dient primär der Abschätzung von Sicherheit und Wirksamkeit. Informationen über die Marktchancen sind ebenfalls frühzeitig erforderlich. Der Nutzen eines Implantats kann in dieser Phase den erwarteten Kosten gegenübergestellt werden. Auf diese Weise lässt sich im Falle eines negativen Kosten-Nutzen-Verhältnisses eine Exitstrategie wählen. Wichtig ist hierbei, dass auch die klinischen Studien einem zielgerichteten Prozess folgen, an dessen Endpunkt die Innovation als Standardlösung der Regelversorgung steht. Problematisch ist jedoch, dass die klinischen Studien nicht durch die Regelversorgung finanziert werden.

▶   **Bedeutung: Klinische Studien** Beantwortungsmöglichkeit wissenschaftlicher Fragestellungen und zur Verbesserung medizinischer Behandlungen.

Die Zulassung eines innovativen Implantats zu einem Markt erfolgt primär auf Basis von Wirksamkeits- und Sicherheitsnachweisen. Bis Mai 2017 war nach deutscher Gesetzgebung eine Nutzenbewertung lediglich für Medizinprodukte hoher Risikoklassen obligatorisch [§ 137h SGB V]. Dieser unterliegen Implantattechnologien nur bedingt. Für eine unternehmerische Strategie ist eine Nutzenbewertung im Vorfeld der Markteinführung jedoch unabdingbar, da sich allein aus dem Nutzen für den Patienten der langfristige Erfolg eines solchen Produktes ergibt. Mit Inkrafttreten der EU-Verordnung über Medizinprodukte ist auch für Produkte niedriger Risikoklassen für den europäischen Markt eine Zertifizierung vorgeschrieben. Dies bedeutet zum einen eine Umstellung der bisherigen Prozesse auf die sich ändernden gesetzlichen Anforderungen für neuartige Produkte, aber auch eine Re- bzw. Neuzertifizierung nach neuem Recht für bereits auf dem Markt befindliche Implantate. Hier ist in den kommenden Jahren eine erhöhte Belastung der herstellenden Unternehmen zu erwarten.

Hinweis

Marktzugang: Marktzugangsstrategien müssen an die jeweiligen Märkte und die damit verbundenen gesetzlichen Rahmenbedingungen angepasst werden. Aufgrund sich fortlaufend ändernder Gesetzgebung muss flexibel reagiert werden können. ◀

Ist ein innovatives Produkt kostengünstiger als die bestehende Standardtherapielösung, für die bereits eine Abrechnungsmöglichkeit über die gesetzlichen Krankenversicherungen besteht (z. B. DRG), so folgt daraus, dass die Finanzierung der Markteinführung relativ unproblematisch ist. In der Regel wird jedoch das neuartige Implantat teurer sein als das bestehende oder es wird ein Implantat für ein Gesundheitsproblem angeboten, für welches es bislang keinen implantatbasierten Therapieansatz gibt. In beiden Fällen muss folglich eine neue Finanzierungsoption gefunden werden. Die Finanzierung von Implantatinnovationen ist in Deutschland, insbesondere für den

Krankenhausmarkt, relativ restriktiv. Die erste Möglichkeit der Finanzierung durch die gesetzlichen Krankenversicherungen stellen sogenannte „Neue Untersuchungs- und Behandlungsmethoden" (NUBs) dar, die von jedem implantierenden Krankenhaus individuell beantragt werden müssen. Wenn das Produkt mehrere Jahre als NUB geführt und bewertet wurde, kann es unter Umständen als landesweites Zusatzentgelt in den Regelleistungskatalog aufgenommen oder in eine bestehende DRG integriert werden. Die Übergangsphase von der Zulassung bis zur vollständigen Entgeltung stellt einen weiteren Investitionsprozess dar, der geplant, gesteuert und kontrolliert werden muss, um eine schnelle Marktdurchdringung zu gewährleisten.

Hinweis

Erstattung: Möglichkeiten sollten bereits im Zuge der Zulassung geprüft werden. ◀

Es ist offensichtlich, dass der Innovations- und Translationsprozess neuartiger Implantate als ein komplexer und dynamischer Prozess unter hoher Unsicherheit zu verstehen ist, der strategisch geleitet werden muss. Hierfür sind zahlreiche Feedbacks zwischen Teilprozessen notwendig, damit Implantatinnovationen, die keinen Markterfolg haben werden, möglichst frühzeitig erkannt und von der weiteren Entwicklung ausgeschlossen werden. Der Markt ist hierbei jedoch nicht nur über den deutschen Binnenraum definiert worden, sondern schließt ebenfalls internationale Märkte ein. Typische Feedbacks sind:

- Kontinuierlicher Informationsfluss aus klinischen Studien über klinische Defizite sowie Kosten-Nutzen-Bewertungen als Anregeinformation für die Suche nach Produktideen.
- Kontinuierlicher Informationsfluss aus der Kostenanalyse an die Gewinnerwartung und als Anregeinformationen, wo insbesondere Verfahrensinnovationen zur Kostenreduktion notwendig sind.
- Kontinuierlicher Informationsfluss aus der Phase der Markteinführung über erwartete Kosten und Gewinnchancen.
- Kontinuierliche Marktforschung als Information über Kundennutzen, insbesondere für Produktidee und -entwicklung, wobei sich die Marktforschung sowohl auf die Präferenzen potenzieller als auch tatsächlicher Nutzer bezieht.
- Regelmäßige Information der Produktentwicklung über Finanzierungsoptionen des potenziell marktfähigen Produktes.
- Kontinuierliche Überwachung der Märkte etablierter Produkte zur Aufdeckung klinischer Defizite, der Notwendigkeit klinischer Studien und des Kostendrucks.

▶   **Bedeutung: Feedbacks** Dienen der strategischen Kontrolle des Innovations-
    prozesses um mögliche Misserfolge frühzeitig erkennen und den Ent-
    wicklungsprozess ggf. abbrechen zu können.

Zusammenfassend lässt sich feststellen, dass bessere klinische Ergebnisse und eine verbesserte Patientenversorgung, verbunden mit einer erhöhten Kosteneffizienz, im Vergleich zum derzeitigen Standard in der Therapie entscheidend für die erfolgreiche
Annahme von implantatbasierten Innovationen sind. Bessere klinische Ergebnisse
beziehen sich auf sinkende Mortalität, reduzierte Rehospitalisierungsraten sowie ver-
kürzte Aufenthaltsdauern während einer stationären Behandlung. Aus der Perspektive
des Patienten sind Verbesserungen des spezifischen sowie des allgemeinen Gesundheitszustands und eine Erhöhung der gesundheitsbezogenen Lebensqualität, die am besten
beurteilbaren und somit relevantesten Resultate einer implantatbezogenen Therapie.

▶   **Bedeutung: Entscheidungsfaktoren** Verbesserte klinische Ergebnisse,
    optimierte Patientenversorgung, erhöhtes Kosten-Nutzen-Verhältnis im Ver-
    gleich zu bestehenden Standardtherapien.

1.2   Lebenszeitperspektive im Implantatentwicklungsprozess

F. Siegosch und S. Fleßa

Im Zentrum der Optimierung von Implantaten bzw. des Implantatentwicklungsprozesses
steht die Verbesserung der Lebensqualität der alternden Bevölkerung (Konsortium
RESPONSE 2020). Dieses Ziel darf nicht nur kurz- und mittelfristig erstrebt werden,
sondern muss eine strategische Dimension aufweisen. Implantatbasierte Interventionen
an den Organen Auge, Herz-Kreislauf-System und Ohr müssen daher stets aus langfristiger Perspektive betrachtet werden. Der bisherige Innovationsprozess beginnt mit
der initialen Produktidee und endet mit der erfolgreichen Übernahme eines Implantats
als Standardtherapielösung (vgl. Abschn. 1.1). Es ist jedoch notwendig den Patienten
auch nach einer erfolgreichen Implantation weiter zu beobachten. Hierbei spielen Folge-
erkrankungen, Anpassungsnotwendigkeiten, Technologieupdates, Multimorbidität und
weitere medizinische, ökonomische und demografische Faktoren eine Rolle.

Die bekannte demografische Entwicklung ist verbunden mit einer stetig alternden
Bevölkerung. Verschiedene Studien zeigen, dass sowohl die Lebenserwartung
(Statistisches Bundesamt 2016) als auch die Anzahl der Lebensjahre trotz schwerer
chronischer Krankheiten (Doblhammer und Kreft 2011) und mit Pflegebedarf (Kreft
und Doblhammer 2016) kontinuierlich ansteigt. Gleichzeitig sinkt das Alter der Erstimplantation. Als Folge ergibt sich eine zweifach gestiegene Restlebenserwartung
nach Erstimplantation, was somit zwangsläufig zu einem immer längeren Verbleib der

Implantate im menschlichen Körper führt. So werden beispielsweise hochgradig schwer-hörige oder gehörlose Kleinkinder bereits mit einem CI versorgt, sodass die Zeitspanne hier nahezu die gesamte Lebenserwartung umfasst (Aschendorff et al. 2009). Dies impliziert, dass eine Intervention kein singuläres Ereignis an einem ansonsten Gesunden ist. Vielmehr erfolgt die Implantation unter Umständen an einem multimorbiden Patienten, der im Normalfall nicht nur bereits mehrere Krankheiten hat, sondern im Laufe seiner Restlebenszeit noch zahlreiche Krankheiten entwickeln und auch hierfür Implantate erhalten wird. Dies stellt eine große Herausforderung dar, zum einen für die Patienten, die sich lebenslang damit auseinandersetzen müssen, zum anderen auch für die medizinischen Leistungserbringer, denen nur zum Teil bewusst ist, dass die Therapie-treue z. B. bei Glaukompatienten bei nur 60 bis 70 % liegt (Frech et al. 2018). Somit wird bei steigender Lebenserwartung der mehrfach erkrankte und in seiner Funktionali-tät beeinträchtigte Mensch die bestimmende Realität in der Versorgung darstellen, die auch in der Medizintechnik Berücksichtigung finden muss. Die Lösung bildet in diesem Zusammenhang das Life-Long Implant, also eine an der Lebenszeit des Patienten aus-gerichtete Implantattechnologie.

Dies impliziert erstens, dass der Innovationsprozess nur noch als „open innovation" gedacht werden kann, d. h., der Innovationsprozess der Implantatentwickler und Implantierenden wird für Erkenntnisse der Wartung (und Organisationen der Wartung), der Interaktionen (d. h. auch anderer Kliniker) und der Entscheider (Hausärzte, Patienten) bewusst erweitert, weil nur derart eine aktive und strategische Nutzung dieser Ressourcen zur Vergrößerung des Innovationspotenzials möglich ist. Je strategischer eine Entscheidung und je weiter entfernt der Planungshorizont ist, desto wichtiger ist eine systematische Adoptions- und Adaptionssteuerung der Innovation bei gleichzeitig erheb-lich verbreitertem Informations- und Promotorenpool – eine Forderung, der bislang in der Praxis und Wissenschaft nur unzureichend entsprochen wird.

Zweitens rückt der Patient in den Fokus und wird systematisch in den Entwicklungs-prozess integriert. Die damit einhergehenden Anforderungen sind vielfältig:

- Haltbarkeit: Erstens müssen Implantate immer länger haltbar sein, damit sie mög-lichst bis zum Lebensende nicht ausgetauscht werden müssen. Letzteres ist sowohl aus Sicht der Lebensqualität der Patienten, der Kosten, aber auch des internationalen Wettbewerbs wichtig. Langfristig werden jene (deutschen) Implantate auf den inter-nationalen Märkten trotz höherer Preise nachgefragt werden, die eine deutlich längere Haltbarkeit haben und damit die schmerzhaften, kostenintensiven und gefährlichen (Stichwort Infektionen) Reimplantationen vermeiden.

  Die Haltbarkeit eines Implantats ist hierbei nicht nur eine Frage des Verschleißes mechanischer Teile oder der Funktionalität der Elektronik, sondern auch der Implantat-Gewebe-Interaktion, da diese im Falle unerwünschter zellulärer Reaktionen bis hin zum vorzeitigen Funktionsverlust des Implantats führen kann. Deshalb werden zunehmend Implantat assoziierte Wirkstofffreisetzungssysteme als sogenannte Kombinationsprodukte aus Medizinprodukt und Arzneimittel in die Klinik überführt.

- Wartbarkeit (Maintenance): Zweitens müssen Implantate gut wartbar sein. Batterie-wechsel und der Ersatz von Verbrauchsmaterialien und Medikamenten müssen zum einen so wenig invasiv wie möglich stattfinden, zum anderen muss geschultes Personal (Ärzte, Techniker) international, dauerhaft und bezahlbar zur Verfügung stehen. Dabei ist noch nicht absehbar, wo die Versorgung stattfindet (in der Klinik, beim Spezialisten oder Primärarzt) und von wem sie hauptsächlich durchgeführt wird (medizinisches vs. nichtmedizinisches Fachpersonal). In diesem Zusammenhang werden telemedizinische Konzepte zukünftig eine zunehmende Rolle spielen.

- Reimplantation: Drittens müssen Implantate, z. B. bei technischem Defekt oder schwerwiegenden medizinischen Komplikationen, einfach zu ersetzen sein. Hierzu gehört auch, dass die entsprechenden Materialien nicht so ins Gewebe einwachsen, dass sie nicht mehr oder nur noch mit erheblichem Aufwand entfernt werden können. Tatsächlich werden Patienten, die durch die modernen Therapieformen ein hohes Lebensalter erreichen können, stärker damit konfrontiert, dass die eingesetzten Implantate infolge Ermüdung und Verschleiß möglicherweise mehrmals erneuert werden müssen. In diesem Zusammenhang kann es beispielsweise bei Schrittmacher-aggregatwechsel zu Infektionen kommen. Infektionen der Schrittmachertasche sind mit einem Risiko von 0,2–5,1 % vergleichsweise selten, stellen aber eine bedroh-liche Komplikation der Herzschrittmacherimplantation dar, die bei etwa 70.000 Neu-implantationen sowie rund 25.000 Revisionseingriffen bzw. Aggregatwechseln pro Jahr in Deutschland nicht unberücksichtigt bleiben darf (Sprinzl und Riechelmann 2010). Somit sind aufgrund der begrenzten Lebensdauer der Implantate zusätz-liche Komplikationen bei Implantaterneuerungen, die aufgrund der hohen Lebens-erwartung der Patienten zwingend werden, zu beachten, z. B. bei Koronarstents, Herzklappenprothesen und Cochlea-Implantaten. Darüber hinaus ist zu erforschen, welchen Einfluss die Degradation bzw. Defekte der Grafts auf die Lebensqualität und Copingstrategien der Patienten haben. Technischer Fortschritt kann zu wesent-lich verbesserter Funktionalität führen, sodass sich auch das Problem des Implantat-Upgrades durch Reimplantation stellen wird. Dies ist z. B. bei Cochlea-Implantaten für sogenannte Bad Performers mit schlechtem Sprachverstehen von Bedeutung.

- Kompatibilität der Implantate: Viertens verlangen die Multimorbidität sowie der Krankheitsverlauf, dass Implantate kompatibel sind, da häufig weitere Implantationen notwendig werden. So ist es denkbar, dass ein Patient mit einer bereits implantierten künstlichen Herzklappe zusätzlich im weiteren Krankheitsverlauf einen Defibrillator erhält. Hierdurch wird auch die Interaktion von verschiedenen Medizinprodukten in einem Organ bei multimorbiden Patienten stärker klinisch relevant und wirkt auf die Implantatentwicklung zurück.

- Therapiekompatibilität: Fünftens verlangt die Lebenszeitperspektive, dass Implantate mit weiteren Therapien kompatibel sind. So sollten die Implantate beispielsweise zur uneingeschränkten Anwendung diagnostischer Verfahren MRT-tauglich sein, da diese nicht zu störenden Artefakten bei der Bildgebung oder Verletzung des umgebenden Gewebes führen dürfen. Neben der Miniaturisierung der Implantate zur Minimierung der resultierenden Fremdkörperreaktionen und als Voraussetzung für die minimal-invasive Applizierbarkeit wird somit auch diese Anforderung an moderne Implantate gestellt.

- Technisches Upgrade: Bei aktiven Implantaten mit externer Komponente, z. B. Sprachprozessor bei Cochlea-Implantaten oder Steuereinheit von Herzunterstützungssystemen, sollte der Patient auch ohne Implantataustausch von technischen Fortschritten profitieren können. Dies ist aufgrund der langen Lebensdauer der Implantate von besonderer Bedeutung.
- Zukunftssicherheit: Eine heutige Implantation sollte den Patienten nicht von zukünftigen und besseren Therapieformen ausschließen. So sollten z. B. Cochlea-Implantate eine zukünftige Regeneration der Hörsinneszellen nicht verhindern, indem intracochleäre Strukturen durch die Insertion der Elektrode nicht zerstört werden.

Die hier angesprochenen Anforderungen an die „Life-Long Implants" werden in der Forschung bisher nur unzureichend berücksichtigt, sollten jedoch systematisch in den Implantatentwicklungsprozess integriert werden. Dies impliziert auch die Notwendigkeit der Erweiterung des bisherigen Innovationsmodells (vgl. Abschn. 1.1). Es weist eine taktische Zeitperspektive von der Produktidee bis hin zur erfolgreichen Markteinführung auf. Eine zeitliche Erweiterung erfolgt bestenfalls in Form einer Adaption des Implantats an geänderte Anforderungen des Marktes. Eine Lebenszeitperspektive, die Haltbarkeit, Wartung, Ersetzbarkeit und Kompatibilität zu anderen Implantaten und Diagnostika beinhaltet, wurde bislang noch nicht berücksichtigt. Abb. 1.3 zeigt daher die Erweiterung des Innovationsmodells um die Lebenszeitperspektive.

Es liegt nun ein Modell vor, dass sowohl strategische als auch operative Managemententscheidungen umfasst und somit die zentrale Grundlage für schnellere Entwicklungen, nationale und internationale Konkurrenzfähigkeit sowie eine zielgenaue Ausrichtung auf die Lebensqualität der alternden Bevölkerung bildet.

Darüber hinaus gibt es weitere zentrale Faktoren, die im Rahmen einer Lebenszeitperspektive Berücksichtigung finden:

- Erstens muss die Entscheidungsfindung zwischen Arzt und Patient aus langfristiger Perspektive betrachtet werden. In diesem Zusammenhang ist insbesondere zu klären wie Nutzeneffekte, die erst in mehreren Jahren auftreten, in die Entscheidung integriert werden können.
- Zweitens verlangt die Langzeitperspektive eine ethische Bewertung, insbesondere vor dem Hintergrund erheblicher ethischer Fragestellungen, die der Abgleich von Kosten und Nutzen heutiger und zukünftiger Zeiträume aufwirft.
- Drittens müssen medizinisch und technische Faktoren beachtet werden. So kann die Dauerfestigkeit immer nur für eine endliche Anzahl von Lastzyklen untersucht werden. Die Testung von lebenslang verwendeten Implantaten wird also wesentlich aufwendiger als bei temporären Implantaten. Bei längerfristig eingesetzten Implantaten sind auch klinische Prüfungen aufwendiger, weil Spätfolgen potenziell

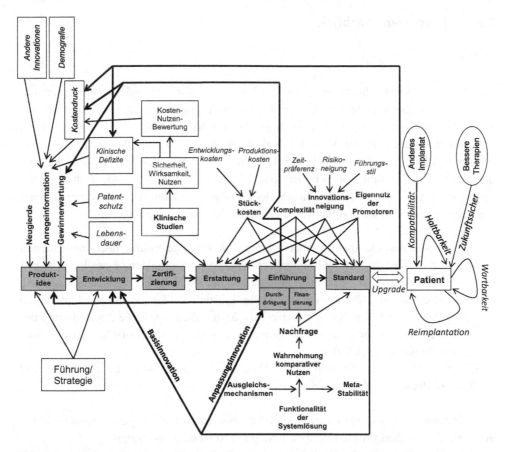

Abb. 1.3 Life-Long Implant auf Basis des Innovationsmodells. (Quelle: Eigene Darstellung)

eher möglich sind. So impliziert die dauerhafte Funktionalität häufig die Notwendigkeit eines Kombinationsproduktes, was jedoch wiederum zusätzliche Innovationshürden impliziert, die sowohl während der Entwicklung und Herstellung als auch Zulassung entstehen.

All diesen, nur exemplarisch aufgeführten Herausforderungen muss sich die Medizintechnik stellen. Einerseits durch an die zu erzielende längere Implantatlebensdauer angepasste Implantatkonzepte, die zugleich auch eine einfachere und wenig invasive Implantierbarkeit sowie eine komplikationsfreie Implantatrevision ermöglichen. Andererseits durch die Schaffung der Voraussetzungen für neue Therapiekonzepte.

Zusammenfassend kann festgehalten werden, dass die Anforderungen einer steigenden Restlebenszeit nach Erstimplantation nur bewältigt werden können, wenn die Lebenszeitperspektive systematisch in den Implantatentwicklungsprozess aufgenommen wird.

1.3 Branchenüberblick

H. Martin

Die Branche der Medizintechnik weist eine Reihe von Besonderheiten gegenüber anderen Wirtschaftssektoren auf. Ein generelles Problem bei Innovationen in der Medizintechnik ist, dass der Weg der Innovationen bis zur Markteinführung aufgrund der Zulassung sehr lang sein kann. Es vergehen oft bis zu 15 Jahre, bis die Produkte am Patienten Anwendung finden (vgl. Abb. 1.4). Die Einführung von Medizinprodukten ist daher aufwendig und mit hohen Investitionen verbunden (acatech 2014). Deshalb ist die Markteinführung von Medizinprodukten durch längere Zyklen gekennzeichnet, anhand derer verschiedene Arten von Innovationen unterschieden werden können:

- Medizinprodukte sind durch einen erschlossenen Markt gekennzeichnet. Innovationen betreffen zumeist die sichere Implantation und die Gewährleistung eines langfristigen Operationserfolgs. Für bestehende Implantate können auch neue Anwendungsgebiete erschlossen werden. Charakteristisch ist die Substitution der technischen Materialien wie hochlegierte Stähle durch resorbierbare Materialien sowie die Anreicherung der Implantate mit neuartigen Mechanismen wie z. B. zur Wirkstofffreisetzung oder Formgedächtniseigenschaften.
  Beispiel: Orthopädische Implantate, Osteosyntheseimplantate, Beschichtung und Zellbesiedelung von Herzklappen.

▶ **Definition: Inkrementelle Innovationen** Verbesserungs- oder Anpassungsinnovationen erfolgen auf bestehenden Märkten bzw. bekannten Anwendungsgebieten.

- Dieser Innovationstyp ist durch eine Phase der zunehmenden Markteroberung gekennzeichnet. Sie verdrängen aufgrund von Vorzügen durch neuartige Wirkungsweisen und/oder Implantationsmethoden bereits am Markt etablierte Implantate und Behandlungsmethoden.
  Beispiel: Stents, TAVI-Klappen.

▶ **Definition: Radikale Innovationen** Basisinnovationen, die einen sehr hohen Grad der Neuerung aufweisen und hochkomplexe Veränderungen zur Folge haben, z. B. die Herausbildung eines neuen Marktes.

Durch die folgenden Verfahren sind Operationen und Eingriffe möglich geworden, die vorher zu riskant und zu aufwendig für eine breite klinische Anwendung waren. Sie erfordern zunächst hohe Investitionen, die sich aber mit zunehmender Anwendungsbreite allgemein durchsetzen. Charakteristisch ist, dass die Verfahren durch die Weiter-

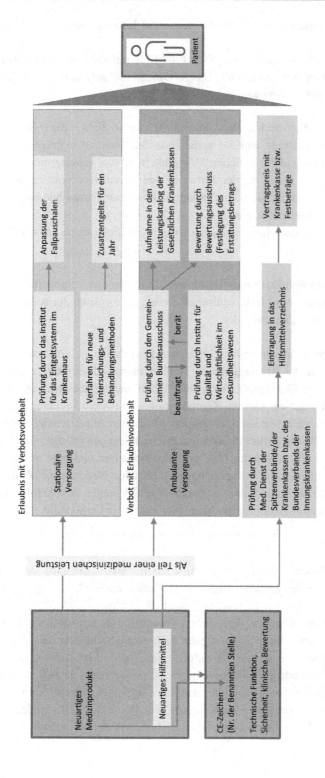

Abb. 1.4 Zulassungsprozess in der Medizintechnik. (Quelle: In Anlehnung an acatech 2007)

entwicklung leistungsfähiger Elektronik, Mess- und Informationstechnik überhaupt erst möglich wurden.

Beispiel: Bildgebende Verfahren wie z. B. CT/MRT, teilweise gekoppelt mit Messverfahren wie z. B. Doppler-Ultraschall, Image Guided Surgery (operativer Eingriff, der durch Bildgebung kontrolliert wird).

- Der wissenschaftlich-technische Fortschritt ermöglicht die Miniaturisierung technischer Mechanismen und die verbesserte Steuerung von Prozessen. Dies kann in höherer Qualität und zusätzlichen Möglichkeiten beim Einsatz medizintechnischer Systeme resultieren. Damit werden Entwicklungen neuartiger Systeme im Bereich der Medizintechnik möglich, die vorher in lediglich anderer Form ohne breitere klinische Anwendungen betrieben werden.

  Beispiel: Herzschrittmacher, Herzersatz durch miniaturisierte Assist-Pumpen mit stetiger Förderung.

▶ **Definition: Sprunginnovationen** Disruptive Innovationen, etablierte Technologien oder Produkte werden vom Markt verdrängt, da sich eine vollständig neuartige Möglichkeit der Bedarfsdeckung herausbildet.

- Neuerungen, die nicht zur breiten klinischen Einführung geführt haben: Zahlreiche Entwicklungen in der Medizintechnik werden bisher ohne breitere klinische Einführung betrieben. Der Erfolg der entwickelten medizintechnischen Systeme war nicht dauerhaft oder es wurden Komplikationen bekannt, in deren Ergebnis Entwicklungen eingestellt wurden oder aus dem klinischen Alltag wieder entfernt werden mussten. Als Ursachen dafür kommen technische Lösungen infrage, welche die Sichtweise des Arztes als Anwender bzw. des medizinischen und/oder gesellschaftlichen Umfelds nicht ausreichend berücksichtigen. Derartige Neuerungen können eventuell zu einem späteren Zeitpunkt unter veränderten Bedingungen zum Erfolg führen.

  Beispiel: Roboter zur Endoprothesenimplantation in der Orthopädie.

Hinweis

Misserfolge Müssen möglichst frühzeitig erkannt werden, um entweder Anpassungen vorzunehmen oder den Entwicklungsprozess abzubrechen. ◀

Weitere Besonderheiten neben dem hohen Investitionsbedarf in der Medizintechnik sind die hohen Anforderungen in Bezug auf technische Sicherheit und Biokompatibilität. Der allgemeine Trend zur Miniaturisierung und zur Anwendung neuartiger Materialien mit besonderen Eigenschaften, die wiederum spezielle Verarbeitungstechnologien erfordern, hat zusätzliche Relevanz. Beispiele hierfür sind resorbierbare Biomaterialien, die Anwendung von Nanopartikeln sowie die Zellbesiedelung von Biomaterialien. Diese Materialien bringen Besonderheiten in der Herstellung und Zulassung von Medizinprodukten mit sich, die sich grundlegend von denen der übrigen Ingenieur-wissenschaften unterscheiden. Während der Herstellungsprozess von Materialien der klassischen Ingenieurwissenschaften selten Reinraumbedingungen erfordert und auch im Hinblick auf die Dauerstandfestigkeit der Materialien oftmals unkritisch ist, sind diese Bedingungen bei Materialien für Medizinprodukte die Regel. Viele Materialien und Halbzeuge sind nicht allgemein verfügbar, sondern müssen zunächst selbst hergestellt werden. Dazu ist häufig Entwicklungsarbeit erforderlich, die den ohnehin längeren Weg von Medizinprodukten bis zur Marktreife zusätzlich stark verlängern kann.

Hinweis

Besonderheiten:

- hohe Anforderungen in Bezug auf technische Sicherheit
- Biokompatibilität
- spezielle Verarbeitungstechnologien müssen parallel entwickelt werden
- spezielle Materialien
- Dauerstandfestigkeit
- Reinraumbedingungen
- Haftung der Hersteller
- Finanzierung der Entwicklungskosten ◄

Die Anwendung von Medizinprodukten erfolgt in der Regel durch den Arzt, der sowohl die Entscheidung über den Einsatz als auch die Art der Heil- und Hilfsmittel trifft. Damit vermittelt er die Anwendung von Medizinprodukten, trägt aber im Unterschied zum Hersteller oder Händler von gewöhnlichen Industrieprodukten, nicht das volle Risiko für den Erfolg der Therapie. Dies bringt Besonderheiten im Hinblick auf die Haftung und Sicherheit mit sich, die ebenfalls typisch für die Medizintechnik sind. Schließlich ist die Finanzierung durch die Krankenkassen und durch die Patienten eine weitere Besonder-heit der Technik in der Medizin. Die Entscheidung über die Erstattung von Therapie-kosten durch die Krankenkassen ist zumindest in Deutschland entscheidend für den Marktzugang sowie den Markterfolg in voller Breite.

▶ **Bedeutung: Rolle des Arztes**
- entscheidet über Einsatz von innovativen Implantaten, ist aber nicht der Endnutzer.
- als Vermittler an den Kunden.

Literatur

acatech. (2007). Innovationskraft der Gesundheitstechnologien – Empfehlungen zur nachhaltigen Förderung von Innovationen in der Medizintechnik. http://www.acatech.de/de/publikationen/stellungnahmen/acatech/detail/artikel/innovationskraft-der-gesundheitstechnologien-empfehlungen-zur-nachhaltigen-foerderung-von-innovatio.html.

acatech. (2014). Innovationskraft der Gesundheitstechnologien – Neue Empfehlungen zur Förderung innovativer Medizintechnik. https://www.gbv.de/dms/zbw/776672134.pdf.

Aschendorff, A., Gollner, K., Maier, W., Beck, R., Wesarg, T., Kröger, S., et al. (2009). Technologisch-chirurgischer Fortschritt bei der Cochlear Implantation. In: A. Ernst, R.-D. Battmer, & I. Todt (Hrsg.), *Cochlear Implant heute* (S. 39–46). Berlin: Springer.

Bundesverband Medizintechnologie (BVMed). (2017). CE-Kennzeichung. https://www.bvmed.de/de/recht/ce-kennzeichnung. Zugegriffen: 18. Apr. 2017.

Doblhammer, G., & Kreft, D. (2011). Länger leben, länger leiden? Trends in der Lebenserwartung und Gesundheit. *Bundesgesundheitsblatt,* 907–914.

Faulkner, A., & Kent, J. (2001). Innovation und regulation in human implant technologies. Developing comparativ approaches. *Social Science & Medicine, 53,* 895–913.

Fleßa, S. (2006). *Helfen hat Zukunft. Herausforderungen und Strategien für karitative und erwerbsorientierte Sozialleistungsunternehmen.* Göttingen: Vandenhoeck & Ruprecht.

Frech, S., Kreft, D., Guthoff, R. F., Doblhammer, G. (2018). Pharmacoepidemiological assessment of adherence and influencing co-factors among primary open-angle glaucoma patients—An observational cohort study. *PLoS One, 13,* e0191185.

Hauschildt, J., Salomo, S., Schultz, C., & Kock, A. (2016). *Innovationsmanagement.* München: Vahlen.

Kline, S. J., & Rosenberg, N. (1986). An overview of innovation. In: R. Landau, & N. Rosenberg (Hrsg.), *The positive sum strategy. Harnessing technology for economic growth.* Washington D.C.: National Academy Press.

Konsortium RESPONSE. (2020). Gemeinsam Zunkunft gestalten. https://www.response.uni-rostock.de/. Zugegriffen: 21. Aug. 2020.

Kreft, D., & Doblhammer, G. (2016). Expansion or compression of long-term care in Germany between 2001 and 2009? A small-area decomposition study based on administrative health data. *Population Health Metrics, 14,* 24.

Mirow, C. (2010). *Innovationsbarrieren.* Wiesbaden: Gabler und Springer Fachmedien.

Statistisches Bundesamt. (2016). Sterbetafel 2013/2015. Methoden- und Ergebnisbericht zur laufenden Berechnung von Periodensterbetafeln für Deutschland und die Bundesländer, zuletzt geprüft am 21.08.2020.

Schumpeter, J. (1934). *Theorie der wirtschaftlichen Entwicklung. Eine Untersuchung über Unternehmensgewinn, Kapital, Kredit, Zins und den Konjunkturzyklus.* Berlin: Duncker & Humbolt.

Sprinzl, G. M., & Riechelmann, H. (2010). Current trends in treating hearing loss in elderly people: A review of the technology and treatment options – A mini-review. *Gerontology, 56,* 351–358.

Vahs, D., & Brem, A. (2015). *Innovationsmanagement. Von der Idee zur erfolgreichen Vermarktung.* Stuttgart: Schäffer-Poeschel.

Witte, E. (1973). *Organisation für Innovationsentscheidungen. Das Promotoren-Modell.* Göttingen: Schwartz.

Barrieren und Promotoren im Adoptionsprozess innovativer Implantattechnologie

2

Steffen Fleßa, Ernst Klar, Matthias Leuchter, Ulrike Löschner und Christin Thum

2.1 Überblick

U. Löschner und S. Fleßa

Das grundlegende Problem von Innovationen in der Gesundheitswirtschaft ist deren Adoption, sprich deren Übernahme in das Gesundheitssystem als Teil einer Standardtherapie einer spezifischen zugrunde liegenden Erkrankung. Entscheidend für die erfolgreiche Annahme von Innovationen im Gesundheitssektor sind bessere klinische Ergebnisse sowie ein verbesserter Nutzen für den Patienten, kombiniert mit einer Erhöhung der Kosteneffizienz im Vergleich zu bisherigen Standardbehandlungen (Beyar 2015). Eine Verbesserung des klinischen Outcomes, kann zum einen durch eine sinkende Mortalität sowie reduzierte Rehospitalisierungsraten und zum anderen über eine kürzere Aufenthaltsdauer während einer Krankenhausbehandlung bemessen werden. Aus der Perspektive eines Patienten ist der Nutzen deutlich schwieriger zu quantifizieren. Am ehesten greifbare und daher für den Patienten relevante Ergebnisse einer Therapie sind hier Verbesserungen des spezifischen sowie des allgemeinen Gesundheitszustandes,

S. Fleßa (✉) · U. Löschner · C. Thum
Lehrstuhl für Allgemeine Betriebswirtschaftslehre und Gesundheitsmanagement, Universität Greifswald, Greifswald, Deutschland
E-Mail: steffen.flessa@uni-greifswald.de

U. Löschner
E-Mail: ulrike.loeschner@outlook.com

E. Klar · M. Leuchter
Allgemein-, Viszeral-, Gefäß- und Transplantationschirurgie, Universitätsmedizin Rostock, Rostock, Deutschland

U. Löschner et al. (Hrsg.), *Strategien der Implantatentwicklung mit hohem Innovationspotenzial*, https://doi.org/10.1007/978-3-658-33474-1_2

welche mit einer Zunahme der gesundheitsbezogenen Lebensqualität verbunden sind (Fleßa 2014).

Beispiel: Klinische Outcomes

- sinkende Mortalität
- kürzere Aufenthaltsdauer
- reduzierte Rehospitalisierung
- verbesserter Gesundheitszustand
- gesteigerte Lebensqualität ◀

Beispiel: Sonstige Outcomes

- erhöhte Kosteneffizienz
- gesteigerter Nutzen ◀

Die Adoption einer Innovation ist ein hochkomplexer und vielstufiger Prozess, der vor allem von einem hohen Maß an Unsicherheit, in Bezug auf die langfristige Durchsetzung einer Neuerung am Markt, gekennzeichnet ist (Vahs und Brem 2015). Verschiedene Faktoren können dabei die Übernahme von Innovationen behindern, verzögern oder sogar gänzlich verhindern. Diese Widerstände werden als sogenannte Innovationsbarrieren bezeichnet (Mirow 2010). Diese sogenannten Innovationsbarrieren treten in allen Prozessphasen in unterschiedlichen Ausprägungen auf. Als Folge kommen neuartige Versorgungskonzepte oft erst Jahre nach der eigentlichen Entwicklung in die breite Anwendung am Patienten.

Hinweis

Barrieren verzögern und behindern den Innovationsprozess in verschiedenen Phasen und können die Adoption gänzlich verhindern. ◀

Demgegenüber stehen Promotoren, die den Innovationsprozess ebenfalls maßgeblich prägen. Als solche werden Schlüsselpersonen bezeichnet, welche die Übernahme einer Neuerung positiv beeinflussen und somit eine innovationsförderliche Position haben (Witte 1973). Dabei kommen verschiedenen Arten von Promotoren unterschiedliche Rollen zu. Das von Witte entwickelte Promotorenmodell differenziert zunächst zwei Arten voneinander, den Fachpromotor und den Machtpromotor (Witte 1973). Die Expertise des Fachpromotors trägt wesentlich dazu bei, die Barriere des Nicht-Wissens zu überwinden. Dies betrifft sowohl die frühen Prozessphasen der Entwicklung einer Innovation, als auch die späteren Phasen der Einführung dieser in bestimmten Märkten. Demgegenüber steht der Machtpromotor. Seine Hauptfunktion liegt in der Überwindung der Barriere des Nicht-Wollens. Sie treffen zentrale Entscheidungen in Bezug auf die Allokation der verfügbaren personellen, zeitlichen und finanziellen Ressourcen

(Hauschildt et al. 2016). Aufbauend auf diesem Modell können weitere Promotoren identifiziert werden. Hauschildt und Chakrabarti ergänzen einen Prozesspromotor, dessen Aufgabe in der Überwindung administrativer Barrieren liegt (Hauschildt und Chakrabarti 1988). Von zentraler Bedeutung sind hierbei vorrangig Marktzugangsregelungen, die besonders im Gesundheitswesen eine große Rolle spielen. Zusätzlich hat sich in den letzten Jahrzehnten die Relevanz geeigneter Kommunikationswege immer deutlicher herauskristallisiert. Gerade in Bezug auf die Vielzahl beteiligter Interessengruppen in der Gesundheitswirtschaft, kommt dem Beziehungspromotor eine gesonderte Bedeutung zu, um Barrieren fehlender und fehlgeleiteter Kommunikation zu überwinden (Walter 1998).

Hinweis

Promotoren müssen frühzeitig identifiziert werden, um spezifischen Hindernissen effektiv entgegenwirken zu können. ◄

Als besonders maßgeblich für die erfolgreiche Durchsetzung innovativer Implantate wurden vier Einflussfaktoren identifiziert: 1) die Existenz von Promotoren sowie deren spezifische Innovationsneigung, 2) die Komplexität der zugrunde liegenden Entscheidungssituation, 3) monetäre Faktoren sowie 4) die Funktionalität der bisherigen Standardlösung in der Therapie. Diese sollen im Folgenden etwas näher erläutert werden (Fleß und Greiner 2013).

1. Wie bereits erwähnt, spielt die Existenz von Promotoren eine zentrale Rolle. Deren Einfluss auf die Entwicklung einer Innovation, den Prozess der Entscheidungsfindung, die Markteinführung sowie alle weiteren zwischengeschalteten Stufen gilt es zu bemessen und nach Möglichkeit positiv zu beeinflussen (Hauschildt et al. 2016). Zusätzlich ist der Prozess durch die individuelle Innovationsneigung aller beteiligten Interessengruppen geprägt. Dabei wird die Einstellung gegenüber Innovationen wesentlich durch die jeweilige Zeitpräferenz, die individuelle Risikoneigung sowie den Führungsstil innerhalb der innovierenden Organisationen beeinflusst. Die Zeitpräferenz begründet sich aus der Knappheit der zur Verfügung stehenden Ressourcen, vor allem finanzieller Natur. Der Umfang der Finanzmittel für eine bestimmte Periode ist stets limitiert. Innovationen bedeuten in diesem Zusammenhang immer eine Investition, deren Refinanzierung zum einen sehr unsicher ist und zum anderen erst in zukünftigen Geschäftsjahren liegt. Finanzielle Aufwendungen, welche in Forschung, Entwicklung und Markteinführung von innovativen Produkten fließen, reduzieren den Umfang finanzieller Mittel, die für den Konsum in der Gegenwart zur Verfügung stehen. Sich unterscheidende Personen haben differenzierende Präferenzen in Bezug auf ihre Bereitschaft, Aufwendungen für die Innovationsforschung zu tätigen. Je höher die Bereitschaft der beteiligten Interessengruppen ist, Zukunftsinvestitionen einzugehen, desto höher ist die Innovationsneigung innerhalb eines Forschungsverbundes. Aufgrund der Ungewissheit über den Erfolg einer Innovation ist die Risikopräferenz der

Stakeholder ebenfalls ein entscheidender Einflussfaktor. Risikoaverse Personen neigen dazu, unsichere Investitionen gänzlich zu vermeiden. Förderlich für den Innovationsprozess sind daher Personen, die eine risikofreudige Natur aufweisen. Der Führungsstil innerhalb einer Organisation beeinflusst die individuelle Innovationsneigung zusätzlich. Eine innovationsfördernde und offene Organisationsstruktur hat einen positiven Effekt auf den gesamten Innovationsprozess (Fleßa 2014). Anzumerken ist, dass die beteiligten Stakeholder verschiedene Ziele haben, die sie individuell verfolgen und welche sich zum Teil stark voneinander unterscheiden können. Diese leiten sich meist aus den Strategien der jeweiligen Institution ab. Die Eigeninteressen der Stakeholder gilt es zu identifizieren, zu analysieren und so zu koordinieren, dass keine gegenläufigen Strategien verfolgt werden und diese somit der Adoption einer Innovation nicht entgegenstehen (Heyen und Reiß 2014).

Hinweis

Existenz geeigneter Promotoren: Personen identifizieren und fördern, die spezifische administrative und regulatorische Hindernisse überwinden können. ◄

---

2. Die Komplexität der zugrunde liegenden Entscheidungssituation ist ebenfalls zu beachten. Ist eine relativ geringe Anzahl an Interessengruppen an der Innovationsentscheidung beteiligt und stehen diese in bilateraler Beziehung zueinander, ist der Adoptionsprozess vergleichsweise unkompliziert. Je mehr Ebenen eines Systems von der Einführung einer Neuerung betroffen sind, desto komplexer wird der Prozess der Entscheidungsfindung. Einem Fachpromotor kommt bei der Überwindung von Barrieren, die sich aus der Komplexität der Entscheidungssituation ergeben, eine gesonderte Bedeutung zu (Fleßa und Greiner 2013).

Hinweis

Komplexität der Entscheidungssituation: Ergibt sich aus der Zahl der beteiligten Stakeholder sowie der Anzahl der betroffenen Ebenen eines Systems. ◄

---

3. Aufgrund der Knappheit finanzieller Ressourcen ist die Analyse monetärer Faktoren von hoher Relevanz. Der Begriff der Innovationskosten umfasst dabei jegliche Ausgaben, die während des gesamten Innovationsprozesses anfallen (Fleßa 2014). Beginnend mit Aufwendungen für Forschung und Entwicklung, über die Ausgaben in Verbindung mit der Herstellung eines neuen Produktes, der Marktzulassung und -einführung sowie des Vertriebs entstehen über den gesamten Innovationsprozess hinweg fortlaufend Kosten. Ihre Höhe spielt zum einen bei der Finanzierung jeglicher Forschungs- und Entwicklungstätigkeiten eine Rolle, zum anderen auch bei der Festsetzung eines Preises sowie im Rahmen von Entgeltverhandlungen mit den Krankenkassen. Je höher die Kosten einer Innovation, desto komplexer gestaltet sich die Übernahme als Standardlösung.

> **Hinweis**
>
> **Monetäre Faktoren:** Alle Kosten die während des Innovationsprozesses anfallen, müssen kalkuliert werden. ◄

4. Die bisher benannten Faktoren begründen sich vor allem über die am Innovationsprozess beteiligten Interessengruppen. Dem steht die Funktionalität der bisherigen Standardlösung gegenüber (Fleßa und Greiner 2013). Je stabiler das vorhandene System ist, desto unwahrscheinlicher ist eine erfolgreiche Einführung einer Neuerung. Mit Bezug zur Implantattechnik ist hierbei der als Standard der Medizin anerkannte Therapieansatz der zugrunde liegenden Erkrankung gemeint. Auch wenn anfangs Mängel des vorhandenen Systems deutlich werden, wird eine Beseitigung dieser vorerst nicht in Angriff genommen, um das zugrunde liegende System weitestgehend zu erhalten. Durch Ausgleichsmechanismen entsteht eine neue künstliche Stabilität, die sogenannte Meta-Stabilität. Erst wenn diese nicht mehr ausreicht um den Bedarf nach einer adäquaten Lösung zu befriedigen, steigt der Druck nach Alternativen und die Adoptionswahrscheinlichkeit einer Innovation erhöht sich deutlich.

> **Hinweis**
>
> **Funktionalität der bisherigen Standardlösung:** Die Adoption einer Innovation ist nur dann wahrscheinlich, wenn es keine adäquate Lösung für ein zugrunde liegendes Problem gibt oder die bestehende die Bedürfnisse nicht (mehr) ausreichend deckt. ◄

Damit zeigt sich der Innovationsprozess als risikoreich und hoch komplex, sodass eine systematische Planung zur Überwindung der Barrieren notwendig ist. In einem ersten Schritt müssen hierfür die spezifischen Innovationsbarrieren analysiert werden.

2.2 Barrieren in der Implantatforschung

U. Löschner, C. Thum und S. Fleßa

Zur Identifikation der relevantesten Innovationsbarrieren aus Sicht der RESPONSE-Verbundpartner wurde eine Online-Befragung durchgeführt. Der Fragebogen wurde basierend auf Erkenntnissen der Innovationsforschung neuartiger Implantattechnologie und den damit identifizierten Barrieren entwickelt. Sie gliedern den Fragebogen in die Abschnitte:

- *Marktsituation:* Bedarf und Nachfrage nach dem neuen Produkt, Vorhandensein von Absatzmärkten
- *Rechtliche Rahmenbedingungen:* Zertifizierung, Erwerb von Schutzrechten zur erfolgreichen Marktzulassung

- *Finanzierung und Erstattung:* Finanzierung der Forschung und Entwicklung, Erstattungsoptionen der GKV für Implantate
- *Organisation und Kommunikation:* Zusammenarbeit im interdisziplinären Verbund, Verständnis für die Innovation und den gesamten Innovationsprozess aller Mitwirkenden

---

Beispiel: Relevante Innovationsbarrieren in der Implantatforschung

- Aktuelle Marktsituation
- Rechtliche Rahmenbedingungen
- Finanzierungs- und Erstattungsmöglichkeiten
- Organisation und Kommunikation im Forschungsverbund ◄

In jedem Abschnitt konnten verschiedene Aussagen in einer fünfstufigen Skala von „trifft zu" bis „trifft nicht zu" bewertet werden. Die Befragungsteilnehmer hatten zudem die Möglichkeit, weitere für sie relevante Herausforderungen des Innovationsprozesses zu nennen. Zusätzlich wurden Informationen zur befragten Person, wie das berufliche Tätigkeitsfeld (vgl. Abb. 2.1), Berufserfahrung und Position sowie Arbeitszeitanteil im Forschungsprojekt erhoben.

Im Ergebnis der Befragung kann zunächst die Interdisziplinarität des Forschungsverbundes festgestellt werden. Jede der definierten Berufsgruppen ist in der Stichprobe vertreten.

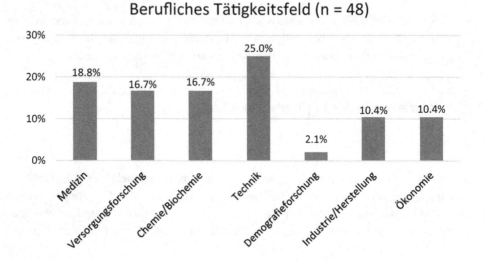

Abb. 2.1 Verteilung der beruflichen Tätigkeitsfelder im RESPONSE-Verbund. (Quelle: Eigene Erhebung)

Mit einem Viertel der Teilnehmer bilden die Techniker die größte Gruppe. Die kleinste Gruppe repräsentieren die Demografieforscher.

Die Befragungsergebnisse zeigen deutlich, dass Innovationsbarrieren in unterschiedlichen Ausprägungen und in verschiedenen Phasen des Innovationsprozesses auftreten. Die Entwicklung und Adoption von innovativen Implantaten kann dadurch deutlich erschwert werden. Die Wahrnehmung von Innovationsbarrieren in den Bereichen „Marktsituation", „Rechtliche Rahmenbedingungen" sowie „Finanzierung und Erstattung" konnten durch den überwiegenden Teil der Befragten bestätigt werden. Dabei ist das Bewusstsein hinsichtlich der Barrieren „Finanzierung und Erstattung" sowie „Rechtliche Rahmenbedingungen" am stärksten ausgeprägt. Auswirkungen einer langjährigen Berufserfahrung und/oder erhöhten Arbeitszeit im Forschungsverbund, auf die wahrgenommene Relevanz bestimmter Innovationsbarrieren, konnte nicht festgestellt werden. Ebenso wurden kaum berufsgruppenbedingte Unterschiede bei der Einschätzung/Wahrnehmung der Relevanz von bestimmten Innovationsbarrieren erkennbar.

Eine wesentliche Ursache der Entstehung von Innovationsbarrieren stellt mangelndes Wissen über den Innovationsprozess und die Innovation selbst dar. Zur Bestätigung der eingangs formulierten Hypothese konnten die Befragungsergebnisse Wissensdefizite der Mitarbeiter über alle Prozessschritte und Berufsgruppen hinweg zeigen. Dies liegt womöglich darin begründet, dass sich die verschiedenen Tätigkeitsbereiche mehr oder weniger intensiv mit einzelnen Prozessen auseinandersetzen müssen. So informieren Implantathersteller sich beispielsweise ausführlicher über die Marktsituation, Konkurrenzprodukte, den Nutzen der Innovation und die Bedürfnisse ihrer Kunden als beispielsweise die Mitarbeiter im Bereich Technik oder Medizin. Deren Arbeitsaufgaben sind eher früheren Phasen des Innovationsprozesses zuzuordnen (Entwicklung des Produktes, klinische Studien, Anwendbarkeit am Patienten).

Hinweis

Wissensdefizite abbauen
In Bezug auf alle notwendigen Prozessschritte, rechtliche Vorgaben, die Finanzierungs- und spätere Erstattungssituation, um die Translation innovativer Implantate in die Therapie zu beschleunigen. ◄

Die Kenntnisse über die Funktionsweise und den Nutzen der neuartigen Implantate scheinen im Gegensatz dazu eher vorzuliegen, denn der Großteil der Befragten sieht nur eine geringe Gefahr vor Konkurrenzprodukten sowie eine gesicherte zukünftige Nachfrage von Implantatinnovationen.

Auch im Bereich der rechtlichen Rahmenbedingungen verfügen nicht alle Befragten über ausreichendes Wissen. Fast ein Drittel gibt an, nicht ausreichend über die aktuelle Gesetzeslage und Vorgaben informiert zu sein. Dieses Wissensdefizit begründet vermutlich auch den hohen Anteil der Befragten, die die rechtlichen Bestimmungen als große Herausforderung sehen. Als Ursache ist hier die Komplexität dieses Bereiches zu nennen, da nicht nur rechtliche, sondern auch ethische und bürokratische Heraus-forderungen bestritten werden müssen. Außerdem werden Richtlinien und Gesetze von Zeit zu Zeit überarbeitet, weshalb die Mitarbeiter kontinuierlich unter Druck stehen, aktuelle Informationen einholen zu müssen. Der dadurch erhöhte Zeit- und Kostenauf-wand kann erhebliche Behinderungen des Innovationsprozesses nach sich ziehen.

Gleiches gilt für den Bereich der Finanzierung und Erstattung, bei dem knapp die Hälfte der Befragten mangelnde Kenntnisse angibt. Berufsgruppenspezifische, regelmäßige Wissensvermittlung und Transparenz in den einzelnen Innovationsprozess-schritten sind daher zur Minderung von Innovationsbarrieren grundsätzlich empfehlens-wert.

In einem interdisziplinären Verbund mit einer Vielzahl kooperierender Institutionen kommt der Kommunikation zwischen den Projektpartnern eine hohe Bedeutung zu. Im RESPONSE-Verbund ist dies zwar durch die Koordination und Organisation durch eine zentrale Stelle bereits gegeben, was sich auch in den positiven Befragungsergebnissen zeigt. Jedoch wurden von einzelnen Personen divergierende Interessen der mitwirkenden Organisationen sowie mangelnde Zuverlässigkeit in der Kooperation untereinander angemerkt. Kommunikationsprobleme verzögern und behindern den Innovationsprozess, weiterhin sinkt die Motivation und Bereitschaft der Mitarbeiter für das Projekt. Um das Vorhaben und künftige Projekte nicht zu gefährden, müssen geeignete Kommunikations-strukturen, regelmäßige Treffen bzw. Kontakt und ggf. der Einsatz von Mediatoren als mögliche Lösungsansätze analysiert werden.

Es sei angemerkt, dass die untersuchten Barrieren neben den Herausforderungen, vor die sie den Projektverbund stellen, in erster Linie positiven Einfluss auf die Implantat-entwicklung und -platzierung nehmen, sofern ihnen mit guter Vorbereitung begegnet wird und sie erfolgreich vor möglicher Konkurrenz überwunden werden. Insofern sind sie eher als Chance zu begreifen, die mithilfe der Innovationsforschung nutzbar gemacht werden kann. Die Beschäftigung mit Barrieren kann Innovationshürden abbauen und so die Translation des neuen Produktes beschleunigen.

2.3   Herausforderungen der Medical Device Regulation

M. Leuchter und E. Klar

Die Novellierung der europäischen Medizinprodukterichtlinien ermöglicht den freien Marktzugang in Europa und soll insbesondere sicherstellen, dass die Produkte grund-legende Anforderungen bezüglich Leistung und Sicherheit erfüllen (AWMF 2019a). Durch erweiterte Sicherungsmechanismen aller im Zertifizierungsprozess beteiligten Akteure (Herstellerfirmen, Konformitätsbewertungsstellen, Behörden) sollen Patienten und Dritte vor Gefährdung und Täuschung geschützt werden. Dies betrifft nicht nur erst-malig in Verkehr gebrachte, sondern auch bereits am Markt befindliche, zugelassene Medizinprodukte. Aufgrund verschärfter Klassifizierungsregeln nach Medical Device

Regulation (MDR) kommt es zu einer Höherstufung vieler Medizinprodukte (insbesondere Implantate). Dies führt zu steigenden Anforderungen bei der Generierung klinischer Daten zum Nachweis eines vertretbaren Nutzen-Risiko-Verhältnisses. Neben den Herstellern sind auch öffentliche Institutionen stärker in die Qualitätssicherung involviert. Folgend soll auf einzelne Herausforderungen durch MDR im Vergleich zur vorausgegangenen Medical Device Directive (MDD) eingegangen werden.

2.3.1 Institutionelle Ebene

2.3.1.1 Nationale & internationale Rechtsgrundlagen

Die Regulierung stützt sich, neben der Medizinprodukteverordnung, auf nationale Gesetze und Verordnungen, europäische Richtlinien und harmonisierte Normen. Auf nationaler Ebene löst das Medizinprodukte-Anpassungsgesetz EU (MPAnpG-EU) das deutsche Medizinprodukte-Gesetz (MPG) ab, um die dann gültigen EU-Vorgaben anzupassen. Die Verantwortlichkeiten liegen zukünftig nicht mehr allein bei den zuständigen Landesbehörden, sondern werden auch auf Bundesebene zentralisiert. Das Bundesinstitut für Arzneimittel und Medizinprodukte (BfArM) und das Paul-Ehrlich-Institut (PEI) sind als Bundesoberbehörde benannt und mit umfassenden Kompetenzen zum Schutz vor Risiken [§ 74 MPAnpG-EU] ausgestattet.

Im MPAnpG-EU wird das Deutsche Institut für Medizinische Dokumentation und Information (DIMDI) beauftragt, ein Deutsches Informations- und Datenbanksystem über Medizinprodukte (DMIDS) aufzubauen, das den erforderlichen Datenaustausch mit der Europäischen Datenbank für Medizinprodukte (EUDAMED) vornimmt. Neben den Zulassungsinformationen jedes Medizinproduktes sollen auch Vorkommnisse (Vigilanzdaten) und klinische Prüfungen kontinuierlich aktualisiert werden. Derzeit ist aber die Etablierung von Programmierschnittstellen zu Krankenhausinformationssystemen im Gesetz nicht verpflichtend vorgegeben. Dies führt zu Mehrfacheingaben und kann in einer geringeren Registeradhärenz bzw. fehlender Aktualität resultieren. Eine Rechtsverordnung zum Datenzugriff für klinische Anwender und Patienten(-vertreter) ist weiterhin nicht geregelt. Zur Versorgungssicherheit muss gerade für diese Personengruppe eine Leseberechtigung gewährleistet werden (AWMF 2020b). Die beiden Datenbanksysteme die EUDAMED (nach MDR) und DMIDS werden nicht vor 2022 funktionsfähig. Bis zur Einführung der novellierten Datenbank sind alle meldepflichtigen Ereignisse weiterhin durch die Hersteller an das BfArM zu übermitteln. Eine weitere Herausforderung für den deutschen Wissenschaftsstandort stellen die nicht harmonisierten Straf- und Bußgeldvorschriften des Art. 1 Kap. 9 MPAnpG-EU dar. Durch eine fehlende gesamteuropäische Abstimmung, stellt dies einen hemmenden Faktor für den Wissenschaftsstandort Deutschland dar, insbesondere im Sinne innovativer Medizinprodukte.

Ergänzende Verordnungen (z. B. die Medizinprodukte-Anwendermelde- und Informationsverordnung (MPAMIV)) spezifizieren bisher noch offene Punkte, allerdings bleiben viele organisatorische und inhaltliche Abläufe weiterhin ungeklärt. Ein unabhängiges Institut oder Expertengremium zur Analyse von auffälligen Explantaten ist derzeit nicht designiert. Die Ausweitung der Risikobewertung durch das BfArM wird zu einer wesentlichen Belastung der Bundesoberbehörde führen und wahrscheinlich den Rückgriff auf entsprechende Experten nötig machen, die bereits durch die Arbeitsgemeinschaft Wissenschaftlich Medizinischer Fachgesellschaften (AWMF) zusammengestellt wurden (AWMF 2018, 2020a).

Neben der Vigilanz stellt die Marktüberwachung (sog. „Post-Market Surveillance") über den gesamten Produktzyklus ein zentrales Element in der Qualitätssicherung der neuen Medizinprodukteverordnung dar. In Deutschland ist am 1. Januar 2020 das Gesetz zur Errichtung eines Implantateregisters (IRegG) in Kraft getreten. Die Datenbank umfasst die Befund- und Anamnesedaten des Patienten, sowie produktspezifische Ergänzungsdatensätze. Diese basieren auf den etablierten Registern der entsprechenden Fachgesellschaften (AWMF 2019b). Eine Meldepflicht für Gesundheitseinrichtungen, gesetzliche und private Krankenversicherungen und Patienten [§ 24/25 IregG] soll die Validität sichern. Sollte ein Hersteller sein Medizinprodukt in der Produktdatenbank des Registers nicht registrieren oder es zu Meldeverstößen der implantierenden Einrichtungen kommen, sieht der Gesetzentwurf einen Vergütungsausschluss vor.

Hinweis

Register der Fachgesellschaften stellen eine Alternative zum Sicherheitsnachweis von hochgestuften Medizinproduktgruppen mit fehlenden klinischen Daten dar. ◄

2.3.1.2 Konformitätsbewertungsstellen und Behörden

Mit Inkrafttreten der EU-Verordnung ist auch für Produkte niedriger Risikoklassen (ab Klasse I*) eine Zertifizierung für den europäischen Markt vorgeschrieben mit erhöhtem Umfang der bisherigen Prozesse bei den Benannten Stellen. Neben Neuzertifizierungen wird das System Benannter Stellen durch Re-Zertifizierungen auf dem Markt befindlicher Medizinprodukte nach neuem Recht zusätzlich belastet (Klar und Leuchter 2020). Der gestiegenen Nachfrage steht ein geringeres Angebot an zugelassenen (MDR-konformen) Benannten Stellen gegenüber. Betrug die Gesamtzahl Bennanter Stellen vor Inkrafttreten der MDR noch 55 so wurden bisher (Stand 29.05.2020) nur 14 nach den neuen Vorgaben designiert. Zusätzlich spezialisieren sich Benannte Stellen auf ein engeres Spektrum, um den gestiegenen Aufwand der Designierung zu reduzieren, was in einer zusätzlichen Limitierung der Prüfkapazität resultiert. Zur Qualitätssicherung werden auch die Benannten Stellen mindestens einmal jährlich durch die nationale Aufsichtsbehörde auditiert [Art. 44 (4) MDR]. Die Zentralstelle der Länder für Gesundheitsschutz bei Arzneimitteln und Medizinprodukten (ZLG) veröffentlicht die aktuell Benannten Stellen und deren Geltungsbereich.

Als besonders maßgeblich für eine qualitätsorientierte Zertifizierung ist die Bewertung durch klinische Fachexperten im „Scrutiny Process" anzusehen. Dieser greift, wenn über die technische Prüfung hinaus eine klinische Bewertung nötig ist. Die hierfür nötigen Experten werden von der EU-Kommission für maximal drei Jahre, auf Basis ihres klinischen, wissenschaftlichen oder technischen Fachwissens berufen. Im Auftrag der EU-Kommission erstellen sie innerhalb von 60 Tagen ein wissenschaftliches Gutachten („scientific assessment report") zum Bericht der klinischen Begutachtung („clinical evaluation assessment report") von der Benannten Stelle [Art. 106 MDR]. Das Konsultationsverfahren betrifft gemäß Artikel 54 Medizinprodukte der Hochrisiko-Klassen IIb und III. Neben der Konsultation der Benannten Stellen unterstützen Experten Hersteller in der Planungsphase, um potenzielle Hindernisse in der Entwicklung und klinischen Prüfung zu vermeiden (Klar 2018).

▶ **Praxistipp** Besonders Kleinen und Mittelständischen Unternehmen (KMU) wird empfohlen, das Beratungsangebot bereits in der Planungsphase zu nutzen, um eine sichere Produktentwicklung bis zur Marktreife vornehmen zu können.

2.3.2 Herstellerseite

Für Medizinproduktehersteller bedeutet die Novellierung der Medizinprodukteverordnung eine Re-Evaluierung ihres kompletten Produktportfolios. Der geforderte Nachweis der Sicherheit und Leistungsfähigkeit sowie die Bewertung unerwünschter Nebenwirkungen führen zu einem höheren Umfang bei der Generierung klinischer Daten. Im Clinical Evaluation Report (CER) werden die Ergebnisse der klinischen Bewertung, basierend auf einer Nutzen-Risiko-Analyse, zusammengefasst. Da die klinische Bewertung über den gesamten Produktzyklus als kontinuierlicher Prozess verortet ist, müssen im CER auch Festlegungen zum Post-Market Surveillance (PMS) und Post-Market Clinical Follow-up (PMCF – inkl. Studienanforderungen) getroffen werden.

Hierfür ist eine enge Koordination mit dem Risikomanagement zur Risikobewertung notwendig [Art. 10 (2) MDR]. Daher ist für Medizinproduktehersteller der Klassen I*, IIa/b und III ein zertifiziertes QM-System, nach der harmonisierten Norm ISO 13485, verpflichtend. Die Mehrbelastungen für die Hersteller sind in Tab. 2.1 zusammengefasst.

2.3.2.1 Bestandsprodukte

Für bereits am Markt befindliche Medizinprodukte gilt es, die Risikoklassen-Einstufung nach den Klassifizierungskriterien [Anh. VIII MDR] zu prüfen. Hieraus ergibt sich der Bedarf an klinischen Daten, der insbesondere bei Höherklassifizierungen (sog. „Up-Classification") zu einer Herausforderung für die Hersteller werden kann. Dies stellt eine besondere Herausforderung für Bestandsprodukte dar, zu deren (Re-)Zertifizierung kurzfristig klinische Daten benötigt werden. Eine Hauptherausforderung ist die Definition der MDR-Vorgabe von „[…] ausreichenden klinischen Daten" [MDR Art. 61 (6)]. Ergebnisse von Gap-Analysen zur Initialisierung von klinischen Studien können besonders bei wenig profitablen Produkten, zu einer Einstellung führen. Eine günstige Lösung

Tab. 2.1 Mehraufwand für den Hersteller (Quelle: Eigene Darstellung)

Vorgaben der MDR	Belastung des Herstellers
Technische Dokumentation	• Umfangreichere Beschreibung des Medizinprodukts (z. B. Bilder) • Umfangreichere Angaben zur Anwendung (z. B. Indikation & Kontraindikation, Patientenpopulation, Anwender) • Detaillierter Aufbau ggf. Neuerungen inkl. aller verwendeten Materialien & Lieferanten (inkl. Standortangaben)
Aufbewahrungspflichten	• Die Aufbewahrungsdauer der Produkt-Dokumentation wurde in der MDR von 5 auf 10 Jahre (Implantate 15 Jahre) angehoben
Labeling	• Markierung der Medizinprodukte und aller Verpackungen mit einer Identifikationsnummer (UDI-produkt- & modellspezifisch)
Marktüberwachung	• Post-Market-Surveillance-Plan muss schon zum Zertifizierungsprozess genau definiert werden • Kontinuierlich und systematisches sammeln und bewerten von klinischen Daten • Wiederholte Aktualisierung der klinischen Bewertung und Erstellung von Ergebnisberichten (periodic safety update report)
Risikomanagement	• Stärkere Einbindung des Risikomanagements zur Risikoanalyse inkl. eines Risikomanagementplans
Zertifizierung von Äquivalenzprodukten	• Anforderungen an erforderliche klinische Daten steigen. Zugriffsrechte auf die Unterlagen des vergleichbaren Produkts können vertraglich geregelt werden (bei Konkurrenzprodukten praktisch nicht möglich)
Rezertifizierung von Bestandsprodukten	• Generierung klinischer Daten

ergibt sich dann, wenn bereits über Jahre vorher ein Register für das betroffene Produkt von einer Fachgesellschaft geführt wurde, auf das hinsichtlich der neu geforderten Daten zurückgegriffen werden kann. Als treffendes Beispiel kann die Hochstufung von Herniennetzen in Risikoklasse III genannt werden. Hierbei konnten die Hersteller auf das seit 2009 bestehende Herniamed-Register der Deutschen Herniengesellschaft unter Begleitung eines wissenschaftlichen Beirats zurückgreifen, um die jetzt erstmals notwendige Zertifizierung durchzuführen. Für Bestandsprodukte, bei denen solche Datenpools nicht existieren, stehen Übergangsregelungen noch aus. Eine Möglichkeit wäre die neue Einbindung eines solchen Produktes in ein Register mit genauer Verlaufsbeobachtung am Markt im Sinne verschärfter Vigilanz (Klar 2018).

2.3.2.2 Innovative Produkte

Bereits für die präklinische Entwicklungsphase sind, gegenüber der MDD, die Anforderungen an den Inhalt der Technischen Dokumentation [Anh. II MDR] deutlich umfangreicher und detaillierter geregelt. Zudem betont die MDR den Produktlebenszyklus (VDE 2019). Die technische Dokumentation muss vom Hersteller kontinuierlich aktualisiert werden und muss den zuständigen Behörden für mindestens zehn Jahre (bei Implantaten 15 Jahre) nach Inverkehrbringen des letzten Produkts zur Verfügung gestellt werden können.

Sie umfasst: (Johner Institut GmbH 2020)

- Identifikation des Produkts (z. B. durch UDI)
- Beschreibung des Produkts inklusive Varianten, Konfiguration und Zubehör
- Zweckbestimmung
- Labeling (Verpackung, Gebrauchsanweisung etc.)
  - Informationen zur Auslegung und Herstellung des Produkts
  - Auslegungsprozess (Entwicklungsphasen, Meilensteine, beteiligte Stellen usw.)
  - Herstellungsprozess (Produktionsverfahren, Produktionsstätten, Qualitätskontrolle usw.)
- ausgelagerte Prozesse (Lieferanten, Unterauftragnehmer, Qualitätskontrolle usw.)
- Risikomanagementakte
- Verifizierung und Validierung des Produkts und damit Nachweis, dass die grundlegenden Sicherheits- und Leistungsanforderungen erfüllt sind
  - Anwendbarkeit der grundlegenden Sicherheits- und Leistungsanforderungen
  - Nachweis der Konformität mit den grundlegenden Sicherheits- und Leistungsanforderungen und Darstellung der Methoden
  - Darstellung der relevanten (harmonisierten) Normen, Spezifikationen oder sonstigen Regeln
  - Verweis auf gelenkte Dokumente und Aufzeichnungen des Nachweises

Um auch unter den MDR-Vorgaben die Entwicklung innovativer Medizinprodukte zu ermöglichen, haben die Deutsche Gesellschaft für Chirurgie und die Deutsche Gesellschaft für Biomedizinische Technik ein gestuftes Prüfverfahren in Anlehnung an das IDEAL-Rahmenwerk empfohlen (McCulloch et al. 2009; DGBMT und DGCH 2015). Noch in der präklinischen Erprobung (neben den in-vitro & in-vivo Versuchen) sollte der „wahrgenommene Mehrwert" für den Patienten evaluiert werden. Nur bei einem sozialen Bedürfnis besitzt eine innovative Intervention eine Marktchance (Hirst et al. 2019).

Nach erfolgreicher präklinischer Erprobung sieht das gestufte Prüfverfahren erste klinische Versuche („first-in-man") von selektiven Patienten in kleinen Fallserien vor. Basierend auf diesen Ergebnissen erfolgt eine Erweiterung der Einschlusskriterien von Patienten und klinischen Anwendern. In dieser klinischen Phase werden erste Vergleiche zu den bisherigen Standardverfahren vorgenommen. Außerdem lassen sich durch die

Einbindung weiterer klinischer Anwender Lernkurveneffekte analysieren. In der dritten klinischen Phase können randomisierte multizentrische Studien initiiert werden. Durch die vorangegangenen Stufen sind das geeignete Patientenkollektiv und potenzielle Risiken definiert. Innerhalb dieser letzten klinischen Phase sollte der Hersteller auch die notwendige „Surveillance"-Struktur (z. B. Nutzung von Register der Fachgesellschaften) aufbauen, um im Konformitätsverfahren entsprechende Werkzeuge zur Marktüberwachung vorhalten zu können.

Hinweis

Ein gestuftes Prüfverfahren nutzt die in der MDR vorgesehenen Prüfinstrumente und -szenarien. Bei strengerer Reglementierung im Sinne erhöhter Patientensicherheit ist so die Entwicklung innovativer Medizinprodukte auch weiterhin möglich. ◄

2.3.2.3 Produktänderungen/Designänderungen

Als *Produktänderung* nach MDR gilt jede Abweichung vom Entwurf des Produkts nach dessen jeweiliger Freigabe. Dies beinhaltet auch eine Änderung der Zweckbestimmung, selbst wenn das Produkt von der Konstruktion völlig unverändert bleibt. Handelt es sich um eine signifikante Änderung muss die Benannte Stelle informiert und das Medizinprodukt neu zugelassen werden [Anhang IX 4.10].

In der Leitlinie MDCG 2020-3 beschreibt die Koordinierungsgruppe, wann eine Designänderung als signifikant zu bewerten und damit meldepflichtig ist (MDCG 2020). Änderungen werden im Dokument wie folgt definiert:

- Änderungen der Zweckbestimmung, z. B. neue Indikationen, neue Patientenpopulation, erweiterte klinische Anwendung, Kontraindikation
- Anwendungsänderungen, oder Änderungen der vorgesehenen Nutzergruppe
- Design-Änderungen/Änderung der Leistungsspezifikation, die weitere klinische Daten oder Daten zur Gebrauchstauglichkeit zur Erfüllung der Sicherheits- und Leistungsanforderungen bedingen
- Austausch oder Änderungen von Materialien, durch neue Lieferanten oder dadurch veränderter Spezifikationen
- Änderungen an der Sterilisationsmethode oder an der Verpackung, die einen Einfluss auf Funktionalität, Sicherheit, Stabilität oder die Integrität haben
- eingreifende Softwareänderungen

In Abhängigkeit des Ausmaßes der Modifikation eines Produkts kann es zur Notwendigkeit einer kompletten Neu-Zertifizierung kommen. Das geänderte Medizinprodukt würde dementsprechend auch eine neue Identifikationsnummer (UDI) erhalten. Das Risiko der neuen Zertifizierung eines bereits auf dem Markt befindlichen Produkts wird sich potenziell innovationshemmend auswirken, da Hersteller Modifikationen selbst zur Risikominimierung nur mit großer Zurückhaltung planen werden.

Hinweis

Die MDR steigert die Patientensicherheit. Die damit verbundenen Vorgaben führen zu einer stärkeren Belastung der Hersteller. Die Vielfalt der Medizinprodukte wird schrumpfen. Die Entwicklung innovativer Medizinprodukte ist auch in Zukunft möglich. Kleine und Mittelständische Unternehmen müssen über strukturelle Unterstützung hierzu weiter in die Lage versetzt werden. ◄

Aufgrund der Unmöglichkeit einer zeitgerechten Umsetzung und Einschränkungen durch die Pandemie hat die EU-Kommission eine Verordnung (2020/561) zur einjährigen Verschiebung des Geltungsbeginns (26.05.2021) der MDR am 23. April 2020 verabschiedet.

2.4 Anforderungen der U. S. Food and Drug Administration

U. Löschner und S. Fleßa

Für die Zulassung von Implantaten auf dem US-amerikanischen Markt ist die U. S. Food and Drug Administration (FDA) verantwortlich.[1] Damit ein Implantathersteller einen Antrag auf Marktzulassung eines neuen Produktes stellen kann, muss dieser bei der FDA registriert sein, eine vollständige Liste seiner Produkte bereitstellen sowie allgemeine Anforderungen bzgl. der Kontrolle der Implantate erfüllen (Johnson 2012). Der Zulassungsprozess ist überblicksartig in Abb. 2.2 dargestellt.

Die Registrierung der Hersteller von Medikamenten und Medizinprodukten wird im Federal Food, Drug and Cosmetic Act (FFDCA) in Absatz 510 gesetzlich festgelegt. Die Registrierung muss bis zum 31.12. eines jeden Jahres erfolgen. Wer jedoch zum ersten Mal ein Medizinprodukt herstellen möchte, muss sich unverzüglich vor Beginn der Entwicklungsarbeit registrieren. Zur Registrierung ist die Angabe des Namens, der Geschäftsstelle und aller Niederlassungen notwendig. Medizinprodukte werden ähnlich dem europäischen System in drei Kategorien eingeteilt. Diese werden auf Basis des notwendigen Kontrollniveaus eingeteilt, welches notwendig ist, um die Sicherheit und die Wirksamkeit eines Produktes zu gewährleisten (FDA 2018).

Jedes Unternehmen, welches Produkte der Klasse II oder III – worunter auch Implantate fallen – herstellt, wird von der FDA wenigstens einmal innerhalb von zwei Jahren kontrolliert. Des Weiteren werden zweimal jährlich Informationen zu allen bisher noch nicht gemeldeten Produkten von der FDA eingefordert. Gegebenenfalls gilt es über

---

[1]Die Inhalte dieses Kapitels basieren auf einer studentischen Arbeit zum Thema „Zulassungsregelungen bei Medizinprodukten – ein Vergleich des Zulassungsprozesses innovativer Implantate auf dem deutschen mit dem amerikanischen Markt".

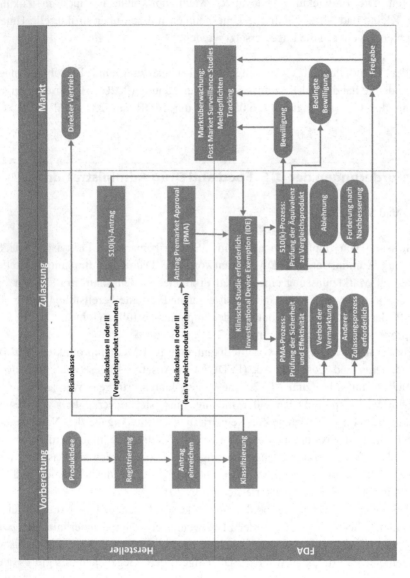

Abb. 2.2 Marktzugangsvoraussetzungen eines Implantats in den USA. (Quelle: Eigene Darstellung)

materielle Veränderungen sowie über die Wiederaufnahme der Produktion zu berichten [FFDCA]. Ausländische Unternehmen, die Medizinprodukte in die USA importieren und dort zum Verkauf anbieten, müssen sich bei der FDA mit den gleichen Angaben sowie dem Namen des US-Vertreters registrieren [FFDCA].

Hinweis

Produktkategorien USA

- Klasse I (allgemeine Kontrollen)
- Klasse II (allgemeine und spezifische Kontrollen)
- Klasse III (allgemeine Kontrollen und Premarket Approval) ◄

Um zu ermitteln, welcher Zulassungsweg für das betreffende Implantat notwendig ist, muss zuerst festgestellt werden, ob es sich um ein Medizinprodukt handelt. Jeder kann bei der FDA einen Antrag auf Kategorisierung seines Produkts einreichen. Das Produkt wird daraufhin entweder als Medikament, Medizinprodukt, biologisches Produkt oder Kombinationsprodukt eingestuft. Falls es sich um ein Kombinationsprodukt handelt, muss die primäre Funktion ermittelt werden, um den passenden Zulassungsprozess fest-zulegen. Für die Einstufung hat die FDA 60 Tage Zeit (Lemker 2004–2010). Weiterhin muss festgelegt werden, in welche Klasse das Medizinprodukt einzuordnen ist. Unter anderem hängt von dieser Kategorisierung ab, welche Schritte für die Zulassung des Produktes notwendig sind (FDA 2018).

Für die Zulassung der meisten Produkte mit mittlerem und hohem Risiko ist ein sogenannter Premarket Review erforderlich. Produkte mit geringem Risiko sind von dieser Regelung ausgenommen (Johnson 2012). Die meisten Medizinprodukte der Risikoklasse II und manche Produkte der Risikoklasse I werden über einen sogenannten Premarket Notification 510(k)-Antrag, benannt nach dem betreffenden Absatz im FFDCA, zugelassen. Der Hersteller muss hierbei belegen, dass das Medizinprodukt äqui-valent zu einem bereits zugelassenen Vergleichsprodukt ist, auch Prädikat genannt (FDA 2015a).

▶ **Bedeutung: Premarket Notification 510(k)-Antrag** Beschleunigter Prozess möglich bei Äquivalenz zu einem bereits für den Markt zugelassenen Ver-gleichsprodukt (Klasse I und II).

Hersteller neuer Produkte, für die es auf dem Markt noch kein sogenanntes Prädikat gibt, stellen in der Regel einen De Novo-Antrag, wenn es sich um Medizinprodukte mit geringem oder mittlerem Risiko handelt. Neue Implantate, zu denen es keine vergleich-baren Produkte gibt, werden automatisch zunächst der Klasse III zugeordnet. Dieses Programm ermöglicht es, das betreffende Produkt nachträglich in die Klasse I oder II einsortieren zu lassen. Eine Empfehlung zur Klassifizierung, eine Diskussion über

Nutzen und Risiken, eine Darstellung der durchgeführten Kontrollen des Produkts sowie alle klinischen und präklinischen Daten, die zum Beleg der Effizienz und Sicherheit relevant sind, müssen eingereicht werden. Wird ein Produkt über den De Novo-Antrag zugelassen, kann es in Zukunft auch als Vergleichsprodukt für andere Produkte gelten (FDA 2015b).

▶   **Bedeutung: De Novo-Programm** Zulassungsverfahren für Implantate mit geringem oder mittlerem Risiko, für die es noch kein Vergleichsprodukt gibt.

Die meisten Medizinprodukte der Klasse III erfordern zur Zulassung einen Premarket Approval (PMA)-Antrag. Bei diesem Prozess sind wissenschaftlich valide Belege bzgl. der Evidenz und Sicherheit des Medizinproduktes nötig. Bei einem PMA-Antrag handelt es sich um das strikteste Zulassungsverfahren, das für innovative Produkte vorgesehen ist, die lebenserhaltend wirken und/oder ein mögliches Risiko für den Patienten darstellen (FDA 2015a). Aus diesem Grund ist dieses Verfahren auch für innovative Implantate von hoher Relevanz (FDA 2015c).

▶   **Bedeutung: Premarket-Approval** Implantate der Klasse III (hohes Risiko und/oder lebenserhaltend) benötigen einen Nachweis über Sicherheit und zweckmäßige Wirksamkeit.

Die letzte Zulassungsmöglichkeit stellt ein Humanitarian Device Exemption (HDE)-Antrag dar. Dieser Antrag muss für Produkte gestellt werden, die dazu dienen seltene Erkrankungen zu diagnostizieren und/oder diese zu behandeln. Als seltene Erkrankung gelten hierbei alle Krankheiten, von denen jährlich weniger als 4000 US-Amerikaner betroffen sind. In Bezug auf Form und Inhalt des Antrags gibt es keinen Unterschied zum PMA. Der Unterschied ist, dass im Fall eines HDE-Antrags keine Ergebnisse wissenschaftlicher Tests aufgeführt werden müssen. Allerdings muss der Antragsteller ausreichende Informationen liefern, die belegen, dass kein signifikantes Risiko für den Patienten besteht und es kein vergleichbares Produkt auf dem Markt gibt, welches denselben Zweck erfüllt (FDA 2015c). Zusammenfassend stellt Tab. 2.2 die Zugangsvoraussetzungen für den europäischen und den US-amerikanischen Markt gegenüber. Trotz verschiedener Zuständigkeiten und unterschiedlicher Verfahren lassen sich einige Gemeinsamkeiten feststellen.

▶   **Bedeutung: Humanitarian Device Exemption** Zulassung für Implantate zur Behandlung sehr seltener Erkrankungen, ähnlich PMA. Ergebnisse klinischer Studien müssen nicht mit eingereicht werden.

Tab. 2.2 Gegenüberstellung Marktzugangsprozess für Implantate in Europa und den USA (Quelle: Eigene Darstellung)

	EU-Markt	US-Markt
Ziel	Leistungsfähigkeit, technische Sicherheit, Schutz vor Risiken	Leistungsfähigkeit, technische Sicherheit und Effektivität
Gesetzliche Grundlagen	Richtlinien der Europäischen Gemeinschaft (EG), überführt ins nationale Medizinprodukte-gesetz (MPG) sowie die dazu erlassenen Verordnungen; ab 26. Mai 2021 verschärft die europäische Verordnung (EU) 2017/745 (MDR) das MPG und ersetzt RL 93/42 EWG sowie RL 90/385/EWG, sie gelten in den Mitgliedstaaten der EU unmittelbar und müssen nicht in nationales Recht umgesetzt werden; Ablösung des MPG durch das Medizinprodukte-Durchführungsgesetz (MPDG)	Federal Food Drug and Cosmetic Act (FFDCA), Code of Federal Regulation (CFR)
(Risiko-) Klassen	I, I* (r,s,m), IIa, IIb, III	I, II, III
Risikoklassenbestimmung	Durch den Hersteller vor-geschlagen, bestätigt durch die BS, bei Nichteinigung Bundes-oberbehörde	Durch die FDA
Zulassungsstelle	Benannte Stellen (europa-weit frei wählbar); Anzahl im Rahmen der MDR deutlich reduziert	FDA
Prüfung des Zulassungsantrags	Benannte Stellen	FDA oder externe Personen, die von der FDA dazu bemächtigt wurden
Verfahren	Konformitätsbewertungsver-fahren	510(k)-Antrag, Premarket-Approval-Verfahren
Klinische Dokumentation	Notwendig	Notwendig (Ausnahme: Humanitarian Device Excemption)
Weitere notwendige Anforderungen	Qualitätsmanagementsystem, Risikomanagementsystem, Evidenzanforderungen (kleine klinische Studien, Labortests, Literaturübersichten)	Quality System Regulation

(Fortsetzung)

Tab. 2.2 (Fortsetzung)

	EU-Markt	US-Markt
Zulassung zu klinischen Studien	Antrag Ethikkommission und BfArM, genehmigen die Durchführung	Antrag bei FDA, Erlangung einer Investigational Device Exemption zur Genehmigung der Durchführung
Technische Dokumentation	Notwendig, nach europäischen Standards; deutlich umfassendere Anforderungen nach MDR	Notwendig, nach nationalen Richtlinien
Zertifizierung	CE-Kennzeichnung	Zertifizierung über die FDA
Transparenz	keine Veröffentlichung gesetzlich festgelegt	FDA veröffentlicht Informationen zu allen zugelassenen und nicht zugelassenen Medizinprodukten
Post-Market Bestimmungen	Post Market Surveillance, inklusive Kontroll-, Melde-, Aufbewahrungs-und Einweisungspflichten; mit Einführung der MDR zudem Medical Device Tracking (UDI), Inspektion der Produktionsstätte	Post Market Surveillance Studies, Medical Device Tracking, Meldepflichten, Inspektion der Produktionsstätte, Rückrufbestimmungen

2.5   Erstattungsmöglichkeiten im deutschen Gesundheitsmarkt

U. Löschner und S. Fleßa

Eine weitere bereits früh im Innovationsprozess zu berücksichtigende Barriere stellt die Erstattungsfähigkeit eines innovativen Implantats dar.[2] Gerade auf dem deutschen Gesundheitsmarkt ist es von hoher Bedeutung, ein Produkt in den Verkehr zu bringen, dessen Anwendung über die gesetzlichen Krankenkassen (GKV) abgedeckt ist. Eine erfolgreiche Zertifizierung allein garantiert nicht die Kostenübernahme durch die GKV. Es ist zwar möglich, Produkte ausschließlich an privat versicherte Personen sowie Selbstzahler abzusetzen, allerdings ist dieser Marktanteil vergleichsweise gering. Zusätzlich

---

[2]Die Inhalte dieses Kapitels basieren teilweise auf einer studentischen Arbeit zum Thema „Erstattungsregelungen in Deutschland und deren Einfluss auf den Adoptionsprozess von Innovationen".

orientieren sich die privaten Krankenkassen in den meisten Fällen an den Entscheidungen der GKV. Die Sicherung der Erstattungsfähigkeit über die GKV ist somit unerlässlich für die erfolgreiche und breite Adoption eines innovativen Implantats im deutschen Gesundheitsmarkt. Gleiches gilt für andere Märkte, da sich die Strukturen dieser aber deutlich voneinander unterscheiden, soll an dieser Stelle der deutsche Markt im Besonderen betrachtet werden.

In Deutschland wird in den primären und den sekundären Gesundheitsmarkt unterschieden. Im primären Gesundheitsmarkt wird die Finanzierung der Gesundheitsversorgung der Bevölkerung von den gesetzlichen bzw. privaten Krankenkassen übernommen. Der sekundäre Markt, auch freier Markt genannt, betrifft Produkte, die der Bürger von seinen eigenen finanziellen Mitteln bezahlen muss. Der Hersteller muss demzufolge innerhalb der Erstattungsphase definieren, auf welchem Markt sein Medizinprodukt Anwendung finden könnte. Die Zuteilungsentscheidung zu einem der beiden Märkte basiert auf den Ergebnissen der Versorgungsanalyse, die bereits in der Entwicklungsphase von Herstellern durchgeführt wird. Auf Basis dieser wird ermittelt, ob und in welchem Maße ein Medizinprodukt zur Untersuchung oder der Behandlung von Patienten beiträgt (Medizintechnologie o. J.d). Sofern das Medizinprodukt auf dem primären Gesundheitsmarkt Anwendung findet, ist weiterhin zu unterscheiden, ob es im ambulanten oder stationären Bereich zum Einsatz kommt (Medizintechnologie o. J.d).

Somit ergeben sich verschiedene Erstattungsszenarien, die in Abb. 2.3 im Überblick dargestellt sind. Da der primäre Gesundheitsmarkt und hier insbesondere die GKV die höchste Relevanz in Bezug auf die mögliche Erstattung innovativer Implantate haben, wird sich im Folgenden auf die Darstellung dieser Erstattungsmöglichkeiten konzentriert.

2.5.1 Ambulanter Sektor

Im ambulanten Bereich gilt zunächst ein Verbot mit Erlaubnisvorbehalt, dem auch Medizinprodukte unterliegen. D. h., neuartige Implantate sind grundsätzlich von der Erstattung ausgeschlossen und können dementsprechend nicht auf Kosten der GKV vergütet werden. Dies ist erst möglich, wenn das Produkt in den Leistungskatalog aufgenommen wird. Dazu bedarf es eines positiven Bescheides des Gemeinsamen Bundesausschusses (G-BA) (BVMed 2016a). Im weiteren Verlauf sind zwei Szenarien möglich.

Zum einen können ein Medizinprodukt sowie das ihm zugehörige Verfahren bereits über den Einheitlichen Bewertungsmaßstab (EBM) abgedeckt sein. So wäre die Abrechnungsfähigkeit für das Medizinprodukt im ambulanten Bereich gegeben (Medizintechnologie o. J.b).

Zum anderen besteht die Möglichkeit zur Stellung eines Antrages, um Methoden zur Untersuchung und Behandlung zu erproben (Medizintechnologie o. J.c). Dieser kann sowohl durch den behandelnden Arzt über die verantwortliche Kassenärztliche Vereinigung als auch von der Krankenkasse über den G-BA gestellt werden (Medizintechnologie o. J.b).

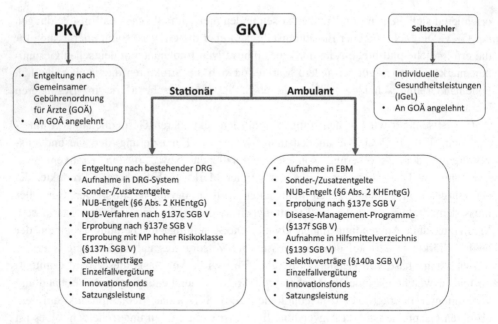

Abb. 2.3 Überblick Erstattungsmöglichkeiten im deutschen Gesundheitsmarkt. (Quelle: Eigene Darstellung)

Auch der Hersteller hat die Möglichkeit diesen Erprobungsantrag zu stellen, sofern sein Produkt an solch einer Methode beteiligt ist (BVMed 2016a). Ein Antrag ist erforderlich, wenn das innovative Medizinprodukt mit dem dazugehörigen Verfahren noch nicht über den EBM abgedeckt ist oder sich die Vergütung nicht mit den Vorstellungen des Herstellers deckt. Hierbei überprüft der G-BA, ob Potenzial der Methode und somit ein gesteigerter Patientennutzen vorliegt. Diese Überprüfung geschieht über eine Schnellbewertung. Grundlage für diese Schnellbewertung sind sowohl die Versorgungsanalyse als auch die Ergebnisse der klinischen Bewertung (Medizintechnologie o. J.c). Sofern der G-BA ein Potenzial feststellt, leitet er den Auftrag an ein unabhängiges Institut weiter, welches die Erprobung vornimmt. Zur Antragsentscheidung wird dem G-BA eine Frist von drei Monaten eingeräumt (BVMed 2016a). Die GKV ist erst zur Übernahme der Kosten verpflichtet, wenn die Bestätigung des Patientennutzens durch den G-BA vorliegt (Medizintechnologie o. J.c).

Hinweis

Erprobungsantrag

- noch nicht über EBM abgedeckt
- Vergütung ist nicht ausreichend ◀

Weiterhin existiert im ambulanten Bereich die Möglichkeit der Erstattungsfähigkeit von Medizinprodukten in Form von Hilfsmitteln, die in das Hilfsmittelverzeichnis aufgenommen wurden (BVMed 2016a). Dabei stellt der Hersteller einen Antrag an den GKV-Spitzenverband. Stimmt dieser zu, dass nach Überprüfung das Medizinprodukt mit der Hilfsmitteleigenschaft einhergeht, wird das Produkt in das Verzeichnis aufgenommen und von der GKV vergütet (Medizintechnologie o. J.e).

2.5.2 Stationärer Sektor

Im Gegensatz zum ambulanten Bereich gilt im stationären Sektor die Erlaubnis mit Verbotsvorbehalt. Somit wird ermöglicht, dass grundlegend neuartige Methoden angewendet werden können. Eine vorherige Bestätigung des G-BA ist nicht notwendig (BVMed 2016a).

Auch hier gibt es im weiteren Verlauf zwei Szenarien. Einerseits kann für ein Implantat sowie dem dazugehörigen Verfahren bereits eine Fallpauschale im DRG-Katalog des Instituts für das Entgeltsystem im Krankenhaus (InEK) existieren. Falls dies zutrifft, kann die implantatbasierte Behandlung sofort über die GKV vergütet werden.

Ist dem nicht so, kann ein Antrag an das InEK gestellt werden, um das Medizinprodukt als Teil einer sogenannten Neuen Untersuchungs- und Behandlungsmethode (NUB) langfristig in den DRG-Katalog mit aufzunehmen. Hierbei übernimmt der Leistungserbringer die Antragsstellung (Medizintechnologie o. J.f). Zu den Leistungserbringern zählen z. B. ein Krankenhaus oder ein Arzt (BVMed 2016a). Der Hersteller kann für den vom Leistungserbringer gestellten Antrag die Ergebnisse der Versorgungsanalyse sowie klinischer Studien bereitstellen. Das InEK überprüft das innovative Medizinprodukt, ob es sich tatsächlich um eine NUB handelt und dieses mit dem dazugehörigen Verfahren noch nicht über eine Fallpauschale abgedeckt ist (Medizintechnologie o. J.a). Sofern dies zutrifft, erhält das Medizinprodukt vom InEK den NUB-Status 1. Hauptsächlich sind dies solche Produkte, die der Risikoklasse IIb und III zugeordnet werden und mit einem höheren Risiko einhergehen (BVMed 2016a). Der NUB-Status 1 ermöglicht, dass zwischen Leistungserbringer und dem Kostenträger die Verhandlungen über individuelle Zusatzentgelte für diese NUB stattfinden können (Medizintechnologie o. J.a).

▶ **Bedeutung: Neue Untersuchungs- und Behandlungsmethoden (NUB)**
- *Status 1:* Kriterien erfüllt, Integration in DRG-System wird geprüft
- *Status 2:* Kriterien nicht erfüllt, keine Übernahme in DRG-System möglich
- *Status 3:* Anfrage nicht fristgerecht bearbeitet
- *Status 4:* unzureichend

Kernnorm für die Erstattung von Leistungen im Krankenhaus ist § 137c SGB V. Da diese Norm sich nur auf eine Krankenhausbehandlung allgemein bezieht, kommt es

nicht darauf an, ob die Leistung ambulant, teilstationär oder vollstationär erfolgt, denn
allein die Erbringung im Krankenhaus ist entscheidend. § 137c SGB V ist die Parallel-
vorschrift zu § 135 SGB V und wirkt spiegelbildlich: Während die Erbringung einer
innovativen Behandlungsmöglichkeit im vertragsärztlichen Sektor eine Erlaubnis des
G-BA erfordert, beinhaltet § 137c SGB V für solche Leistungen im Krankenhaus lediglich eine Ausschlussmöglichkeit. Verwaltungsrechtlich stellt diese Norm eine Erlaubnis
mit Verbotsvorbehalt dar. Behandlungen unter Einsatz innovativer Implantate dürfen im
Rahmen einer Krankenhausbehandlung also grundsätzlich zulasten der Krankenkassen
erbracht werden, wenn sie das „Potential einer erforderlichen Behandlungsalternative
bieten und ihre Anwendung nach den Regeln der ärztlichen Kunst erfolgt, sie also insbesondere medizinisch indiziert und notwendig" [§ 137c SGB V] sind. Es kommt also
hier zunächst nur auf den medizinischen Nutzen an, nicht auf die Wirtschaftlichkeit.

Damit aber nicht dauerhaft unwirtschaftliche – wenn auch medizinisch nützliche –
Methoden zulasten der Krankenkassen erbracht werden, sieht § 137c Abs. 1 S. 1 SGB V
eine Bewertung der Methoden durch den G-BA daraufhin vor, ob sie für eine ausreichende, zweckmäßige und wirtschaftliche Versorgung der Versicherten erforderlich
sind. Hier geht es nicht mehr nur um die medizinische Notwendigkeit, sondern zusätzlich um die Wirtschaftlichkeit.

Bei negativer Potenzialbewertung fügt der G-BA die Methode seiner Verbotsrichtlinie
hinzu. Dies bedeutet, dass der Nutzen nicht hinreichend belegt und kein Potenzial einer
erforderlichen Behandlungsalternative, insbesondere wegen Schädlichkeit oder Unwirk-
samkeit, gegeben ist. Die ausgeschlossene Methode darf dann nicht mehr im Rahmen
einer Krankenhausbehandlung zulasten der Krankenkassen erbracht werden.

Hinweis

Negative Potenzialbewertung

- Nutzen nicht hinreichend belegt
- keine Vergütung über GKV möglich ◄

Bei positiver Potenzialbewertung ist ein Erprobungsverfahren nach § 137e SGB V vorgesehen, um zusätzliche Daten für eine Nutzenbewertung zu ermitteln. Dies bedeutet,
dass der Nutzen noch nicht hinreichend belegt, aber Potenzial einer erforderlichen
Behandlungsalternative ersichtlich ist. Das Potenzial einer erforderlichen Behandlungsalternative setzt etwa voraus, dass die Methode „aufgrund ihres Wirkprinzips und der
bisher vorliegenden Erkenntnisse mit der Erwartung verbunden ist, dass andere auf-
wendigere, für den Patienten invasivere oder bei bestimmten Patienten nicht erfolgreich
einsetzbare Methoden ersetzt werden können, die Methode weniger Nebenwirkungen
hat, sie eine Optimierung der Behandlung bedeutet oder die Methode in sonstiger Weise
eine effektivere Behandlung ermöglichen kann" [§ 137e SGB V].

> **Hinweis**
>
> **Positive Potenzialbewertung**
>
> - Potenzial wird gesehen
> - weitere Daten zum hinreichenden Beleg des Nutzens müssen erhoben werden ◄

Hinsichtlich der Erstattungsfähigkeit von Methoden unter Nutzung innovativer Medizin-produkte folgt aus § 137c SGB V in Verbindung mit § 137 h SGB V also der Grundsatz, dass ihre Kosten im Rahmen einer Krankenhausbehandlung von den Krankenkassen übernommen werden (vgl. Abb. 2.4). Nur als Ausnahme ist die Norm Grundlage für den Ausschluss der Kostenerstattung. Dafür sind ein Antrag sowie ein negatives Prüfungs-ergebnis nötig. Das Grundkonzept im stationären Bereich – Erlaubnis mit Verbotsvor-behalt – öffnet somit zunächst Chancen für die Adoption von Innovationen.

2.5.3 Erprobungsverfahren

Für die vertragsärztliche Versorgung und Krankenhausleistungen gleichermaßen existiert das Erprobungsverfahren nach § 137e SGB V. Gelangt der G-BA bei der Prüfung einer Untersuchung und Behandlungsmethode (namentlich in den Fällen der §§ 137c Abs. 1, 137h Abs. 4 SGB V) zu der Feststellung, dass sie das Potenzial einer erforderlichen Behandlungsalternative bietet, der Nutzen aber noch nicht hinreichend belegt ist, kann er sein Bewertungsverfahren aussetzen und eine Erprobung beschließen, um die not-wendigen Erkenntnisse für die Nutzenbewertung zu gewinnen (vgl. Abb. 2.5).

Dafür müssen ausreichend aussagefähige, wissenschaftliche Unterlagen vorliegen, dass eine Studie mit ausreichend sicherem Erkenntnisniveau geplant werden kann. Mit den gewonnenen Erkenntnissen entscheidet der G-BA über die Methodenbewertung. Auch das Erprobungsverfahren soll die Adoption von Innovationen in der GKV fördern.

Während der Erprobung wird die Methode zulasten der Krankenkassen erbracht. Die vom Krankenhaus im Rahmen der Erprobung erbrachten und verordneten Leistungen werden dabei unmittelbar von den Krankenkassen vergütet; bei voll- und teilstationären Krankenhausleistungen über das DRG-System bzw. krankenhausindividuelle Zusatz-entgelte nach § 6 Abs. 2 KHEntgG oder Schiedsspruch. Bei ambulanten Methoden im Krankenhaus erfolgt die Vergütung durch dreiseitigen Vertrag nach § 115 Abs. 1 S. 1 SGB V oder wiederum durch Schiedsspruch.

Die an der Erprobung teilnehmenden Leistungserbringer müssen die für die wissen-schaftliche Begleitung nötigen Daten dokumentieren und der beauftragten Institution zur Verfügung stellen. Für ihren Aufwand erhalten sie von der Institution eine angemessene Aufwandsentschädigung.

Für Medizinproduktemethoden existieren einige Sonderregeln. Beruht die technische Anwendung der Methode maßgeblich auf dem Einsatz eines Medizinprodukts, darf

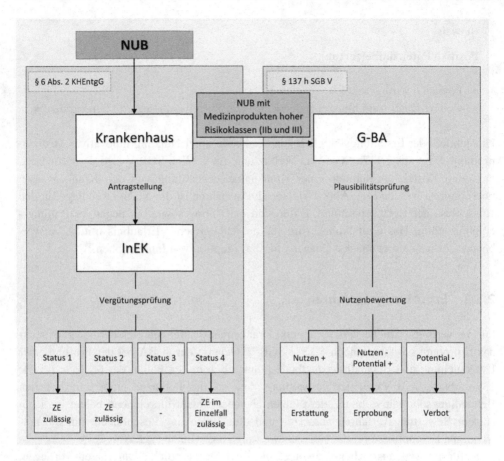

Abb. 2.4 Verfahrensprozess nach § 6 Abs. 2 KHEntgG und § 137h SGB V. (Quelle: Eigene Darstellung)

der G-BA die Erprobung nur beschließen, wenn sich die Produkthersteller oder Unternehmen, die „in sonstiger Weise als Anbieter der Methode ein wirtschaftliches Interesse an einer Erbringung zulasten der Krankenkassen haben" [§ 137e Abs. 6 S. 1 SGB V], vorher bereit erklären, die Kosten der wissenschaftlichen Begleitung in angemessenem Umfang zu übernehmen. Als angemessen ist die Kostenübernahme anzusehen, wenn sie die Untersuchung der Methode unter Verwendung des Medizinproduktes abdeckt. Details zur Kostenübernahme sind mit der beauftragten Institution zu vereinbaren. Wenn die Kostenvereinbarung nicht zustande kommt, wird das Verfahren nicht fortgeführt und der G-BA nimmt die Methode schon aus diesem Grund in seine Verbotsrichtlinie auf.

Unternehmen können binnen vier Wochen nach Zugang der Kostenmitteilung unter Darlegung ihrer wirtschaftlichen Leistungsfähigkeit (Jahresumsatz und Beschäftigtenanzahl) und der infolge einer Anerkennung der Methode erwarteten Umsatzsteigerung eine Prüfung der Kostenbeteiligung verlangen. Auch hierbei trifft den G-BA keine Amts-

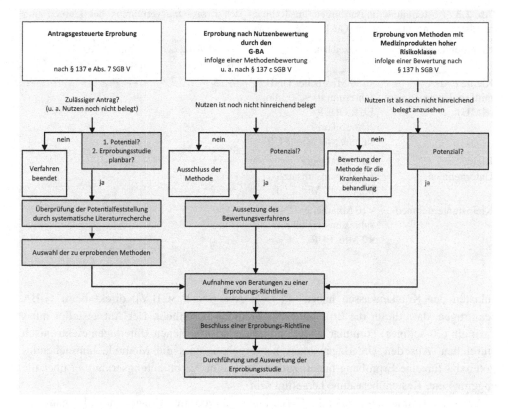

Abb. 2.5 Erprobungsverfahren nach § 137e SGB V. (Quelle: Eigene Darstellung)

ermittlungspflicht, weitere insbesondere das Unternehmen begünstigende Informationen zu erheben. Der Kostenanteil kann um höchstens 50 % gemindert werden, im Falle der Erprobung bei seltenen Erkrankungen um bis zu 70 %.

Kleine und mittlere Unternehmen (KMU; solche mit weniger als 250 Mitarbeitern und einem Jahresumsatz von höchstens 50 Mio. EUR oder einer Jahresbilanzsumme von höchstens 43 Mio. EUR) haben Anspruch auf Minderung ihres Kostenanteils um 25 %. Der Anspruch erhöht sich auf 35 % bei kleinen Unternehmen (weniger als 50 Mitarbeiter, Jahresumsatz bzw. Jahresbilanzsumme höchstens 10 Mio. EUR) und auf 50 % bei Kleinstunternehmen (weniger als 10 Mitarbeiter, Jahresumsatz bzw. Jahresbilanz unter 2 Mio. EUR). Beschränkt sich das Anwendungsgebiet der Methode auf seltene Erkrankungen, ist der Minderungssatz um weitere 20 Prozentpunkte zu erhöhen. Selten in diesem Sinne meint eine bundesweite Prävalenz von nicht mehr als 5 auf 10.000 Personen. Die Minderungsansprüche der KMU sind in Tab. 2.3 zusammengefasst.

Außerdem können Hersteller eines Implantats, auf dessen Einsatz die technische Anwendung einer Methode maßgeblich beruht, und Unternehmen, die „in sonstiger Weise als Anbieter einer Methode ein wirtschaftliches Interesse an einer Erbringung

Tab. 2.3 Kostenminderungsanspruch im Rahmen des Erprobungsverfahrens bei kleinen und mittelständigen Unternehmen (Quelle: Eigene Darstellung)

Unternehmenstyp	Kennzeichen	Minderung der Kosten (%)	Minderung bei seltener Krankheit (%)
Kleine und mittlere Unternehmen (KMU)	<250 Mitarbeiter UND Jahresumsatz ≤ 50 Mio. EUR ODER Jahresbilanz- summe ≤43 Mio. EUR	−25	−45
Kleine Unternehmen	<50 Mitarbeiter UND Jahresumsatz/- bilanz ≤10 Mio. EUR	−35	−55
Kleinstunternehmen	<10 Mitarbeiter UND Jahresumsatz/-bilanz <2 Mio. EUR	−50	−70

zulasten der Krankenkassen haben" [§ 137e Abs. 6 S. 1 SGB V], direkt beim G-BA beantragen, dass dieser die Erprobung der Methode beschließt. Der Antragsteller muss dazu ein (20-seitiges) Formular ausfüllen und die erforderlichen Unterlagen elektronisch einreichen. Aus den Unterlagen muss hervorgehen, dass die Methode hinreichendes Potenzial für eine Erprobung bietet; zudem muss eine Verpflichtungserklärung über die angemessene Kostenübernahme beigefügt sein.

Über den Antrag entscheidet der G-BA innerhalb von drei Monaten nach Eingang auf Grundlage der vorgelegten Informationen. Er ist wiederum nicht zur Amtsermittlung, insbesondere nicht zu weiteren Recherchen verpflichtet, kann aber vom Antragsteller unter Fristsetzung weitere Unterlagen nachfordern. Werden nachgeforderte Unterlagen nicht eingereicht, wird der Antrag abgelehnt. Nimmt der G-BA den Antrag an, ist damit das Potenzial festgestellt, aber noch kein Anspruch auf Erprobung nach § 137e SGB V begründet, deren Einleitung vielmehr separat vom G-BA beschlossen wird und von ihrer Erfolgswahrscheinlichkeit sowie den verfügbaren Haushaltsmitteln abhängt.

§ 137e SGB V erlaubt folglich die Erprobung von Methoden zulasten der Kranken- kassen, sodass für den Erprobungszeitraum eine Kostenerstattung gewährleistet ist. Es entstehen jedoch Kosten für die Krankenhäuser, die die Begleitforschung unterstützen müssen, sowie für die beteiligten Hersteller und Unternehmen, die zur Übernahme der Begleitforschungskosten verpflichtet werden. Das Erprobungsverfahren stellt damit einen Zwischenschritt auf dem Weg zur Adoption einer innovativen Methode dar.

Es ist fraglich, ob hier die eventuellen ökonomischen Restriktionen zu einer Abschreckung der Antragsteller führen könnten. Es sollte auch die Frage aufgeworfen werden, ob sich eine lange Prozessdauer möglicherweise nicht nur negativ auf die all- gemeine Planungssicherheit des Krankenhauses, sondern zusätzlich auf den endgültigen Produktpreis auswirkt. Die Kosten der Antragstellung sowie zusätzliche Arbeitsstunden der Mitarbeiter des Herstellers werden über angepasste Preise refinanzierbar. Sollte dies nicht der Fall sein, würde sich das schließlich auch als erhebliche Hürde auf die Innovationstätigkeit von Forschern und Herstellern auswirken. Auch eine Verdrängung kleinerer Anbieter vom Markt ist durchaus denkbar, denn nicht alle Firmen können sich den nötigen finanziellen Vorschuss leisten.

Noch aufwendiger wird der Prozess, wenn es sich um Hochrisikomedizinprodukte nach § 137h SGB V handelt. Die erste Herausforderung liegt hierbei schon in der korrekten Zuordnung in die entsprechende Risikoklasse [Art. 9 in Verbindung mit Anhang IX der RL 93/42/EWG]. Des Weiteren ist, zusätzlich zu den allgemeinen Antragsformularen, das 36-seitige Informationspapier für Hochrisikoimplantate für den G-BA auszufüllen. Der zu leistende Zeitaufwand und der damit verbundene Einsatz der Personalressourcen tragen erneut zu einem Anstieg der Innovationskosten bei.

Die Kommunikation zwischen dem Krankenhaus und dem Medizinprodukthersteller muss zu jeder Zeit in einem einwandfreien Zustand sein, welches wiederum zu erhöhtem Zeit- sowie Personalaufwand führt. Unzureichende oder sogar fehlgeleitete Kommunikation führt darüber hinaus zu einem signifikanten Kostenanstieg, da diverse Vorgänge und Arbeiten wiederholt durchgeführt werden müssen. Schlussendlich gelten das Ergebnis eines Erprobungsverfahrens sowie das vereinbarte krankenhausindividuelle Zusatzentgelt lediglich für ein Jahr. Vorausgesetzt, dass auch im Folgejahr nicht über eine DRG abgerechnet werden kann, muss dieser Vorgang, einschließlich aller Formulare und Anträge, bei einigen NUB mehrfach wiederholt werden. Die Effektivität dieser Regulierungen und Vorgaben ist somit durchaus infrage zu stellen.

Literatur

Arbeitsgemeinschaft der medizinisch wissenschaftlichen Fachgesellschaften (AWMF). (2018). AWMF-Stellungnahme: Implantatverbleib der AWMF-ad hoc Kommission „Bewertung von Medizinprodukten". https://www.awmf.org/fileadmin/user_upload/Stellungnahmen/ Medizinische_Versorgung/20180622_Stellungnahme_Umgang_mit_Explantaten_fin.pdf. Zugegriffen: 4. Sept. 2020.

Arbeitsgemeinschaft der medizinisch wissenschaftlichen Fachgesellschaften (AWMF). (2019a). AWMF Positionspapier der Ad-hoc-Kommission Nutzenbewertung von Medizinprodukten der AWMF zur Verbesserung der Patientensicherheit bei Zulassung und Monitoring von Medizinprodukten. https://www.awmf.org/fileadmin/user_upload/Stellungnahmen/ Medizinische_Versorgung/20190213_AWMF-Ad-hoc-Komm_MedProd_Positionierung_ Sicherheit_Medizinprodukte_final.pdf. Zugegriffen: 4. Sept. 2020.

Arbeitsgemeinschaft der medizinisch wissenschaftlichen Fachgesellschaften (AWMF). (2019b). AWMF Stellungnahme: Entwurf eines Gesetzes zur Errichtung des Implantateregisters Deutschland und zu weiteren Änderungen des Fünften Buchcs Sozialgesetzbuch (Implantateregister-Errichtungsgesetz –EIRD), BT-Drucksache 19/10523. https://www.awmf. org/fileadmin/user_upload/Stellungnahmen/Medizinische_Versorgung/20190617_AWMF_ Stellungnahme_EDIR_Referentenentwurf_fin_ko.pdf. Zugegriffen: 4. Sept. 2020.

Arbeitsgemeinschaft der medizinisch wissenschaftlichen Fachgesellschaften (AWMF). (2020a). AWMF-Stellungnahme: Entwurf einer Verordnung zur Anpassung des Medizinprodukterechts an die Verordnung (EU) 2017/745 und die Verordnung (EU) 2017/746. https://www. awmf.org/fileadmin/user_upload/20200415_AWMF_Fachgesellschaften_Stellungnahme_ MPEUAnpVfakt.pdf. Zugegriffen: 4. Sept. 2020.

Arbeitsgemeinschaft der medizinisch wissenschaftlichen Fachgesellschaften (AWMF). (2020b). AWMF-Stellungnahme: Kabinettsentwurf eines Gesetzes zur Anpassung des Medizinprodukterechts an die Verordnung (EU) 2017/745 und die Verordnung (EU) 2017/746 (Medizinprodukte-Anpassungsgesetz-EU). https://www.awmf.org/fileadmin/user_upload/Stellung- nahmen/Medizinische_Versorgung/20200106_ AWMF_SNV_MPAnpG-EU_akt.pdf. Zugegriffen: 4. Sept. 2020.

Beyar, R. (2015). The long and winding road to innovation. *Rambam Maimonides Medical Journal, 6,* 598–604.

Bundesverband Medizintechnologie (BVMed). (2016a). Branchenbericht Medizintechnologien 2016. https://www.bvmed.de/download/bvmed-jahresbericht2016. Zugegriffen: 27. Aug. 2018.

Deutsche Gesellschaft für Biomedizinische Technik VDE (DGBMT); Deutsche Gesellschaft für Chirurgie (DGCH). (2015). Stellungnahme zur Innovationsprüfung und klinischen Bewertung von Medizinprodukten: "IDEAL plus". https://www.dgch.de/fileadmin/media/pdf/dgch/2015- 12-02_DGCH_DGBMT_Stellungnahme.pdf.

Fleßa, S. (2014). *Grundzüge der Krankenhausbetriebslehre* (Aufl. 2). München: Oldenbourg.

Fleßa, S., & Greiner, W. (2013). *Grundlagen der Gesundheitsökonomie: eine Einführung in das wirtschaftliche Denken im Gesundheitswesen.* Berlin: Springer Gabler.

Hauschildt, J., & Chakrabarti, A. K. (1988). Arbeitsteilung im Innovationsmanagement – Forschungsergebnisse, Kriterien und Modelle. *Zeitschrift für Organisation, 57,* 378–388.

Hauschildt, J., Salomo, S., Schultz, C., & Kock, A. (2016). *Innovationsmanagement.* München: Vahlen.

Heyen, N. B., & Reiß, T. (2014). Das Gesundheitswesen aus der Innovationsperspektive. Acht Thesen und Handlungsmöglichkeiten Teil 1 (63). *Sozialer Fortschritt,* 245–252.

Hirst, A., Philippou, Y., Blazeby, J., Campbell, B., Campbell, M., Feinberg, J., et al. (2019). No surgical innovation without evaluation: Evolution and further development of the IDEAL framework and recommendations. *Annals of surgery, 269,* 211–220.

Johner Institut GmbH. (2020). blog post 31.03.2020. https://www.johner-institut.de/blog/ regulatory-affairs/medical-device-regulation-mdr-medizinprodukteverordnung/. Zugegriffen: 14. Mai 2020.

Johnson, J. A. (2012). FDA Regulation of Medical Devices. Congressional Research Service. https://www.pennyhill.com/jmsfileseller/docs/R42130.pdf. Zugegriffen: 19. Mai 2016.

Klar, E. (2018). Medical Device Regulation als aktuelle Herausforderung für die rechtssichere Ein- führung neuer Technologien. *Der Chirurg, 89,* 755–759.

Klar, E., & Leuchter, M. (2020). Was gibt es Neues bei der Medical Device Regulation? Drohen Versorgungsengpässe durch neue Regularien? In: J. Jähne, A. Königsrainer, W. Schröder, & N. Südkamp (Hrsg.), *Was gibt es Neues in der Chirurgie? Jahresband 2020. Berichte zur chirurgischen Weiter- und Fortbildung* (S. 353–360). Landsberg: ECOMED MEDIZIN.

Lemker, J. (2004–2010). FDA: Bringing a Medical Device to Market: Premarket Review. The U.S. Market for Medical Devices. Opportunities & Challenges for Swiss Companies, 113–117.

McCulloch, P., Altman, D. G., Campbell, W. B., Flum, D. R., Glasziou, P., Marshall, J. C., & Nicholl, J. (2009). No surgical innovation without evaluation: The IDEAL recommendations. *The Lancet, 374,* 1105–1112.

Medical Device Coordination Group (MDCG). (2020). MDCG 2020-3. Guidance on significant changes regarding the transitional provision under Article 120 of the MDR with regard to devices covered by certificates according to MDD or AIMDD.

Medizintechnologie. (o. J.a). InnovationsLOTSE: NUB-Antrag, (Medizintechnologie.de, Nationale Informationsplattform Medizintechnik). https://www.medizintechnologie.de/innovationslotse/experteninhalt/nub-antrag/. Zugegriffen: 13. Juni 2016.

Medizintechnologie. (o. J.b). InnovationsLOTSE: Von der Idee zum Medizinprodukt: EBM prüfen, (Medizintechnologie.de, Nationale Informationsplattform Medizintechnik). https://www.medizintechnologie.de/innovationslotse/erstattung/ambulante-verguetung-pruefen/ebm-pruefen/?zoom=3&center=-45.25~329. Zugegriffen: 13. Juni 2016.

Medizintechnologie. (o. J.c). InnovationsLOTSE: Von der Idee zum Medizinprodukt: G-BA-Antrag unterstützen, (Medizintechnologie.de, Nationale Informationsplattform Medizintechnik). https://www.medizintechnologie.de/innovationslotse/erstattung/ambulante-verguetung-pruefen/g-ba-antrag-unterstuetzen/?zoom=3&center=-29.625~334&view=list. Zugegriffen: 13. Juni 2016.

Medizintechnologie. (o. J.d). InnovationsLOTSE: Von der Idee zum Medizinprodukt: Gesundheitsmarkt definieren, (Medizintechnologie.de, Nationale Informationsplattform Medizintechnik). https://www.medizintechnologie.de/innovationslotse/erstattung/refinanzierungs-strategie-festlegen/gesundheits-markt-definieren/?zoom=3&center=-75.75~281.25. Zugegriffen: 13. Juni 2016.

Medizintechnologie. (o. J.e). InnovationsLOTSE: Von der Idee zum Medizinprodukt: Hilfsmittelverzeichnis prüfen, (Medizintechnologie.de, Nationale Informationsplattform Medizintechnik). https://www.medizintechnologie.de/innovationslotse/erstattung/ambulante-verguetung-pruefen/hilfsmittel-verzeichnis-pruefen/?zoom=3&center=-45.25~349. Zugegriffen: 13. Juni 2016.

Medizintechnologie. (o. J.f). InnovationsLOTSE: Von der Idee zum Medizinprodukt: Stationäre Vergütung prüfen, (Medizintechnologie.de, Nationale Informationsplattform Medizintechnik). https://www.medizintechnologie.de/innovationslotse/erstattung/stationaere-verguetung-pruefen/?zoom=3&center=-76.5~387.5. Zugegriffen: 13. Juni 2016.

Mirow, C. (2010). *Innovationsbarrieren*. Wiesbaden: Gabler Verlag/Springer Fachmedien.

U.S. Food and Drug Administration (FDA). (2015a). How to Study and Market Your Device. https://www.fda.gov/MedicalDevices/DeviceRegulationandGuidance/HowtoMarketYourDevice/. Zugegriffen: 27. Aug. 2018.

U.S. Food and Drug Administration (FDA). (2015b). Evaluation of Automatic Class III Designation (De Novo). https://www.fda.gov/MedicalDevices/DeviceRegulationandGuidance/HowtoMarketYourDevice/PremarketSubmissions/ucm462775.htm. Zugegriffen: 27. Aug. 2018.

U.S. Food and Drug Administration (FDA). (2015c). Humanitarian Device Exemption. https://www.fda.gov/MedicalDevices/DeviceRegulationandGuidance/HowtoMarketYourDevice/PremarketSubmissions/HumanitarianDeviceExemption/ucm2007515.htm. Zugegriffen: 27. Aug. 2018.

U.S. Food and Drug Administration (FDA). (2018). Classify Your Medical Devices. https://www.fda.gov/medicaldevices/deviceregulationandguidance/overview/classifyyourdevice/ucm2005371.htm. Zugegriffen: 27. Sept. 2018.

Vahs, D., & Brem, A. (2015). *Innovationsmanagement. von der Idee zur erfolgreichen Vermarktung*. Stuttgart: Schäffer-Poeschel.

Verband der Elektrotechnik und Elektronik e. V. (VDE). (2019). blog post 23.12.2019. https://meso.vde.com/de/technische-dokumentation-medizinprodukte-mdr/. Zugegriffen: 14. Mai 2020.

Walter, A. (1998). *Ein Beziehungspromoter. Ein personaler Gestaltungsansatz für erfolgreiches Relationship-Marketing*. Zugl.: Karlsruhe, Univ., Diss., 1997. Wiesbaden: Gabler (Neue betriebswirtschaftliche Forschung, 236).

Witte, E. (1973). *Organisation für Innovationsentscheidungen. Das Promotoren-Modell*. Göttingen: Schwartz.

Bedürfnisse, Bedarf und Nachfrage nach Implantaten

3

Steffen Fleßa, Stefanie Frech, Rudolf Guthoff und Ulrike Löschner

3.1 Überblick

S. Fleßa, U. Löschner

Ein innovatives Gut wird nur dann produziert werden, wenn es ausreichend Individuen oder Institutionen gibt, die dieses Produkt kaufen wollen, sodass sich die Produktion rentiert. Die konkrete Äußerung „Ich möchte dieses Gut kaufen und bin bereit, dafür zu bezahlen", wird als Nachfrage bezeichnet und stellt die Basis für die Marktgängigkeit eines Produktes dar. Für viele Produkte des täglichen Lebens ist die Schätzung der Nachfrage relativ einfach, da jeder Kunde sich ein Bild davon machen kann, ob das Produkt für ihn gut ist und ob er bereit ist, dafür zu bezahlen. Für innovative Implantate hingegen ist die Ableitung der Nachfrage deutlich komplexer, da die Finanzierung zumindest teilweise über die Krankenkasse erfolgt und der Patient meist nur eine ungenaue Vorstellung davon hat, was das Implantat ihm nützt. Die Entstehung von Nachfrage soll deshalb im Folgenden etwas genauer betrachtet werden.

S. Fleßa (✉) · U. Löschner
Lehrstuhl für Allgemeine Betriebswirtschaftslehre und Gesundheitsmanagement, Universität Greifswald, Greifswald, Deutschland
E-Mail: steffen.flessa@uni-greifswald.de

U. Löschner
E-Mail: ulrike.loeschner@outlook.com

S. Frech · R. Guthoff
Universitätsaugenklinik, Universitätsmedizin Rostock, Rostock, Deutschland

U. Löschner et al. (Hrsg.), *Strategien der Implantatentwicklung mit hohem Innovationspotenzial*, https://doi.org/10.1007/978-3-658-33474-1_3

▶ **Definition: Nachfrage** Entsteht, wenn Dringlichkeit der Deckung eines identifizierten Bedarfs, ausreichend hohe Kaufkraft, adäquate Qualität des Angebots sowie räumliche Faktoren in optimaler Weise aufeinandertreffen.

Ausgangspunkt der Nachfrage nach einem Implantat ist ein naturwissenschaftlich feststellbarer Mangel an Gesundheit, z. B. die Abnahme der Sehkraft oder des Hörvermögens. Dieser Mangel ruft aber nicht automatisch ein Bedürfnis nach Gesundheitsleistungen hervor. Als Bedürfnis bezeichnet man hierbei ein subjektives Mangelerlebnis verbunden mit dem Streben, diesen Mangel abzubauen, d. h., der Mangel muss vom Kranken wahrgenommen werden, damit ein Antrieb zur Bedürfnisbefriedigung entsteht. Es kann dabei vorkommen, dass ein Arzt einen Mangel feststellt, dieser jedoch vom Patienten gar nicht als Problem, sondern als „normal" angesehen wird. So akzeptieren bis heute einige ältere Patienten abnehmendes Hör- und Sehvermögen als zum Alter gehörig, obwohl es durchaus Implantate gibt, die ihnen helfen könnten. Ohne das subjektive Mangelerlebnis kommt es nicht zur Nachfrage.

▶ **Definition: Bedürfnis** Bezeichnet ein subjektives Mangelerlebnis in Verbindung mit dem Streben dieses abzubauen.

Der betreuende Arzt ist der entscheidende Faktor, ob ein objektiver Mangel, d. h. die Abweichung von objektivierbaren Normen physiologischer Regulation bzw. organischer Funktionen, subjektiv wahrgenommen wird. Er kann durch seine Untersuchung bzw. Beratung dafür sorgen, dass objektiver Mangel auch subjektiv empfunden wird. Gleichzeitig ist der Arzt in der besonderen Rolle, dass er auch die Leistung anbietet, die dem Mangel abhilft. Er hat also eine Doppelrolle als Berater und als Leistungsanbieter, wobei nicht ausgeschlossen ist, dass er diese Position nutzt, um seinen eigenen Umsatz zu erhöhen. Diese „angebotsinduzierte Nachfrage" kann ein Problem darstellen, da sie zu höheren Kosten im Gesundheitswesen und zu Implantationen führt, denen der Patient gar nicht eine so hohe Bedeutung beimisst.

▶ **Definition: Bedarf** Kann ein Bedürfnis mithilfe eines konkreten Produkts gedeckt werden, sprich kann ein Mangel beseitigt werden, entsteht Bedarf.

Aus Bedürfnissen wird Bedarf, wenn das Bedürfnis mit konkreten Gütern konfrontiert wird, die zu der Beseitigung des Mangels dienen können. Dies bedeutet, dass Bedürfnisse im Grunde über alle Zeiten und Kulturen hinweg ähnlich sind, jedoch ganz andere Bedarfe hervorrufen. So hatten beispielsweise Menschen mit Schwerhörigkeit schon immer das Bedürfnis nach einer Wiederherstellung der Hörfähigkeit. Vor 100 Jahren war dies ein Hörrohr, vor 30 Jahren das Hörgerät und in Zukunft (vielleicht) das Cochlea-Implantat. Das Bedürfnis ist jeweils gleich, aber das Gut, das mit dem Streben zur Befriedigung des Bedürfnisses assoziiert wird, unterscheidet sich erheblich. Es ist wiederum Aufgabe des behandelnden Arztes, den Patienten darüber aufzuklären, welche Gesundheitsdienstleistung, welches Gerät oder welches Implantat für seine Bedürfnisbefriedigung zur Verfügung stehen, d. h., der Arzt wird auf Grundlage eines bestehenden Bedürfnisses einen Bedarf wecken.

▶ **Bedeutung: Angebotsinduzierte Nachfrage** Der Arzt hat die Rolle des
Beraters sowie die des Leistungsanbieters und steuert aufgrund seines Wissens-
vorsprungs ggü. den Patienten die Nachfrage zumindest zu einem Anteil mit.

Der Bedarf an Gesundheitsleistungen wird nur dann zur Nachfrage auf dem Gesundheitsmarkt, wenn genug Kaufkraft vorhanden ist, wenn die Dringlichkeit des Bedarfs im
Vergleich zu anderen Bedarfen hoch ist, wenn die Qualität des Angebots adäquat und
die Bedarfsdeckung in zumutbarer Entfernung möglich ist. Es wird allgemein anerkannt,
dass die körperliche Funktionalität eine hohe Bedeutung für das Individuum und die
Gesellschaft hat. Voraussetzung ist hierbei jedoch, dass überhaupt ein ausreichendes
Budget des privaten Haushalts für Gesundheitsleistungen besteht bzw. durch Zahlungen
der Sozialversicherung unterstützt wird. Wenn keine Sozialversicherung die Kosten des
Implantats (vollständig) übernimmt, können wir von einer Preiselastizität der Nachfrage sprechen, d. h., je höher der Preis, desto weniger Personen werden ein Implantat
nachfragen. Übernimmt die Versicherung hingegen die Kosten (vollständig), spielt
der Preis für den Versicherten keine Rolle. Im Folgenden muss deshalb immer wieder
zwischen Implantaten unterschieden werden, die bereits eine Regelleistung der gesetzlichen Krankenversicherung darstellen und solchen, die noch nicht von den Kassen übernommen werden und deshalb vollständig oder zumindest teilweise von den Patienten zu
finanzieren sind.

Hierbei ist der Weg zur Kostenübernahme mehrstufig. Häufig werden Implantate
zuerst als Forschungsprototypen kostenlos dem Patienten angeboten. Bei Bewährung
werden diese Selbstzahlern oder Privatpatienten offeriert. Schließlich werden sie für
einige Jahre als Innovationen von den Krankenkassen außerhalb der Standardleistung
übernommen, z. B. als Neue Untersuchungs- und Behandlungsmethoden. Folgend
werden sie Teil der Pflichtleistungen der GKV.

Abb. 3.1 zeigt noch einmal zusammenfassend das gesundheitsökonomische
Rahmenmodell. Ein objektiver Mangel an Gesundheit wird unter Umständen zu einem
subjektiven Mangelerlebnis (=Bedürfnis), das zum Bedarf wird, wenn es mit konkreten
Gütern zur Bedürfnisbefriedigung konfrontiert wird. Der Bedarf wird zur Nachfrage
am Markt, wenn die Kaufkraft ausreichend ist, die Qualität des Angebotes stimmt, das
Angebot erreichbar ist und der Nutzen für das Individuum hoch genug ist. Auf den
Märkten treffen sich Angebot und Nachfrage.

Aus Sicht des Implantatherstellers gibt es allerdings mehrere Kunden. Der Patient
ist der „Endabnehmer", d. h., letztlich entscheidet sich der Erfolg des Produktes daran,
ob der Patient das Implantat möchte. Der Patient wird jedoch häufig mit dem Implantathersteller keinen Kontakt haben. Er ist folglich nur mittelbarer Kunde. Unmittelbarer
Kunde des Herstellers ist der Arzt (manchmal noch intermittierend der Händler), d. h.,
die Marktbearbeitung des Implantatproduzenten richtet sich sowohl an den Patienten als
auch an den Arzt. Da der Hersteller jedoch meist keinen direkten Zugang zum Patienten
hat, sind die Anregeinformationen zur Implantatentwicklung und -adaption meist durch
den Arzt gefiltert.

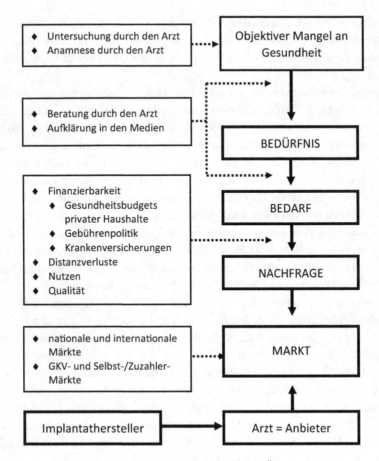

Abb. 3.1 Das gesundheitsökonomische Rahmenmodell im Überblick. (Quelle: Eigene Darstellung)

Darüber hinaus können auch alle Institutionen als indirekte Kunden verstanden werden, die die Reduktion der Preiselastizität übernehmen, d. h. insbesondere die gesetzlichen Krankenversicherungen. Der Implantatproduzent muss folglich auch von ihnen Informationen gewinnen und ihre Kaufbereitschaft bearbeiten.

Für die Entwicklung von innovativen Implantaten können wir folglich festhalten:

- Ausgangspunkt der Implantatinnovation ist stets das Bedürfnis des Patienten. Ärzte und Ingenieure sind zwar die Experten, letztlich entscheidet jedoch die persönliche Wahrnehmung eines gesundheitlichen Mangels durch den Patienten über die Implantation.
- Die Bedürfnisse eines Patienten sind vielschichtig, d. h., die Wiederherstellung der physiologischen Funktionalität ist nur eine Entscheidungsdimension. Sicherheit, Einfachheit und Bequemlichkeit der Anwendung sowie soziale Akzeptanz spielen ebenfalls eine große Rolle.

- Bei Produkten hoher Dringlichkeit entspricht die Nachfrage häufig der Inzidenz bzw. Prävalenz. Beispielsweise ist die Nachfrage nach Lesebrillen fast identisch mit der Zahl der Menschen ab 45 Jahren. Bei Produkten ohne hohe Dringlichkeit („Life-Style-Medizin") und/oder mit hohen Zuzahlungen ist die Nachfrage deutlich geringer. Hier müssen das Marktvolumen und die Zahlungsbereitschaft abgeschätzt werden. Bei Anpassungsinnovationen (kleinere Veränderungen bestehender Implantate) ist dies relativ einfach, bei Sprunginnovationen (Neuerung in zentralen Dimensionen des Implantats) ist dies oft schwer abschätzbar.

3.2   Methoden

U. Löschner

Um die Bedürfnisse von Patienten in Bezug auf Behandlungen unter Einsatz eines Implantats zu ermitteln, bietet die empirische Sozialforschung vielseitige Methoden. Dabei ist zwischen quantitativer und qualitativer Forschung zu unterscheiden. Während erstere eher objektbezogen ist und Zusammenhänge untersucht, steht bei letzterer das Subjekt im Mittelpunkt des Forschungsinteresses (Lamnek und Krell 2010). Die qualitative Forschung erhebt Daten, die im Nachhinein interpretiert werden müssen. In der quantitativen Forschung handelt es sich zum Großteil um numerische Daten, welche über standardisierte Messinstrumente erhoben werden (Röbken und Wetzel 2016). Welche Methode eingesetzt wird, hängt im Wesentlichen vom Forschungsgegenstand bzw. der zu untersuchenden Fragestellung ab.

▶   **Bedeutung: Empirische Sozialforschung** Bietet verschiedene Instrumente zur Messung der Bedürfnisse von Patienten.

3.2.1   Quantitative Forschung

Das Ziel der quantitativen Forschung ist es, das Forschungsobjekt möglichst präzise zu beschreiben. Dazu zählen Zusammenhänge, Verhalten von Individuen und Gruppen oder aber auch numerische Daten (Röbken und Wetzel 2016). Ein standardisiertes und oft lineares Vorgehen liegt diesen Forschungsmethoden zugrunde (vgl. Abb. 3.2). Solche Verfahren dienen vorrangig der Überprüfung von Hypothesen und eignen sich bei großen Fallzahlen. Auf diese Weise kann über aggregierte Daten eine generalisierbare Aussage zu einer Studienpopulation getroffen werden. Die Stichprobe wird dabei zufällig ausgewählt, um die Repräsentativität zu gewährleisten.

Mögliche Designs der quantitativen Forschung umfassen Experimente, Korrelationsstudien und Umfragen. Letztere können sowohl mündlich als auch schriftlich durch-

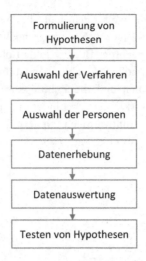

Abb. 3.2 Strategisches Vorgehen der quantitativen Forschung. (Quelle: In Anlehnung an Halbmayer o. J.)

geführt werden und basieren größtenteils auf Fragebögen. Um die so erhobenen Daten auszuwerten, kommen vor allem Verfahren der deskriptiven Statistik infrage.

3.2.2 Qualitative Forschung

Mittels qualitativer Methoden soll die Realität so wenig verzerrt wie möglich wiedergegeben werden. Dies erlaubt es das Verhalten von Personen oder Gruppen zu analysieren und mögliche zugrunde liegende Ursachen zu identifizieren (Röbken und Wetzel 2016). Im Gegensatz zur quantitativen Forschung eignet sich diese Methodik eher für kleine Fallzahlen, da hierbei generalisierbare Aussagen weniger im Fokus der Untersuchung stehen. Dementsprechend werden Daten einzelfallbezogen erhoben und auch ausgewertet. Dies lässt sowohl in der Durchführung als auch in der Auswertung ein hohes Maß an Flexibilität zu. Im Ergebnis sollen Theorien generiert werden, die es ggf. mithilfe quantitativer Methoden zu bestätigen gilt.

Bei der Durchführung qualitativer Untersuchungen handelt es sich weniger um ein lineares Design als um eine zirkuläre Strategie (vgl. Abb. 3.3). Da im Laufe der Datenerhebung sowie der Datenauswertung stets Anpassungen möglich sind, ist eher von einem periodischen Ablauf die Rede. Zentrale Erhebungstechniken sind hierbei Einzelfallanalysen, leitfadengestützte Interviews sowie narrative Interviews. Die sogenannte Grounded Theory ist das am meisten verwendete Auswertungsverfahren qualitativer Forschung. Darunter versteht man die Verbindung mehrerer Verfahren, um die erhobenen Daten zu sammeln und zu analysieren in deren Fokus die Generierung einer Theorie oder Hypothese steht (Röbken und Wetzel 2016).

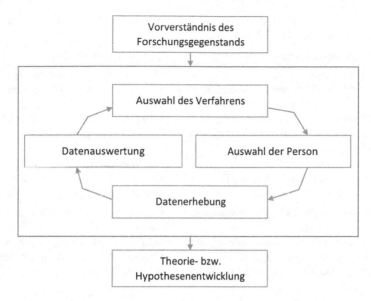

Abb. 3.3 Strategisches Vorgehen der qualitativen Forschung. (Quelle: In Anlehnung an Halbmayer o. J.)

Im Folgenden soll kurz auf zwei Techniken der Erhebung im Rahmen qualitativer Forschung eingegangen werden.

- *Experteninterviews* zeichnen sich durch ein strukturiertes Vorgehen aus, wobei Fragen bereits im Vorfeld definiert werden, aber offene Nachfragen möglich sind. Ein Gesprächsleitfaden legt die Struktur der Befragung grundlegend fest, allerdings ist das Interview nicht ausschließlich auf die darin vorformulierten Fragen begrenzt. Flexibilität und Offenheit gegenüber neuen Themen und Inhalten sind maßgeblich für diesen Befragungstyp (Meuser und Nagel 2009).
- *Narrative Interviews* zeichnen sich durch eine einführende Phase aus, in der der Interviewer das Thema in Form einer Erzählaufforderung formuliert. Daran schließt sich die Hauptphase an, in der die interviewte Person mit Bezug zum Thema erzählt. Während dieser Phase macht sich der Interviewer lediglich Notizen und soll nicht in den Erzählfluss eingreifen. Sobald der Befragte beendet, bezieht sich der Interviewer in Nachfragen auf die bisher gewonnenen Informationen. So kann auf Einzelheiten näher eingegangen werden. Diese Form der Erhebung eignet sich vor allem, um biografische Ereignisse oder Erfahrungen von Personen zu erfragen und anschließend im Kontext der Forschung zu analysieren (Schütze 1977).

Tab. 3.1 bietet eine Gegenüberstellung der beiden Ansätze der empirischen Sozialforschung. Beide Methoden bieten sowohl einige Vor- als auch Nachteile. Vor Beginn der

Tab. 3.1 Pro und Kontra quantitativer und qualitativer Methoden (Quelle: Eigene Darstellung in Anlehnung an Röbken und Wetzel 2016)

	Quantitative Methoden	Qualitative Methoden
Pro	• Genau messbare Ergebnisse • Statistische Zusammenhänge ermittelbar • Für große Fallzahlen geeignet • Repräsentative Ergebnisse • Vergleichsweise geringer Kosten- und Zeitaufwand • Hohe Validität • Bessere Vergleichbarkeit der Ergebnisse gegeben	• Flexibilität in der Anwendung • Neue Sachverhalte können entdeckt werden • Persönliche Interaktion bietet Möglichkeit notwendige Nachfragen direkt zu stellen • Hohe inhaltliche Validität • Tiefgehender Informationsgehalt der Ergebnisse
Kontra	• Keine Flexibilität in der Anwendung, da standardisiert • Ursachen für bestimmte Sachverhalte können nicht ermittelt werden • Möglichkeit Verbesserungsvorschläge einzubringen gering	• Vergleichsweise hoher Kosten- und Zeitaufwand • Hohe Anforderungen an Interviewer • Vergleichsweise aufwendige Auswertung notwendig

eigentlichen Untersuchung gilt es, das spezifische Forschungsobjekt zu analysieren und geeignete Instrumente auszuwählen. Ein sogenannter Mixed Methods Ansatz, bei dem Messinstrumente beider Ansätze in Kombination zum Einsatz kommen. Zum Beispiel können mithilfe qualitativer Methoden zunächst Hypothesen generiert werden, welche im weiteren Verlauf durch die quantitative Forschung bestätigt bzw. abgelehnt werden können.

3.3   Fallstudie

S. Frech, R. Guthoff

Im Folgenden werden zwei Konzepte aus der Augenheilkunde beschrieben, die unterschiedliche medizinische Anforderungen erfüllen.

Das Erste befasst sich mit dem Verhindern einer irreversiblen Erblindung eines Glaukompatienten, welches eine absolut notwendige Blindheitsprophylaxe darstellt (vgl. Abschn. 3.3.1). Das Zweite beschäftigt sich mit der Verbesserung der Lebensqualität eines Presbyopen- oder Katarakt-Patienten, um nach der Operation weder für die Nähe noch für die Ferne eine Brille zu benötigen. Hier bewegen wir uns im Umfeld der wunscherfüllenden Medizin (vgl. Abschn. 3.3.2).

3.3.1 Analyse und Problem-Lösungsstrategien zur Behandlung von Glaukompatienten

Die gegenwärtig vorhandenen Therapiekonzepte zur Behandlung des primären chronischen Offenwinkelglaukoms sollten nach theoretischen Überlegungen sicherstellen, dass nur sehr wenige Patienten an ihrer Erkrankung erblinden.

Hinweis

Kammerwinkel: Hornhaut und Iris bilden die anatomische Struktur des Kammerwinkels. ◄

Es ist gekennzeichnet durch einen Erkrankungsbeginn im Erwachsenenalter mit einem Sehnerv- oder Gesichtsfeldschaden, einem offenen, unauffälligen Kammerwinkel und einem erhöhten Augeninnendruck bei vielen Patienten. Dieses Ziel wird jedoch bei weitem nicht erreicht, sodass eine Fehleranalyse bei der Anwendung der vorhandenen Therapiekonzepte notwendig erscheint. Mögliche Schwachstellen zeigen sich in der Patientenbetreuung. Diese können die versäumte Frühdiagnose, die Arzt-Patienten-Kommunikation, die Patienten-Apotheker-Interaktion als auch die Therapietreue des Patienten sein.

▶ **Definition: Therapietreue** Wird auch als Adhärenz bzw. früher als Compliance bezeichnet und ist ein Begriff für das kooperative Verhalten von Patienten im Rahmen einer Therapie.

Zur Festlegung nächster Schritte ist eine Analyse der vier oben genannten Faktoren notwendig. Frühdiagnosen sind in vielen Erkrankungsfeldern von immenser Wichtigkeit und ihnen sollte ein sehr hoher Stellenwert zugeordnet werden. Dies ist auch bei der Glaukomerkrankung der Fall. So sollte die Bevölkerung über die zweithäufigste Erblindungsursache und deren zunehmende Bedeutung nach dem 40. Lebensjahr frühzeitig aufgeklärt werden. Weiterhin gilt es zu überprüfen, ob der Arzt-Patienten-Kontakt ausreicht, um über die Natur der Erkrankung und deren absolute Therapiebedürftigkeit Klarheit beim Patienten zu erzeugen. Ein weiterer Faktor ist die Kommunikation zwischen Patient und Apotheker. Kann dieser Kontakt verbessert werden, um die Einsicht der Therapiebedürftigkeit der Erkrankung beim Patienten besser zu verankern? Ein diagnostizierter Glaukompatient muss zur Behandlung seiner Erkrankung täglich Augentropfen anwenden. Unsere Recherchen und Angaben in der Literatur haben ergeben, dass davon auszugehen ist, dass weniger als zwei Drittel der Patienten ihre Tropfen regelmäßig anwenden (Frech et al. 2018).

Die oben genannten Zusammenhänge sind seit vielen Jahren bekannt und Abhilfe wurde nicht in ausreichendem Umfang geschaffen. Daraus folgt die Notwendigkeit, Therapiekonzepte zu entwickeln, die langfristig wirksam sind und den Patienten möglichst gering belasten und insbesondere keine hohen Anforderungen an seine Einsicht und seine Therapietreue stellen. Aus diesen Überlegungen heraus entsteht im Forschungsvorhaben RESPONSE das Konzept eines Langzeit-Medikamenten-Depots, das über circa sechs Monate einen ausreichenden Wirkstoffspiegel im Auge erzeugt, ohne dass der Patient das Medikament selbst täglich in Tropfenform zuführen muss.

Aus diesen Erkenntnissen heraus wird im Nachfolgenden der als notwendig erachtete Innovationsprozess beschrieben.

Zuerst müssen geeignete Wirkstoffe identifiziert werden, die die Anforderungen zur Verwendung in einer solchen Anwendung erfüllen. Diese Wirkstoffe benötigen geeignete Trägersubstanzen, die identifiziert oder aber auch gegebenenfalls synthetisiert werden müssen. Als nächstes erfolgen die Versuche zur Erfassung der Freisetzungskinetik in einem geeigneten *in vitro* Modellsystem, gefolgt von Untersuchungen zur Zytotoxizität. Die Ergebnisse aus diesem Teil des Innovationsprozesses gelten als Grundlage für den Transfer in ein geeignetes Tiermodell. In diesem optimierten Tiermodell wird dann die Langzeitstudie durchgeführt. Parallel zu diesem beschriebenen Innovationsprozess muss die Überprüfung der Genehmigungsfähigkeit und der Zulassungsvoraussetzungen für die Anwendung in der Humanmedizin erfolgen.

▶ **Definition: In vitro** „Im Glas" – Versuche; Vorgänge, die außerhalb eines lebenden Organismus (in vivo) stattfinden.

Ein weiterer Teil des Entwicklungsprozesses ist auch die Frage nach den Bedürfnissen der Patienten. Ist ihm das tägliche Augentropfen oder eine sich wiederholende subkonjunktivale Injektion im Abstand von mehreren Monaten lieber? Wie aufgeschlossen sind Patienten gegenüber einer Glaukomdepot-Neuentwicklung?

▶ **Definition: Subkonjunktivale Injektion** Eine Injektion unterhalb der Bindehaut (Konjunktiva).

Zur Beantwortung dieser Fragen stellt die qualitative Interviewführung eine geeignete Methode dar. Mithilfe der narrativen Befragung kann der Interviewer den alltäglichen Umgang des Patienten mit seiner Erkrankung erfragen und verstehen lernen, sowie die Perspektive des Patienten im Hinblick auf dessen Bedürfnisse, Wünsche und Erfahrungen erfassen. Weiterhin kann dem Patienten die Implantatinnovation erläutert werden, um Feedback zur Innovation aus Patientensicht zu bekommen. Oftmals stellen Patienten an Entwicklungen andere Ansprüche als Entwickler und es kann wertvoll sein, Rückmeldung und Meinungsbildung aus Patientensicht im Entwicklungsprozess zu bekommen.

3.3.2 Analyse und Problem-Lösungsstrategien zur Behandlung von Presbyopen und Katarakt-Patienten

Die Kunstlinse ist das weltweit erfolgreichste Implantat und wird zur Behandlung der angeborenen und erworbenen Katarakt (Grauer Star) verwendet. In der Regel werden monofokale (Einstärken) Implantate verwendet, die das Tragen einer Lese- oder Fernbrille bzw. einer Gleitsichtbrille notwendig machen. Multifokal (Mehrstärken)-Linsen, die es ermöglichen sollen, dauerhaft ohne Brille scharf zu sehen, erzeugen unerwünschte Begleiteffekte wie z. B. Streulicht und Blendung.

▶ **Definition: Grauer Star** Eine Eintrübung der Linse, meist bei älteren Menschen, kann aber auch angeboren sein.

Im Rahmen des Projektes RESPONSE ist vorgesehen, die nachfolgenden Punkte zu klären und zu erarbeiten, die sich mit Konzepten zur Herstellung akkommodierender Linsen befassen. Diese sollen als künstliche Linsen die eigene trübe Linse ersetzen und somit dem Patienten ein gutes Sehvermögen im Nah-, als auch im Fernbereich gewährleisten. Eine zentrale Frage ist inwieweit Patienten bereit sind, für akkommodierende Linsen einen höheren Eigenanteil zu leisten und welche Konzepte gegenwärtig zur Verfügung stehen. Weiterhin ist die Suche nach geeigneten Partnern für die Zusammenarbeit in dem Projekt wichtig.

Der im Projekt RESPONSE gewählte Laser-Lösungsansatz besteht in der Anwendung verformbarer, wasseraufnehmender Hydrogele, die minimalinvasiv in den geleerten Kapselsack eingesetzt werden können und sich dann ähnlich verformen wie eine jugendliche Linse.

▶ **Definition: Kapselsack** Dies ist eine dünne Membran, die die natürliche Linse des Auges umhüllt.

Aus diesen Erkenntnissen heraus wird im Nachfolgenden der als notwendig erachtete Innovationsprozesses beschrieben:

Zuerst müssen geeignete Hydrogele ausgewählt werden, möglichst unter Verwendung von bereits in der Humanmedizin eingeführten Materialien. Diese Materialien werden dann modifiziert, um den für die Augenheilkunde gewünschten Brechungsindex einzustellen. Anschließend erfolgen eine biomechanische Prüfung des voll hydratisierten Linsenkörpers und die Einstellung des Materials auf das gewünschte Elastizitäts-Modul.

▶ **Definition: Elastizitätsmodul (E-Modul)** Materialkennwert, der den Zusammenhang von Dehnung und Spannung beschreibt, der bei der Verformung eines festen Körpers mit linear-elastischem Verhalten von Interesse ist.

Im weiteren Verlauf wird dann das nicht-gequollene Material zur Prototypenher-
stellung der Implantate mikromechanisch bearbeitet. Nach diesen Schritten erfolgt die
Implantation des Prüflings in getrocknetem Zustand in enukleierte (d. h. operativ ent-
fernte) Schweineaugen und die Überprüfung der optischen Qualität des Hybrides
(Kapselsack mit Prüfkörper gefüllt), bevor dann die Implantation *in vivo* bei Kaninchen
zur Überprüfung der Langzeitstabilität und der Nachstarbildung erfolgt.

▶ **Definition: Nachstar** Eine Vernarbung oder Eintrübung des Kapselsacks, in den die
Linse implantiert wurde.

Bei der Beantwortung der Frage, inwieweit Patienten bereit sind für akkommodierende
Linsen einen höheren Eigenanteil zu leisten, wird die Interviewmethode verwendet. Im
Gegensatz zu der in Abschn. 3.3.1 benutzten narrativen Technik, bei der der Interviewte
alles erzählen soll, was ihm zu einer bestimmten Thematik in den Sinn kommt, werden
zur Analyse des Selbstzahlermarktes gezielte Fragen an die Presbyopen und Katarakt-
Patienten gestellt.

▶ **Definition: Presbyopie** Auch Altersweitsichtigkeit, bei der die Akkommodations-
fähigkeit der Linse mit fortschreitendem Alter nachlässt.

Literatur

Frech, S., Kreft, D., Guthoff, R. F., Doblhammer, G. (2018). Pharmacoepidemiological assessment
of adherence and influencing co-factors among primary open-angle glaucoma patients – An
observational cohort study. *PLoS One, 13*, e0191185.
Halbmayer, E. (o. J.). Einführung in die empirischen Methoden der Kultur- und Sozialanthropologie.
https://www.univie.ac.at/ksa/elearning/cp/ksamethoden/ksamethoden-full.html. Zugegriffen: 24.
Mai 2018.
Lamnek, S., & Krell, C. (2010). *Qualitative Sozialforschung* (5. Aufl.). Basel: Beltz.
Meuser, M., & Nagel, U. (2009). Das Experteninterview – konzeptionelle Grundlagen und
methodische Anlage. In S. Pickel, G. Pickel, H. J. Lauth, & D. Jahn (Hrsg.), *Methoden der
vergleichenden Politik- und Sozialwissenschaft – Neue Entwicklungen und Anwendungen* (S.
465–479). Wiesbaden: VS Verlag.
Röbken, H., Wetzel, K. (2016). Qualitative und quantitative Forschungsmethoden. Hg. v. Carl
von Ossietzky Universität Oldenburg – Center für lebenslanges Lernen C3L. https://www.uni-
oldenburg.de/fileadmin/user_upload/c3l/Studiengaenge/BABusinessAdmin/Download/Lese-
proben/bba_leseprobe_quli_quanti_forschungsmethoden.pdf. Zugegriffen: 23. Mai 2018.
Schütze, F. (1977). *Die Technik des narrativen Interviews in Interaktionsfeldstudien*. Bielefeld:
Fakultät für Soziologie.

Nachfrageentwicklung bei Implantaten

4

Daniel Kreft, Alexander Barth und Gabriele Doblhammer

4.1 Überblick: Potenziale aus der Demografie und der Epidemiologie

Um die wirtschaftliche Rentabilität einer medizintechnischen Entwicklung beurteilen zu können, ist eine Abschätzung der Nachfrage von essenzieller Bedeutung. Im Bereich der minimal-invasiven operativen Behandlung von degenerativen Erkrankungen spielt vor allem die Entwicklung der Alterszusammensetzung einer Bevölkerung eine entscheidende Rolle bei der Abschätzung der zukünftigen Nachfrage. Zu diesem Zweck wurden Bevölkerungs- und epidemiologische Prognosemethoden entwickelt, die die Auswirkungen potenzieller Entwicklungen der Altersstruktur oder der Häufigkeit von Neuerkrankung, von Genesung und der Letalität abschätzen sollen.

> **Hinweis**
>
> **Bevölkerungs- und epidemiologische Prognosen** sind wichtige *Schätzmethoden der potenziellen zukünftigen Nachfrage.* ◄

Nach einer einleitenden Darstellung der vergangenen und der zu erwartenden demografischen und gesundheitlichen Trends in Deutschland soll eine Ausführung zu wichtigen Maßzahlen (Prävalenz und Inzidenz) und Methoden (Prognosetechniken) zur Nachfrageabschätzung und wichtiger zu beachtender Probleme bei der Interpretation folgen. Abgeschlossen wird der Abschnitt mit einer Fallstudie am Beispiel von

D. Kreft (✉) · A. Barth · G. Doblhammer
Rostocker Zentrum zur Erforschung des demografischen Wandels, Rostock, Deutschland
E-Mail: daniel.kreft@uni-rostock.de

© Der/die Autor(en), exklusiv lizenziert durch Springer Fachmedien Wiesbaden GmbH, ein Teil von Springer Nature 2021
U. Löschner et al. (Hrsg.), *Strategien der Implantatentwicklung mit hohem Innovationspotenzial*, https://doi.org/10.1007/978-3-658-33474-1_4

Offenwinkelglaukomerkrankungen. Hierbei werden auf Grundlage von Analysen von Krankenkassendaten die glaukomerkrankten Personen für ausgewählte Länder bis zum Jahr 2060 prognostiziert.

4.1.1 Einleitung: Demografische Trends in Deutschland

Die demografischen Trends in Deutschland sind ein Spiegel der vergangenen und derzeitigen Entwicklungen der demografischen Parameter Fertilität, Migration und Mortalität. In beiden Teilen des heutigen Deutschlands stieg die Fertilität, auch Geburtenhäufigkeit genannt, in den 1950er und 1960er Jahren gleichmäßig an, fiel aber in den 1970er Jahren in beiden Ländern deutlich von 2,5 auf 1,5 neugeborenen Kindern pro Frau ab (Statistisches Bundesamt 2017d). Diese geburtenstarken Jahre werden als Babyboomkohorten bezeichnet. In den folgenden Jahren gab es unterschiedliche Entwicklungen in der ehemaligen DDR und der früheren Bundesrepublik. Anfang der 1980er Jahre fiel die Fertilität im früheren Bundesgebiet noch leicht weiter ab, um dann auf niedrigem Niveau von etwa 1,3 Kindern zu verbleiben. In der ehemaligen DDR stieg die Geburtenhäufigkeit erneut auf 1,8 Kinder an und sank langsam und – aufgrund der politischen Veränderungen – Anfang der 1990er Jahre massiv auf unter 0,8 Kinder ab. Seitdem zeigte sich jedoch ein kontinuierlicher Anstieg der Fertilität in den neuen Ländern, welcher 2009 die ebenfalls langsam angestiegene Geburtenhäufigkeit überschritten hat. Wichtig zu beachten ist hierbei aber, dass die Geburtenziffer ein relatives Maß ist, welches Veränderungen der absoluten Bevölkerungszahl nur indirekt widerspiegelt. Aufgrund der jahrzehntelang geringen Geburtenzahl sind die Jahrgänge der potenziellen Mütter und Väter schwächer besetzt als ihre Vorgängerjahrgänge, weshalb die absolute Anzahl an Lebendgeburten nicht ebenso stark ansteigt. Seit 2012 zeigt sich jedoch durchgehend eine Zunahme der Lebendgeburten in Deutschland, was zu einem großen Teil an steigender Geburtenhäufigkeit ausländischer Eltern (Statistisches Bundesamt 2017d) und dem hohen Anteil an Eltern mit Migrationshintergrund (Statistisches Bundesamt 2017b) liegt.

Hinweis

Die *Geburtenhäufigkeit* sank stark ab nach einem Geburtenhoch in den 1950er und 1960er Jahren = **Babyboomkohorten.**

In den letzten Jahren ist wieder ein Anstieg der Kinderzahl zu beobachten, jedoch weiterhin zu gering um Sterbeüberschüsse auszugleichen. ◄

Das Wanderungsgeschehen zeigte sich im Gegensatz zu den Trends in der Geburtenhäufigkeit deutlich volatiler. Dies kann vor allem auf die komplexen außenpolitischen Veränderungen und Verflechtungen, wie auch auf die innenpolitischen Richtlinien und politischen Maßnahmen in Bezug auf Einwanderung und Aufenthaltsrechte, zurückgeführt werden. Kurz vor und länger nach der Wiedervereinigung verzeichnete Deutschland ein bis dahin einmalig hohes Wanderungsplus, was zu großen Teilen auf den Zuzug von (Spät-)Aussiedlern aus den osteuropäischen Nachbarländern zurückgeht. Dieser erstreckt sich von Roma aus Rumänien, Kontingentflüchtlingen aus Russland und von Asylsuchenden und Flüchtlingen infolge des Jugoslawienkrieges. Diese Zuwanderung sank in den Folgejahren – auch aufgrund massiver Verschärfungen des Zuwanderungsrechts und aktiven Rückführungsmaßnahmen – bis auf Wanderungsverluste in den Jahren 2008 und 2009 (Statistisches Bundesamt 2017a). Ein schrittweiser bis zum Teil deutlicher Anstieg der Asyl- und Flüchtlingsmigration (v. a. aus Syrien, dem Irak und Afghanistan) nach Deutschland führte im Jahr 2015 zum historisch betrachtet höchsten Zuwanderungsgewinn von über einer Million Personen seit Ende des Zweiten Weltkrieges (Statistisches Bundesamt 2017d). Vorläufige Zuwanderungszahlen deuten jedoch auf eine Abnahme in den Nachfolgejahren hin (Statistisches Bundesamt 2018a). Für die Entwicklung der Bevölkerungszahl und -struktur bedeuten diese Zuwanderungsgewinne ein Wachstum bzw. eine Verjüngung, da zuwandernde Menschen zumeist jünger sind als die Wohnbevölkerung in Deutschland. Unter Berücksichtigung der zu erwartenden Rückwanderungen von Einwanderern bzw. der politisch forcierten Rückführung von Flüchtlingen sowie der Alterung der Personen mit Migrationserfahrung und -hintergrund sind die langfristigen Auswirkungen kurzfristig hoher Zuwanderungsgewinne auf die Bevölkerungszahl und -struktur nicht nachhaltig. Die Auswirkungen der erhöhten Geburtenhäufigkeit von Personen mit Migrationshintergrund hat dagegen langfristig positive Effekte auf die Altersstruktur und Bevölkerungszahl, ist jedoch auch langfristig mit großen Herausforderungen der Integration und sozialen Partizipation ins Bildungssystem und in den Arbeitsmarkt verbunden.

Hinweis

Die **Trends in der Zuwanderung** sind sehr von außen- und innenpolitischen Veränderungen geprägt. Deutschland ist seit vielen Jahren ein Einwanderungsland, wodurch eine Verjüngung und ein Wachstum der Bevölkerung Deutschlands eintraten. ◄

Der gestiegenen Fertilität und mehr noch der positiven Nettozuwanderung in den letzten Jahren ist es zu verdanken, dass die Abnahme der Bevölkerungszahl, die seit 2002 zu beobachten war, gestoppt wurde (Statistisches Bundesamt 2017d). Die Abnahme der Bevölkerungszahl ist vor allem auf die seit 1972 die Anzahl der Lebendgeborenen übersteigende Zahl an Todesfällen zurückzuführen. Dieses Defizit hat Anfang der 2000er Jahre die 100.000 Personen-pro-Jahr-Marke überschritten und überschritt im Jahr 2013 sogar kurzzeitig 200.000 Personen. Die absolute Zahl der Todesfälle ist seit den 1970ern jedoch zumeist abnehmend, trotz Bevölkerungswachstum. Dies spiegelt die seit Jahrzehnten stetig steigende Lebenserwartung der hier lebenden Menschen wider (Statistisches Bundesamt 2018c). Die Sterbetafeln für 1993/1995 zeigten noch eine Lebenserwartung bei Geburt bei Mädchen von 79,5 Jahren bzw. bei Jungen von 73,0 Jahren. Aktuelle Berechnungen der Sterbetafeln 2014/2016 zeigen dagegen eine Lebenserwartung bei Geburt von 83,2 Jahren für Mädchen und von 78,3 Jahren für Jungen, wenn die Sterberaten der Jahre 2014/2016 über das Leben der in den Jahren geborenen Kinder unverändert bleiben würden (Statistisches Bundesamt 2018b). Offizielle Schätzungen von Sterbetafeln für einzelne Geburtsjahrgänge, sogenannte Kohortensterbetafeln, des Statistischen Bundesamtes gehen von zukünftig weiteren Reduktionen in den Sterberaten in den höheren Altersjahren aus. Dies könnte in einer deutlich höheren Lebenserwartung der 2017 geborenen Mädchen von 92,9 Jahren bzw. 89,9 Jahren bei den Jungen resultieren (Statistisches Bundesamt 2017c).

Deutliche Anstiege in der Lebenserwartung sind jedoch auch in den hohen Altersgruppen zu beobachten. Bei Männern im Alter von 60 Jahren lag die Lebenserwartung im Zeitraum 1993/1995 bei 18,1 Jahren und stieg bis zum Zeitraum 2014/2016 auf 21,6 Jahre. Bei Frauen im korrespondierenden Vergleich von 22,5 Jahre auf 25,3 Jahre (Statistisches Bundesamt 2018c). Die Kohortensterbetafeln gehen von einem weiteren Anstieg auf etwa 24 Jahre bei den Männern und etwa 28 Jahre bei den Frauen aus (Statistisches Bundesamt 2017c).

Hinweis

Seit 1972 liegt die Zahl der Sterbefälle über der Zahl der Geburten. Trotzdem zeigt sich eine steigende **Lebenserwartung** für Männer und Frauen in den letzten Jahren, die weitere Anstiege in den nächsten Jahren erwarten lässt. ◄

Ausgehend von den vergangenen Trends bezüglich der Geburtenhäufigkeit, der Lebenserwartung und dem Wanderungsgeschehen können Annahmen über zukünftige Veränderungen der Parameter getroffen und die möglichen Folgen auf die Bevölkerungsgröße und -zusammensetzung errechnet werden. Eine Beschreibung des methodischen Vorgehens dieser demografischen Prognosen ist in Abschn. 4.2.2 dargestellt.

Ein Beispiel für eine anerkannte internationale demografische Prognose ist die Weltbevölkerungsprognose der Vereinten Nationen, welche in regelmäßigen Abständen revidiert wird. Die 2017er Revision dieser Bevölkerungsprognose kommt zu dem Ergebnis, dass die deutsche Bevölkerung bis 2020 um etwa 1 % (bzw. auf 82,5 Mio. Einwohner) weiterwachsen und anschließend bis 2060 um 6 % gegenüber dem Jahr 2015 (bzw. 76,9 Mio. Einwohner) abnehmen wird (vgl. Abb. 4.1) (United Nations (UN), Department of Economic and Social Affairs, Population Division 2017). Diese Abnahmen sind vor allem durch rückläufige Entwicklungen der Altersgruppen der 0–15-Jährigen und mehr noch der 15–64-Jährigen bedingt. So nimmt die Anzahl der Personen im Alter 15–64 Jahre um etwa 21 % im Jahre 2060 gegenüber dem Stand von 2015 ab. Im Gegensatz dazu zeigen sich deutliche Anstiege für die Anzahl der Personen 65+ und mehr noch für die der Personen 80+. Diese Gruppen wachsen um über 40 %

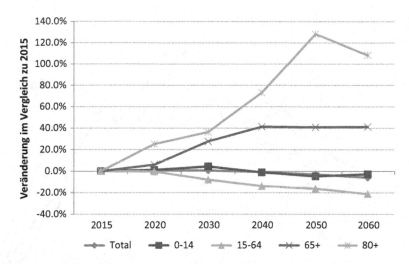

Abb. 4.1 Prognostizierte Entwicklung der Bevölkerungszahl insgesamt und ausgewählter Altersgruppen bis 2060 in Deutschland (medium variant). (Quelle: United Nations (UN), Department of Economic and Social Affairs, Population Division 2017)

bzw. sogar 128 % gegenüber dem Jahr 2015 an (United Nations (UN), Department of Economic and Social Affairs, Population Division 2017).

Hinweis

Die **UN-Bevölkerungsprognose** sieht ein Schrumpfen der Bevölkerung in Deutschland voraus, welches vor allem auf die jüngeren Altersgruppen zurückzuführen ist. Die Gruppe der älteren Personen dagegen steigt überproportional. ◀

Diese Alterungsprozesse werden auch sehr deutlich, wenn die prognostizierten Bevölkerungsstrukturen bis 2060 dargestellt werden (vgl. Abb. 4.2). Vor allem die große Gruppe der Babyboomer, die im Jahr 2015 noch hauptsächlich zwischen 45 und 55 Jahre alt waren, werden in den folgenden Jahren zunehmend das Rentenalter erreichen und in den Folgejahren auch verstärkt in die Altersjahre eintreten, die von einem erhöhten Risiko von schwerwiegenden degenerativen Erkrankungen und Pflegebedürftigkeit geprägt sind.

Hinweis

In den nächsten Jahren ist ein *Eintritt der **bevölkerungsstarken Babyboomkohorten*** in die höheren Altersgruppen mit erhöhtem Erkrankungsrisiko zu erwarten. ◀

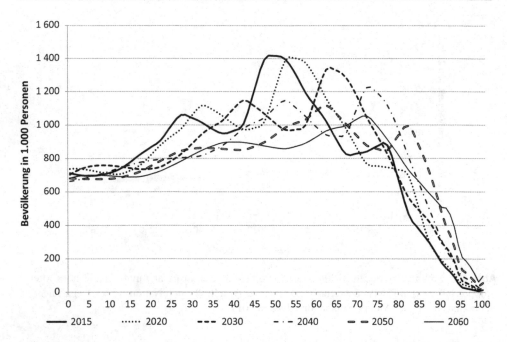

Abb. 4.2 Prognostizierte Entwicklung der Bevölkerungsstruktur bis 2060 in Deutschland nach Einzelalter (medium variant). (Quelle: United Nations (UN), Department of Economic and Social Affairs, Population Division 2017)

Diese Trends der Bevölkerungsschrumpfung und -alterung sind jedoch nicht nur für Deutschland zu finden. Die Prognosen der Vereinten Nationen zeigen eine Abnahme der Zuwachsraten für viele Regionen der Erde und der Weltbevölkerung allgemein (vgl. Abb. 4.3; United Nations (UN), Department of Economic and Social Affairs, Population Division 2017). Eine derartige Schrumpfung zeigt sich für die Bevölkerung Europas insgesamt sowie insbesondere in Deutschland, Italien, Spanien und am stärksten in Japan. Im Gegensatz dazu zeigen die Weltbevölkerung insgesamt, die Bevölkerungen der USA, des Vereinten Königreichs, Schwedens, Frankreichs und die Bevölkerung der am höchsten entwickelten Länder insgesamt positive, aber zumeist abnehmende Wachstumsraten im Prognosezeitraum. Ausnahmen davon sind jedoch Schweden und die USA, für welche ab etwa 2045 ähnlich hohe und stabile Zuwachsraten von etwa 2 % prognostiziert werden.

Hinweis

Die **Bevölkerungsschrumpfung und -alterung** ist ein Problem fast aller einkommensstarken Länder der Welt. Es variiert jedoch die Geschwindigkeit dieser Trends. ◄

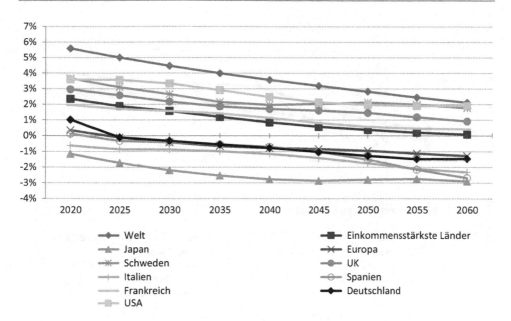

Abb. 4.3 Prognose der fünfjährigen Bevölkerungswachstumsraten 2015 bis 2060 für Deutsch-land und ausgewählte Länder (medium variant). (Quelle: United Nations (UN), Department of Economic and Social Affairs, Population Division 2017. World Population Prospects: The 2017 Revision.)

Ungeachtet der absoluten Bevölkerungszahlen zeigen sich sehr einheitliche Trends der Alterung der Weltbevölkerung (vgl. Abb. 4.4). Eine Maßzahl der Bevölkerungsstruktur ist der sogenannte Altenquotient, der sich aus der Zahl der Personen im Alter 65+ im Verhältnis zu 100 Personen im Alter von 15–64 Jahre ermitteln lässt. Für alle genannten Bevölkerungen sind Anstiege des Altenquotienten für die nächsten Jahre zu erwarten, jedoch werden die Unterschiede zwischen den Bevölkerungen aufgrund unterschiedlich starker Zuwächse zunehmen. Während für die meisten Bevölkerungen ein stabiler oder sogar ein abgeschwächter Anstieg (z. B. für Deutschland) ab 2035/2040 prognostiziert wird, wird für Länder wie Spanien, Italien und Japan ein beschleunigter Anstieg bzw. eine Stabilisierung auf hohem Niveau erwartet. Trotz des abgeschwächten Anstiegs des Altenquotienten wird Deutschland, dieser Prognose nach, zu einer der ältesten Bevölkerungen gehören. Diese altersstrukturellen Änderungen bedürfen einer Anpassung in vielen Dimensionen der sozialen Sicherungssysteme und medizinischen Versorgungs-strukturen. Anders jedoch als bei akuten Krisensituationen ermöglicht es sowohl die Vorhersehbarkeit als auch der größere zeitliche Rahmen der Alterung, dass rechtzeitig Maßnahmen ergriffen werden. Japan nimmt dabei eine Vorreiterrolle in Bezug auf die demografische Alterung und Schrumpfung ein. Ein Austausch über dort entwickelte Konzepte, Maßnahmen und Erfahrungen ermöglicht es vielleicht anderen Ländern, eigene Versorgungsanpassungen vorzunehmen.

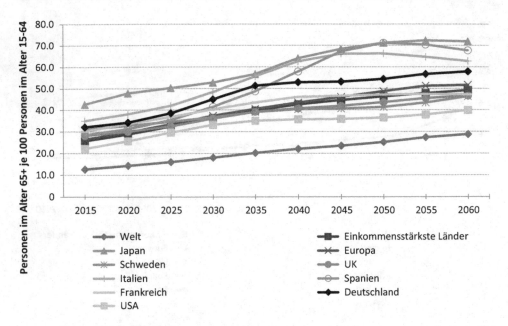

Abb. 4.4 Prognose des Altenquotienten (Anzahl der 65+-Jährigen auf 100 Personen im Alter 15 bis 64 Jahre) für Deutschland und ausgewählte Länder 2015 bis 2060 (medium variant). (Quelle: United Nations (UN), Department of Economic and Social Affairs, Population Division 2017. World Population Prospects: The 2017 Revision.)

4.1.2　Einleitung: Gesundheitliche Trends in Deutschland

Gesundheit ist, anders als Mortalität, nicht anhand eines singulären Indikators messbar, da es sich um ein mehrdimensionales Konzept handelt. Eine gängige Definition von Gesundheit beruht auf dem Stufenmodell von Verbrugge und Jette (1994), in dem mit steigendem Alter ein Rückgang in den verschiedenen Bereichen der Gesundheit einhergeht (vgl. Abb. 4.5). Der Prozess der gesundheitlichen Verschlechterung beginnt dabei in einem beschwerdefreien Zustand, der auch mit „gesund" bezeichnet wird. In der Folge ergeben sich Krankheitssymptome, die auf verschiedene Morbiditäten zurückzuführen sind. Im Anschluss folgt ein Zustand, der von funktionalen Einschränkungen gekennzeichnet ist, z. B. eingeschränkte Mobilität. Dabei ergeben sich spürbare Einschränkungen in den sogenannten Aktivitäten des täglichen Lebens (ADL) oder auch den instrumentellen Aktivitäten des täglichen Lebens (IADL).

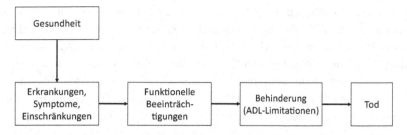

Abb. 4.5 Stufenmodell der Gesundheit nach Verbrugge und Jette. (Quelle: Verbrugge und Jette 1994)

Hinweis

Gesundheit ist ein komplexes, mehrdimensionales Konzept. Zumeist werden verschiedene **Stadien der Ungesundheit** unterschieden, die z. B. mit der International Classification of Diseases (ICD) oder mittels Fragen zu Einschränkungen in den Aktivitäten des täglichen Lebens (IADL und ADL) gemessen werden. ◀

Mortalitätsraten und Lebenserwartung basieren üblicherweise auf Datenmaterial der staatlichen Statistikämter. Sie sind daher, zumindest für entwickelte Länder, von hoher Qualität. Um an Informationen zu Morbidität und Gesundheit zu gelangen, muss dagegen normalerweise auf Umfragedaten zurückgegriffen werden. Die darin erhobenen Informationen sind sogenannte Selbsteinschätzungen, bei denen die Befragten z. B. ihren Gesundheitszustand selbst beurteilen. Daher spricht man dabei auch von subjektiven Indikatoren. Ebenfalls häufig in Umfragen erhoben werden Informationen zu ärztlichen Diagnosen, welche die Befragten erhalten haben. In diesem Fall ist von objektiven Indikatoren der Gesundheit die Rede. Beide Herangehensweisen bringen spezifische Vorteile und Probleme mit sich.

Ärztlich diagnostizierte Krankheiten bzw. Symptome können mithilfe der international gebräuchlichen „International Classification of Diseases"-Kodierung objektiv und eindeutig verzeichnet werden (kurz ICD). Ebenfalls möglich ist die subjektive Erhebung von Krankheitsbildern im Rahmen von Umfragen, indem Befragte um Selbstauskunft zu vorhandenen Krankheiten gebeten werden. Bei der Erfassung in Umfragen wird den Teilnehmern meist eine Liste mit den wichtigsten chronischen Krankheiten vorgelegt und gefragt, ob die dort genannten Krankheiten in einem bestimmten Zeitraum, z. B. dem letzten Jahr, vorlagen bzw. von einem Arzt festgestellt wurden.

Typische Beispiele für funktionelle Beeinträchtigungen im fortgeschrittenen Alter sind eingeschränktes Hör- oder Sehvermögen oder beschränkte Mobilität. Umfragen nutzen zur Messung des Einschränkungsgrades der Mobilität häufig Skalen von Nagi (1976) oder Rosow und Breslau (1966), welche physische Beeinträchtigungen beim Gehen, Bücken, Treppen steigen, der unabhängigen Führung des Haushalts oder der

Partizipation am Sozialleben abdecken. Diese Skalen können sowohl auf objektiven Messungen als auch auf Selbstauskünften aufbauen. Selbiges gilt auch für die Erhebung von Einschränkungen in den Aktivitäten des täglichen Lebens (ADLs), also z. B. Probleme beim Baden, Waschen, der Toilette, der Kontinenz, dem Schlafengehen und Aufstehen oder der Nahrungsaufnahme. Einschränkungen in den instrumentellen Aktivitäten des täglichen Lebens (IADLs), welche zentrale Tätigkeiten umfassen, die sowohl inner- als auch außerhäuslich regelmäßig anfallen, z. B. Anrufe tätigen, Einkäufe erledigen, Nahrung zubereiten, den Haushalt erledigen, Wäsche waschen, Transportaufgaben durchführen, Medikamente einnehmen oder finanzielle Angelegenheiten regeln, können ebenfalls objektiv oder subjektiv erhoben werden. Die Pflegegrade (früher: Pflegestufen, die ausschließlich auf Einschränkungen in ADLs basierten) der gesetzlichen Pflegeversicherung Deutschlands werden z. B. anhand einer objektiven Überprüfung der Einschränkungen im Bereich der ADLs und IADLs vergeben. Dabei wird der Grad der Selbstständigkeit in sechs Lebensbereichen berücksichtigt (Mobilität, kognitive und kommunikative Fähigkeiten, Verhaltensweisen und psychische Probleme, Selbstversorgung, Bewältigung von und selbstständiger Umgang mit krankheits- oder therapiebedingten Anforderungen oder Belastungen sowie Gestaltung des Alltagslebens und sozialer Kontakte). Daher können die Informationen aus der Pflegestatistik als objektive Messung von gesundheitlichen Einschränkungen bzw. Behinderungen bei alltäglichen Grundtätigkeiten gelten.

Insbesondere Daten, die vor der Reform des Pflegebedürftigkeitsbegriffs erhoben wurden, geben aufgrund der bis dato vorliegenden Betrachtung reiner ADL-Einschränkungen allerdings nur einen der genutzten Definition entsprechenden Ausschnitt der tatsächlich vorhandenen Pflegebedürftigkeit der Bevölkerung wider.

Insofern Umfragedaten für die Ermittlung von (I)ADL-Beschränkungen genutzt werden, handelt es sich meistens um Eigenauskünfte der Befragten. Problematisch ist dabei allerdings, dass bestimmte, mutmaßlich besonders stark beeinträchtigte Personengruppen wie Pflegeheimbewohner in Umfragen zumeist deutlich unterrepräsentiert sind, was eine Unterschätzung des Pflegebedarfs nach sich zieht. Während Pflegeheimbewohner bei Querschnitterhebungen von Beginn an mit zu geringem Anteil vertreten sind, gelingt es bei Längsschnitterhebungen oft nicht, Teilnehmer, die zwischen zwei Wellen in ein Pflegeheim umziehen, erneut zu befragen – sie fallen also der sogenannten Panel-Attrition zum Opfer. Die Unterrepräsentation von Pflegeheimbewohnern, bei denen von unterdurchschnittlicher Gesundheit ausgegangen werden kann, beeinflusst die Untersuchung von Gesundheitstrends derart, dass das Vorliegen guter Gesundheit überschätzt wird.

Hinweis

Umfragedaten bringen zumeist Probleme mit sich. Personen in Institutionen (z. B. Krankenhäuser oder Pflegeeinrichtungen) sind zum Beispiel unterrepräsentiert.
Registergestützte Daten sind dagegen anfällig für rechtliche Änderungen. ◄

Grundsätzlich ist davon auszugehen, dass die Nutzung von Umfrageerhebungen zur Untersuchung von Morbiditätsentwicklungen problembehaftet sein kann. Dies liegt unter anderem daran, dass Studiendesigns und Frageformulierungen sich mit der Zeit ändern oder unterschiedliche Erhebungen verschiedene Teilnahme-Verweigerungs-Raten aufweisen. Selbst wenn für Untersuchungen von Trendentwicklungen der Gesundheit auf ärztliche Diagnosedaten zurückgegriffen wird, die grundsätzlich bevölkerungsrepräsentativ sein können, kann es passieren, dass sich z. B. aufgrund veränderter externer Anreizstrukturen oder sich wandelnder medizinischer Praxis das Diagnose- und Behandlungsverhalten ändert (z. B. durch die Einführung des Risikostrukturausgleichs oder die Änderung der darin berücksichtigten chronischen Erkrankungen; Buchner 2017).

4.1.3 Gesundheitstrends in den letzten Jahrzehnten

In der internationalen Forschung findet sich, trotz der genannten methodologischen Erschwernisse, eine grundsätzliche Übereinstimmung dahin gehend, dass die letzten Jahrzehnte von einer wachsenden Morbiditätsprävalenz gekennzeichnet sind, während parallel ein Rückgang funktionaler Einschränkungen sowie von Behinderungen in den (I)ADLs zu verzeichnen ist (Christensen et al. 2009).

Hinweis

In den letzten Jahren ist ein Anstieg zahlreicher Erkrankungen zu beobachten. Dieser Anstieg ist vor allem durch das **stärkere Bewusstsein für die Gesundheit,** die **verbesserte Früherkennung** und die **gesunkene Sterblichkeit** zu erklären. Somit leben Menschen auch mit ehemals tödlichen Krankheiten heute noch viele Jahre länger. ◄

Bei Saß et al. (2010) findet sich eine Übersicht auf Grundlage der Gesundheitsberichterstattung; während internationale Gesundheitstrends in den 1980er und 1990er Jahren exemplarisch von Robine et al. (2003) oder Parker und Thorslund (2007) aufgezeigt werden.

Tab. 4.1 stellt eine Übersicht zu Veränderungen in der Morbidität dar, die auf einem Review von im Zeitraum zwischen 2005–2009 veröffentlichten internationalen Trendstudien basiert (Christensen et al. 2009).

Für die meisten in Tab. 4.1 dargestellten Krankheiten wird sowohl für die jüngeren Alten zwischen 50–69 Jahren, als auch im höheren Alter, eine Zunahme der Prävalenz verzeichnet. Allerdings kann das neben einer tatsächlich angestiegenen Morbidität auch zum Teil auf andere Ursachen zurückgehen, wie z. B. Fortschritte im medizinisch-technischen Bereich, gesteigerte Inanspruchnahme ärztlicher Dienste durch ältere Menschen, was zu früheren und höheren Erkennungsraten führen kann. Diabetes Typ II oder bösartige Neubildungen werden, ähnlich wie Bluthochdruck, so früher erkannt.

Tab. 4.1 Morbiditätstrends (Quelle: Christensen et al. 2009)

Disease and condition	Change in old	Change in young old/baby boomers
Heart disease, congestive failure, cardiac disease	+/−	+
Hypertension	+	+
Arthritis	+	+
Diabetes	+	+
Pain	+	
Psychological distress	+	
General fatigue/sleepiness	+	
Dizziness	+	
Leg ulcers	+	
Asthma	−	+
Bronchitis		+
Osteoarthritis	−	
Low back complaints	−	
Musculoskeletal pain/problems	+	-
Depression	−	
Dementia	+/−	

+ Increasing prevalence
− Decreasing prevalence

Der Anstieg der Prävalenz von Herz-Kreislauf-Erkrankungen lässt sich auch durch unterschiedliche Trends bei Inzidenz der Krankheit und damit assoziierter Sterblichkeit erklären. Die Reduktion der Mortalität fiel dabei deutlicher aus als bei der Inzidenz.

Im Bereich der Krebserkrankungen ist die rohe Inzidenzrate im Zuge der strukturellen Bevölkerungsalterung angewachsen, während die altersspezifische Inzidenz mit einigen Ausnahmen (Lungen- und Brustkrebs bei Frauen, Prostatakrebs bei Männern) gesunken ist und sich die Überlebenszeit mit einer Krebserkrankung erhöht hat. Als Ursachen gelten geschlechtsspezifisch differente Trends im Tabakkonsum (Vogt et al. 2017), ebenso wie frühere und bessere Diagnose und Behandlung. Abgesehen von der Zunahme von Lungenkrebs unter Frauen kam es auch eher zu einem Anstieg der vergleichsweise weniger aggressiven Krebsarten (Karim-Kos et al. 2008). Mit der skizzierten Entwicklung einher geht ein deutlicher Anstieg der Multimorbidität unter älteren Menschen (van den Akker et al. 1998; Uijen und van de Lisdonk 2008). Innerhalb von 20 Jahren kam es zwischen 1985–2005 zu einer Verdoppelung der Prävalenz von chronischen Krankheiten. Innerhalb der Gruppe multimorbider Patienten verdreifachte sich der Anteil von Fällen mit mehr als drei chronischen Krankheiten von 2,6 % 1985 auf 7,5 % 2005 (Uijen und van de Lisdonk 2008). Die Erkenntnisse zur Prävalenz kognitiver

Krankheiten, darunter v. a. der verschiedenen Demenzformen, sind allerdings nicht eindeutig (Christensen et al. 2009; Rocca et al. 2011).

Die skizzierten Entwicklungen in der chronischen Morbidität sind begleitet von
einem Rückgang im Bereich berichteter funktionaler Einschränkungen von alltäglichen Handlungen. Zahlreiche Bewegungs- und Mobilitätseinschränkungen wie
Stehen, Gehen, Treppe steigen oder Bücken haben abgenommen, ebenso wie Einschränkungen in den ebenfalls mobilitätsrelevanten sensorischen Bereichen Hören und
Sehen. Damit verbunden ist auch ein Rückgang in ADL- und IADL-Einschränkungen.
Wie stark die berichteten Rückgänge sind, unterscheidet sich allerdings zwischen verschiedenen Studien, den Geschlechtern, verschiedenen Ländern und in Abhängigkeit des
zur Messung von Einschränkungen genutzten Instruments deutlich. Daher ist bis dato
auch nicht abschließend klar, ob und in welchem Ausmaß die vermutliche Zunahme der
Nutzung von Assistenzsystemen, der altersgerechten technischen Aufrüstung der Wohn-
umgebung und der Verbreitung anderer unterstützender Geräte zu dieser Entwicklung
beigetragen haben und in Zukunft beitragen werden. Daten des sozioökonomischen
Panels (SOEP) sowie der gesetzlichen Pflegeversicherung zeigen für Deutschland einen
Rückgang von (I)ADL-Einschränkungen (Ziegler und Doblhammer 2008; Hoffmann und
Nachtmann 2010). Eine Einschränkung besteht jedoch hinsichtlich des Alters – über ein
Alter von 85 hinaus sind keine Aussagen möglich. Zu möglichen Trends in der Morbidität im Altersbereich über 85 Jahren existieren nur wenige Befunde, da Umfragen diese
hohen Alter nur sehr eingeschränkt abdecken können.

Hinweis

Die **selbstwahrgenommenen Einschränkungen** in den alltäglichen Aktivitäten
haben jedoch abgenommen. Dies ist auf die Nutzung von Assistenzsystemen und die
Wohnungsanpassung zurückzuführen. ◄

4.1.4   Hypothesen der Gesundheitsentwicklung

Die Lebenserwartung bei Geburt steigt seit längerer Zeit kontinuierlich an. Die Untersuchung von Trendentwicklungen von Morbiditätsprävalenzen und -inzidenzen erlaubt
allerdings noch keine Aussage darüber, ob damit einhergehend die letzten Lebensjahre,
die mit gesundheitlichen Einschränkungen und Krankheiten verbunden sind, relativ
gesehen weniger (Kompression der Morbidität) oder mehr werden (Expansion) oder sich
das Verhältnis gesunder zu beeinträchtigten Lebensjahren durch die steigende Lebenserwartung nicht verändert, sich also in einem dynamischen Gleichgewicht befindet
(Manton 1982).

Im Blick auf die denkbare zukünftige Entwicklung der Gesundheit älterer Personen
gibt es verschiedene mögliche Szenarien, in deren Zentrum die eben skizzierten
Grundkonzepte stehen. Einerseits wird in der Expansion- oder Medikalisierungsthese

(Gruenberg 1977) unterstellt, dass mit steigender Gesamtlebenserwartung auch die Lebenszeit mit chronischer Morbidität oder auch mit Pflegebedarf wächst. Dies wird damit begründet, dass die Mortalität aufgeschoben wird, während das Auftreten von Krankheiten oder Pflegebedarf nicht aufgeschoben wird. Die hinzugewonnenen Lebensjahre sind somit Jahre, die in einem ungesunden Stadium verbracht werden. Die Kompressionsthese (Fries 1980) argumentiert hinsichtlich des Auftretens von Krankheiten oder Pflegebedarf umgekehrt: Indem die Inzidenz in höhere Altersjahre verschoben wird, verringert sich die in Krankheit verbrachte Zeit am Lebensende. Dabei gibt es zwei Varianten (Robine et al. 2003, 2009): Bei der relativen Kompression wächst die gesunde Lebenserwartung rascher als die in Krankheit verbrachte Lebenszeit. Die kranken Lebensjahre werden zwar absolut gesehen mehr, ihr relativer Anteil an der Gesamtlebenszeit jedoch weniger. Bei der Variante der absoluten Kompression steigt die gesunde Lebenszeit rascher an als die Gesamtlebenserwartung, wodurch nicht nur der relative Anteil der kranken Jahre abnimmt, sondern auch deren absolute Anzahl.

Das als Mittelweg ausgelegte dynamische Gleichgewicht (Manton 1982) unterstellt, dass sich die Gesamtlebenserwartung nur in Folge einer analogen Veränderung der gesunden Lebenszeit in gleicher Weise verändert. Das Verhältnis von gesunden und kranken Lebensjahren bleibt dabei stets konstant. Wenn eine Unterscheidung zwischen leichten und schweren gesundheitlichen Einschränkungen vorgenommen wird, kann festgehalten werden, dass durch den Anstieg der Gesamtlebenserwartung sowohl die mit leichteren Einschränkungen verbrachte Zeit als auch die gesunde Lebenszeit zunimmt. Der relative Anteil der mit Behinderungen verlebten Jahre bleibt gemäß der Prämisse der Theorie konstant. Allerdings schreitet die Technik voran, sodass mittels präventiver Behandlungen die Schwere der Einschränkungen, die in den ungesunden Jahren am Lebensende auftreten, gemildert werden kann.

Zur Untersuchung von Morbiditätstrends im Hinblick auf Kompression, Expansion oder Gleichgewicht ist es nötig, Entwicklungen der Gesamtlebenserwartung mit Morbiditätsinformationen zu verknüpfen. Dafür ist die sogenannte Sullivan-Methode (Sullivan 1971) gebräuchlich, welche die in einem bestimmten Lebensalter verbleibende mittlere Lebenserwartung, die aus der Sterbetafel entnommen wird, mit einer alters- und geschlechtsspezifischen Prävalenz (z. B. einer Erkrankung, von gesundheitlichen Einschränkungen oder von Pflegebedarf) kombiniert. Letztere Informationen entstammen nicht der Sterbetafel, sondern werden zumeist aus Umfrageerhebungen gewonnen. Im Resultat kann die gesamte verbleibende Lebenserwartung in gesunde und kranke Lebenserwartung (healthy/unhealthy life expectancy) unterteilt werden. Die gesunde Lebenserwartung gibt dann Auskunft, wie viele Lebensjahre im Schnitt ohne die jeweils genutzte Einschränkung oder Krankheit für eine Person eines bestimmten Alters im Mittel verbleiben. Die kranke Lebenserwartung gibt Auskunft über die in Krankheit verbrachten verbleibenden Lebensjahre. Auch dabei kommt es erneut darauf an, mit welchem Indikator Morbidität oder gesundheitliche Einschränkung gemessen wird.

Hinweis

Zur zukünftigen Entwicklung der Gesundheit bestehen verschiedene Theorien. Die **Expansionsthese** geht von einem Zuwachs der Lebensjahre mit schweren Erkrankungen aus, die Kompressionsthese erwartet eine Verkürzung.

Die **Theorie des dynamischen Gleichgewichts** erwartet einen stabilen Zustand bei gleichzeitiger Zunahme von kranken und gesunden Lebensjahren. ◀

Grundsätzlich kann aber festgestellt werden, dass die gesunden Lebensjahre in absoluter Messung ebenso angestiegen sind wie die Lebenszeit in Krankheit. Ein Rückgang ist bei Lebensjahren zu verzeichnen, die mit schwereren Einschränkungen in den Aktivitäten des täglichen Lebens (ADLs) verbracht werden, während die absolute Zahl der Jahre mit leichteren ADL-Einschränkungen gestiegen ist (Christensen et al. 2009). Der Trend des Anteils gesunder Lebenszeit an der restlichen Lebenserwartung ab dem Alter 65, der sogenannte „health ratio", wird von Doblhammer und Kreft (2011) für Frankreich, Spanien, die Niederlande und Deutschland untersucht. Spanien und Frankreich weisen in dieser Gruppe die höchsten Lebenserwartungen auf. Während Deutschland sich im Mittelfeld platziert, verzeichnet die Niederlande die niedrigste Lebenserwartung. Es zeigt sich, dass tendenziell in jenen Ländern, welche bei der Lebenserwartung besonders gut abschneiden, auch der Anteil der gesunden verbleibenden Lebensjahre zumindest stabil bleibt oder sogar wächst, sodass folglich eine Kompression von Morbidität vorliegt. Für Deutschland können mehrere Studien zeigen, dass der health ratio stabil bleibt und schwere gesundheitliche Einschränkungen zurückgehen – allerdings begleitet von einer Zunahme leichterer Einschränkungen (Klein und Unger 1999, 2002; Dinkel 1999; Unger 2006). Dies entspricht dem Szenario des dynamischen Gleichgewichts. Dieser Befund bestätigt sich auch bei der Untersuchung individueller Entwicklungspfade der Gesundheit auf Basis des sozioökonomischen Panels (SOEP) im Zeitvergleich (Doblhammer und Ziegler 2006). Während in den 1980er Jahren ein Zwanzigstel der Männer ab 50 Jahren für einen Zeitraum von vier Jahren lediglich moderate gesundheitliche Einschränkungen hatten, war dieser Anteil in den 1990er Jahren bereits auf 12 % gewachsen. Bei Frauen stieg er von 7 auf 14 % an. Umgekehrt sank der Anteil der Gesundheitsverläufe, die einen sich kurz- oder langfristig verschlechternden Zustand abbildeten. Gesundheitsverläufe, die eine kurz- oder langfristige Zustandsverschlechterung beinhalteten, nahmen ab. Ebenfalls einen Rückgang gab es bei Verläufen, die im Zustand schwerer Einschränkungen begannen und innerhalb von drei Jahren eine Verbesserung aufwiesen. Das deutet darauf hin, dass sich die Zunahme von stabilen Entwicklungspfaden mit nur schwächeren Gesundheitseinschränkungen aus dem Rückgang von negativen Verläufen ergibt. Analysen auf Basis von Pflegedaten zeigen dagegen, dass die absolute Zahl von Lebensjahren ohne Pflegebedarf im Vergleich zwischen 1999 und 2005 gewachsen ist, allerdings nicht proportional zum Anstieg der Lebenserwartung, sondern in einem geringeren Umfang. Im Bereich des Pflegebedarfs trifft somit das Szenario der Expansion zu (Hoffmann und Nachtmann 2010).

> **Hinweis**
>
> *Studienergebnisse* zeigen, dass es variierende Trends *nach der* **Definition von Gesundheit** gibt. Im Bereich der funktionalen Einschränkungen zeigte sich eine Kompression oder ein Gleichgewicht, wobei auch eine Umverteilung weg von schweren hin zu eher moderaten Einschränkungen beobachtet werden konnte. Im Bereich der Pflegebedürftigkeit zeigte sich hingegen eine Expansion. ◄

4.2 Methoden

Der Diskurs über die zukünftige Entwicklung von Erkrankungen, Pflegebedarf, Morbidität im Allgemeinen und die Nachfrage nach bestimmten Behandlungsmethoden (z. B. Implantationen) kann nur mit Hilfe von Prognosen geführt werden.

> **Hinweis**
>
> Wichtige Methoden zur **Bedarfseinschätzung** sind die demografischen und die epidemiologischen Prognosen. ◄

Im Folgenden werden kurz die unterschiedlichen mathematischen und konzeptionellen Ansätze für demografische und epidemiologische Prognosen erläutert.

Demografische Prognosen umfassen Annahmen über die zukünftige Anzahl von Personen bzw. Altersgruppen. Typische Prognosen sind Bevölkerungs- und Pflegeprognosen, in denen beispielsweise Wahrscheinlichkeiten für Pflegebedürftigkeit mit Bevölkerungsprognosen verknüpft werden.

Epidemiologische Prognosen quantifizieren Änderungen in der Wahrscheinlichkeit von Morbidität oder dem Pflegebedarf, z. B. für Prognosen der weiteren Entwicklung des Anteils gesunder Lebensjahre an der Gesamtlebenserwartung. Ergebnisse sind Raten, Prävalenzen und Inzidenzen. Oft fließen diese Prognosen zur Annahme über Entwicklung von Morbidität in demografische Prognosen ein.

4.2.1 Prävalenz und Inzidenz als zentrale Maßzahlen der Gesundheitsforschung

Ausgangsbasis fast aller Arten von Prognosen sind zwei epidemiologische Maßzahlen, die das Ausmaß einer Erkrankung beschreiben: die Prävalenz und die Inzidenz.

▶ **Definition: Prävalenz** Häufigkeit einer Krankheit in einer Bevölkerung.

▶ **Definition: Inzidenz** Rate an Neuerkrankungen in einem Zeitabschnitt als zentrale Grundmaße der Gesundheitsforschung zu bezeichnen.

Prävalenz bezeichnet den Anteil der Personen mit einer bestimmten Krankheit in Bezug auf die Gesamtbevölkerung, während die Inzidenz den Anteil der Neuerkrankungen beschreibt.

Die Prävalenz berücksichtigt das Ausmaß der Sterblichkeit nicht, deshalb müssen beide Zahlen in Morbiditätsanalysen eingebunden werden, sonst könnte es beispielsweise dazu führen, dass Unterschiede zwischen Altersgruppen oder Ländern nur durch längere oder kürzere Zeit des Überlebens mit der Krankheit entstehen, obwohl die Inzidenz gleichbleibend ist.

Nur beide Maßzahlen geben Aufschluss über die durchschnittliche Dauer einer Erkrankung und die Unterscheidung der Mortalität mit der Krankheit von derer der Gesamtbevölkerung.

Allerdings ist die Inzidenz ein besserer Indikator für die Annahme des Trends der Krankheitsfälle oder für Vergleiche zwischen Altersgruppen oder Ländern, da die Effekte der Lebenserwartungen ausgeschlossen werden.

Somit ergibt sich die Prävalenz aus dem Produkt der Inzidenz und der Dauer der Krankheit.

4.2.2 Bevölkerungsprognosen

Basierend auf der Bevölkerungsbilanzgleichung (Gl. 4.1), ist die gebräuchlichste Methode der Bevölkerungsprognose die Kohorten-Komponenten-Methode. Sie gibt die Entwicklung zwischen dem Zeitpunkt $t1$ und $t2$ an. Untersucht wird eine Stichtagsbevölkerung, zumeist festgelegt auf die Mitte des Jahres (01. Juli) oder auf das Ende des Jahres (31. Dezember).

$$P_{t2} = P_{t1} + B_{t1} - D_{t1} + I_{t1} - E_{t1} \tag{4.1}$$

Aus der Basisbevölkerung P, den Geburten B, abzüglich der Sterbefälle D im Zeitraum $t1$ unter Addition der Einwanderung I minus der Auswanderung E, ergibt sich die Bevölkerung P zum Zeitpunkt $t2$.

Eine Unterteilung der Basisbevölkerung erfolgt nach Geschlecht, sowie nach ein- oder fünfjährigen Altersgruppen. Dies ermöglicht sowohl eine Prognose in Ein- oder Fünfjahresschritten, als auch eine geschlechterspezifische Prognose der Altersstruktur. Veränderungen werden über Raten der Fertilität, Mortalität und über Absolutzahlen der Migration in die Prognosen einbezogen.

Zur Ermittlung der Bevölkerung zum Zeitpunkt $t2$, wird die Bevölkerung zum Zeitpunkt $t1$ entsprechend der Trennung zusätzlich um die Sterbefälle bereinigt. Grundlage für diese Bereinigung sind die Überlebenswahrscheinlichkeiten jeder Altersgruppe aus den Sterbetafeln.

Als jüngste Altersgruppe wird die Zahl der Geburten B unter Berücksichtigung der Säuglingssterblichkeit bestimmt. Für die Einwanderung I und die Auswanderung E werden ebenfalls die Geburten sowie die Sterbefälle berücksichtigt (Preston et al. 2001).

▶ **Bedeutung: Demografische Prognosen**
Schätzen die Größe der zukünftigen Altersgruppen (auch getrennt nach Geschlecht oder anderen Merkmalen möglich) anhand der *Kohorten-Komponenten-Methode*.

In dieser Gleichung werden einzelne Annahmen zur Geburtenhäufigkeit, Sterblichkeit und Migration getroffen. Dabei sind auch Berechnungen verschiedener Kombinationen an Annahmen in Form von Szenarien möglich. Darüber hinaus sind auch komplexere Multi-State- oder Mikrosimulationsprognosen gebräuchlich, die jedoch einen hohen Datenbedarf haben.

Für Bevölkerungsprognosen ist die Einbeziehung von Annahmen über die zukünftige Entwicklung von demografischen Faktoren essenziell. Dazu gehören die Geburtenhäufigkeit, die Entwicklung der Lebenserwartung sowie Wanderungszahlen. Diese Annahmen müssen auf Basis von historischen und aktuell beobachteten Kennzahlen vom Wissenschaftler selbst gewählt werden. Zur Erarbeitung dieser Annahmen und Berücksichtigung verschiedener Entwicklungstendenzen werden hohe, mittlere und niedrige Szenarien der Bereiche Lebenserwartung, Geburtenhäufigkeit und Migration beachtet, um ein gewisses Sicherheitsintervall herstellen zu können. Von einer Bestimmung der Wahrscheinlichkeit einer prognostizierten Bevölkerungszahl wird abgesehen. Ebenfalls subjektiv fällt die Wahl des Wissenschaftlers zumeist auf das mittlere Szenario.

Eine „Status-Quo-Prognose" hingegen geht davon aus, dass es in den demografischen Prozessen Geburtenhäufigkeit, Mortalität und Migration keine Änderungen geben wird. Diese ergeben sich ausschließlich aus der Altersstruktur der Basisbevölkerung sowie aus der Verschiebung der Altersklassen mit jedem Zeitintervall der Prognose.

Deutlich wird diese Vorgehensweise bei den Prognosen für Deutschland von EUROSTAT oder der UN, welche zumeist zu unterschiedlichen Ergebnissen kommen. Diese beiden Prognosen werden bevorzugt für international vergleichende Studien verwendet. Innerdeutsch maßgeblich ist die koordinierte Bevölkerungsprognose des Statistischen Bundesamtes (aktuell im Jahr 2018 die 13. koordinierte Vorausberechnung der Bevölkerung auf Landes- und Bundesebene).

Die unterschiedlichen Prognosetechniken, die sich entwickelt haben, befinden sich im ständigen Diskussions- und Verbesserungsprozess.

So berücksichtigen Multi-State-Prognosemodelle sich im Zeitverlauf ändernde Merkmalsausprägungen („States") innerhalb einer Bevölkerung. Diese States können in der Familienstandsprognose beispielsweise „niemals verheiratet", „verheiratet", „geschieden" und „verwitwet" sein. Auf Ebene der Kohorten können Übergangswahrscheinlichkeiten zwischen den Merkmalsausprägungen berechnet werden. Familienstandsprognosen für Deutschland auf Basis von Multi-State-Modellen finden sich bei Doblhammer und Ziegler (2010).

Für eine Prognose unter Berücksichtigung sehr vieler veränderlicher Charakteristika ist dagegen das Mikrosimulationsmodell geeignet. Prognosen auf Grundlage des letztgenannten Modells stellen jedoch hohe Anforderungen an die zugrunde liegenden Daten, die oft aufgrund fehlender Informationen nicht bedient werden können.

4.2.3 Pflegebedarfsprognosen und die Prognose von Erkrankten

Prognosen des Pflegebedarfs oder der Anzahl von Erkrankten (Morbidität) basieren zumeist auf einer vorab erstellten oder offiziell verfügbaren alters- und geschlechtsspezifischen Bevölkerungsprognose.

Folgende zentrale Gleichung verdeutlicht die Verbindung der Bevölkerungsprognose mit den zuvor vorgestellten zentralen Maßzahlen der Gesundheitsforschung:

$$M_{xt} = P_{xt} * \Pi_{xt} \tag{4.2}$$

Die Gl. 4.2 zeigt, wie zu diesem Zweck ein Szenario der Bevölkerungsprognose ausgewählt und mit den alters- und geschlechtsspezifischen Prävalenzen der Morbidität verknüpft wird, indem die Anzahl der Morbiditätsfälle M_{xt} (im Alter x zum Zeitpunkt t) ermittelt wird als Produkt der Bevölkerung P_{xt} mit der Morbiditätsprävalenz Π_{xt}. Entsprechend wird jeweils das Produkt für die n Jahre des Prognosezeitraums $t+1$ bis $t+n$ gebildet. Über die zukünftige Entwicklung der Morbidität müssen dabei Annahmen auf Grundlage epidemiologischer Prognosen oder vorab willkürlich vom Forscher festgelegt werden.

▶ **Bedeutung: Morbiditätsprognosen**
Sind eine *Kombination aus Bevölkerungsprognosen und Prävalenzschätzungen* und eignen sich vor allem, wenn keine Inzidenzraten vorliegen.

Die Prävalenzschätzungen können dabei aus empirischen Befunden oder aus epidemiologischen Prognosen stammen. Mit größerem Anspruch an die Daten sind die Berechnungen von komplexeren Multi-State-Prognosen möglich, die auch die unterschiedliche Sterblichkeit von Gesunden und Erkrankten berücksichtigen können. Dies ist vor allem von Interesse bei Krankheiten mit hoher Letalität.

Häufig werden Morbiditätsprävalenzen unverändert (Status-quo-Prognose) aus dem Basisjahr für die Zukunft übernommen. Dadurch werden Prognosen erstellt, die nur von der zukünftigen Entwicklung der Bevölkerung abhängen, d. h., den reinen Effekt der demografischen Alterung messen. In einer alternden Bevölkerung, in der das Risiko der meisten Erkrankungen mit dem Alter zunimmt, kommt es somit für die meisten altersabhängigen Erkrankungen unweigerlich zu einem Anstieg der erkrankten Personen, obwohl sich die altersspezifischen Prävalenzen nicht ändern.

Eine weitere Möglichkeit der Szenariensetzung ist die Annahme eines willkürlich festgelegten, über die Altersklassen gleichmäßigen jährlichen Rückganges. So können Aussagen über die Stärke des jährlichen Rückganges der Prävalenz einer Erkrankung gefunden werden, um beispielsweise den Effekt der Bevölkerungsalterung zu kompensieren.

Auch im Bereich der Krankheits- und Pflegeprognosen finden die Methoden der Multi-State-Prognose und der Mikrosimulation Anwendung. Nimmt man das Beispiel der Glaukomprognosen. So gibt es zwei Zustände, nämlich nicht glaukomerkrankt und glaukomerkrankt. Unter Berücksichtigung der Sterblichkeit der Personen können dazu theoretisch insgesamt vier Übergänge modelliert werden: 1) von nicht glaukomerkrankt zu glaukomerkrankt, 2) von nicht glaukomerkrankt zu tot, 3) von glaukomerkrankt zu tot und 4) von glaukomerkrankt zu nicht glaukomerkrankt, wobei der letzte Übergang, da die Glaukomerkrankung irreversibel ist, praktisch nicht möglich ist. Ausgehend von einer Basisbevölkerung zum Zeitpunkt t, die nach Alter, Geschlecht und Glaukomstatus (glaukomerkrankt bzw. nicht glaukomerkrankt) gegliedert ist, werden die alters- und geschlechtsspezifischen Übergangraten (=Inzidenzen) angewendet, um die Bevölkerung zum Zeitpunkt t+1 zu modellieren. Für die Glaukomprognosen sind daher Annahmen über die zukünftige Entwicklung der Glaukominzidenz (=Übergang nicht glaukomerkrankt zu glaukomerkrankt) sowie über die Sterblichkeit von Glaukomerkrankten (Übergang glaukomerkrankt zu tot) und Nichterkrankten (Übergang nicht glaukomerkrankt zu tot) notwendig. Da Glaukomprognosen erst ab einem Alter von 50 Jahren sinnvoll sind, sind Annahmen zur Fertilität und zur Migration zu vernachlässigen, da Neugeborene und neu zugezogene Migranten bei einem üblichen Prognosezeitraum von etwa zwanzig Jahren das Alter der Glaukomerkrankungen noch nicht erreicht haben. Ein Beispiel für eine Multi-State-Prognose, bezogen jedoch auf Demenzerkrankungen, findet sich bei Ziegler und Doblhammer (2010).

Ein Vorteil solcher Multi-State-Prognosen gegenüber Prognosen mit Prävalenzen ist, dass sie Annahmen für das Auftreten von Krankheiten sowie die Sterblichkeit mit und ohne die Krankheiten und somit eine Modellierung zukünftiger Morbiditätsprozesse ermöglichen. Beispielsweise würde eine Reduktion der Inzidenz einer Krankheit bei einer gleichzeitigen Verbesserung der Überlebenschancen zu einer Ausweitung der Prävalenz führen. Die Multi-State-Prognose ermöglicht im Gegensatz dazu ein Nachvollziehen dieses Prozesses. Große Nachteile dieser Methode sind ebenfalls die hohen Anforderungen an die Daten. Darüber hinaus ist der methodische Mehraufwand vor allem für Erkrankungen relevant, für die sich starke zeitliche Änderungen in der Prävalenz, Inzidenz und der Sterblichkeit an dieser Erkrankung erwarten lassen. Das kann z. B. aufgrund diagnostischer oder therapeutischer Durchbrüche, aber auch aufgrund von Veränderungen der gesellschaftlichen und individuellen Wahrnehmung bestimmter Erkrankungen oder der Inanspruchnahme der gegebenen Behandlungsmöglichkeiten möglich sein. Eine Kombination beider Prognosetechniken ist ebenfalls möglich, so zu finden bei Doblhammer und Ziegler (2010).

4.2.4 Epidemiologische Prognosen der Morbidität

Unter epidemiologischen Prognosen werden hier Prognoseansätze zur zukünftigen Entwicklung von Prävalenz, Inzidenz und zur Überlebensdauer, wie auch Sterblichkeit nach Auftreten einer Erkrankung zusammengefasst. Empirische Daten aus z. B. Krebsregistern ermöglichen die Ermittlung der durchschnittlichen Raten der letzten Jahre/Jahrzehnte und deren Extrapolation, z. B. die log-lineare Extrapolation oder (seltener) mittels Zeitreihenanalyse. Dies ist die Methodik der wiederholend durchgeführten (inter-)nationalen Gesundheitssurveys in denen Erkrankungen, Symptome und Einschränkungen in den (instrumentellen) Aktivitäten des täglichen Lebens (ADL/IADL) ermittelt werden. Einen Überblick über Morbiditätsdaten für Deutschland findet sich in Saß et al. (2010) für die Länder der EU in der „European Health Expectancy Monitoring Unit" (EHEMU; EHEMU: www.ehemu.eu), welche auf Basis des „European Community Household Panel" (ECHP) und des „Survey on Income and Living Conditions" (SILC) ermittelt wurden. Surveys wie der „Survey of Health, Aging, and Retirement" (SHARE) enthalten Morbiditätsdaten für ausgewählte Länder Europas. Ein Beispiel für eine internationale Morbiditätsprognose des Anteils der Jahre mit schweren Beeinträchtigungen an der Gesamtlebenserwartung sind die Berechnungen von Sanderson und Scherbov (2010) mit den SILC Daten.

▶ **Bedeutung: Epidemiologische Prognosen** Haben das Ziel, zukünftige Werte für Prävalenz, Inzidenz und Sterblichkeit zu schätzen. Dafür werden vergangene Entwicklungen in die Zukunft übertragen. Hierbei ist die Qualität der Gesundheitsdaten über die Zeit entscheidend für die Qualität der Prognoseergebnisse. Diagnose- oder Erfassungsänderungen, unrepräsentative Stichproben, Antwortverweigerungen und andere Erhebungsprobleme haben starken Einfluss auf die Hochrechnungsresultate. Administrativ erhobene Daten dagegen haben viele dieser Probleme nicht.

Die durch epidemiologische Prognosen erhaltenen Trends in der Prävalenz, Inzidenz und Überlebensdauer können im Anschluss mittels Hochrechnung in absolute Zahlen für die interessierenden Bevölkerungen umgerechnet werden. Dazu werden die ermittelten subgruppenspezifischen (zumeist Alter und Geschlecht) Raten und Wahrscheinlichkeiten mit den jeweiligen Bevölkerungszahlen aus den Bevölkerungsprognosen multipliziert. Die Güte einer solchen auf Hochrechnung basierenden epidemiologischen Prognose hängt in erster Linie von der Qualität des zugrunde liegenden epidemiologischen Surveys sowie auch der Bevölkerungsprognose ab. Hauptprobleme der epidemiologischen Surveys sind mangelnde Repräsentativität der Stichprobe aufgrund von Teilnahme- oder Antwortverweigerungen durch Freiwilligkeit oder eingeschränkten Auswahlgesamtheiten (z. B. keine Personen in Krankenhäusern oder Pflegeheimen, keine Personen über 80, nur Personen mit Kenntnissen der Landessprache), aber auch Probleme mit unwahrheitsgemäßen Antworten aufgrund von Erinnerungsverzerrungen, sozialer Erwünschtheit und Reaktivität (Scham oder Trotz) oder Unverständnis der erfragten Inhalte.

Die meisten der genannten Probleme betreffen nicht die Daten, die zum Zwecke administrativer Prozesse erhoben wurden. Zu dieser Gruppe zählen die Daten der gesetzlichen Krankenkassen, der gesetzlichen Rentenversicherung und der gesetzlichen Pflegeversicherung. Im Speziellen, vergangene Trends in der Prävalenz des Pflegebedarfs können mittels der Daten aus der Pflegestatistik ermittelt werden (z. B. Kreft und Doblhammer 2016). Die gesetzlichen Krankenversicherungen stellen Daten zur Morbidität und Pflege (unterteilt nach Pflegestufen) sowie der darauffolgenden Sterblichkeit zur Verfügung (z. B. Zhou et al. 2008).

4.2.5 Vorhersagegenauigkeit und Unsicherheit von Prognosen

Wie bereits einführend am Beispiel der epidemiologischen Studien erwähnt, ist die Wahrscheinlichkeit einer zutreffenden Prognose stark beeinflusst durch die Qualität der Ausgangsdaten, aber auch von dem Prognosezeitraum und von den Annahmen über die zukünftige Entwicklung der Bevölkerung in Bezug auf Fertilität, Mortalität und Migration.

Die Bestimmung der Treffsicherheit einer Prognose kann durch einen Vergleich der tatsächlichen alters- und geschlechterspezifischen Personenzahl mit der prognostizierten Personenzahl erfolgen. Rückschlüsse auf Ursachen bei einer Fehlprognose lässt diese Methode allerdings nicht zu.

Aufschlussreicher ist die Überprüfung der Annahmen zur zukünftigen Entwicklung der demografischen Parameter Geburtenhäufigkeit, Sterblichkeit und Migration mit den tatsächlich beobachteten Werten sowie deren Auswirkungen auf die Bevölkerungszahl und Altersstruktur.

▶ **Bedeutung: Gesundheitsprognosen** Tragen die Unsicherheiten einer demografischen und einer epidemiologischen Prognose in sich. Unzutreffende Annahmen der Sterblichkeit, der Geburtenhäufigkeit, der Zuwanderung oder der Prävalenz haben Auswirkungen auf die Prognoseergebnisse. Für degenerative Erkrankungen spielt vor allem die Lebenserwartung eine große Rolle. Werden die Datenqualität der Sterberegister als relativ hoch angesehen in den entwickelten Ländern, schwankt die Qualität der Gesundheitsdaten deutlich zwischen den verschiedenen Datenquellen.

Morbiditätsprognosen benötigen im Besonderen die Berücksichtigung der Annahmen über zukünftige Entwicklung der Morbidität und der Entwicklung der Lebenserwartung. Dies betrifft vor allem Prognosen, bei denen das Risiko einer Erkrankung mit dem Alter stark ansteigt. Diese Art der Prognose vernachlässigt Geburtenhäufigkeit und Migration.

Es ist nicht davon auszugehen, dass diese Bevölkerungsgruppen ein Morbiditätsrisiko erreichen, außer es handelt sich um entsprechend spezifische Prognosen, wie beispielsweise die Prognose der stationären Behandlungsfälle im Kindes- und Jugendalter (Westphal et al. 2008).

Die Prognostizierung der Morbiditätsentwicklung ist mit großer Unsicherheit behaftet, beispielsweise aufgrund fehlender Informationen über zeitliche Trends in der Vergangenheit. Daher wird häufig die Status-Quo-Annahme verwendet und Prävalenzen sowie Inzidenzen werden unverändert fortgeschrieben. Liegen zumindest Zeittrends vor, können diese über log-lineare Modelle fortgeschrieben werden (z. B. Sanderson und Scherbov 2010) oder es wird willkürlich ein jährlicher Rückgang angenommen.

Bei der Betrachtung vergangener Prognosen zeigt sich, dass die positive Entwicklung der Sterblichkeit durch internationale und nationale Institutionen zu gering eingeschätzt wurde (Keilman 2001; Keilman und Quang Pham 2004). Dadurch kommt es zu Unterschätzungen der Lebenserwartung bei Geburt von 1,0 bis 1,3 Jahren für 10-Jahres-Prognosen und sogar von 3,2–3,4 Jahren bei 20-Jahres-Prognosen.

Im Bereich der Morbidität kann der Prognoseunsicherheit mit der Entwicklung von Szenarien begegnet werden, die eine Veränderung des Gesundheitszustands vorsehen. Diese werden den Status-Quo-Prognosen gegenübergestellt, die von einem unveränderten Gesundheitszustand ausgehen. Zumeist werden alle Gesundheitsszenarien mit nur einer Bevölkerungsprognose verbunden und enthalten damit nicht die Unsicherheit hinsichtlich der zukünftigen Entwicklung der Lebenserwartung. Ein Vergleich verschiedener Pflegebedarfsprognosen für die nächsten 20 Jahre zeigt exemplarisch, dass sie alle zu einem ähnlichen Ergebnis kommen, denn die aktuelle Altersstruktur und die Annahmen zur zukünftigen Lebenserwartung bestimmen die Anzahl der Pflegebedürftigen. Erst danach folgen Annahmen zur weiteren Entwicklung der Pflegebedürftigkeit.

Simulationsstudien (z. B. Bomsdorf et al. 2010) zeigen, dass der Unsicherheitsbereich von Pflegebedarfsprognosen vor allem von den Annahmen zur Lebenserwartung abhängt. Der Unsicherheitsbereich beträgt etwa eine Million Pflegebedürftige allein aus dem Anstieg der Lebenserwartung. Aus den Annahmen der Morbidität ist die Unsicherheit mit 0,3 Mio. vergleichsweise gering.

Ein weiterer Einflussfaktor des Prognoseergebnisses ist der Zeitraum. Die Festlegung ist eine Abwägung zwischen der Nachfrage der Nutzer und der Ungenauigkeit der Annahmen durch eine weit in die Zukunft reichende Prognose. Diese ungenauen Annahmen entstehen beispielsweise durch die unbestimmbare Anzahl von Ungeborenen und die jährliche Änderung der Größe der Geburtsjahrgänge.

Mit wachsendem Prognosezeitraum steigen ebenso die Fehler in Annahmen zur Sterblichkeit, Geburtenhäufigkeit und Migration (Keilman 2001). Bei Morbiditätsprognosen werden aus diesem Grund oft kürzere Zeiträume als bei Bevölkerungsprognosen gewählt, da als zusätzliche Unsicherheit noch die weitere Entwicklung der Morbidität hinzukommt. Ein wichtiger Aspekt ist dabei die zukünftige Entwicklung einer Bevölkerung. Zum Beispiel in Deutschland spiegelt sie die letzten hundert Jahre wider, geprägt durch Geburtenrückgang und Anstieg der Lebenserwartung und einschlägige Ereignisse wie die Weltkriege. Da Geburtsjahrgänge naturgemäß jährlich um ein Jahr altern, bestimmt die gegenwärtige Altersstruktur weitgehend auch die zukünftige Altersstruktur einer Gesellschaft. Die Demografen sprechen hier vom demografischen Momentum einer Bevölkerung, welches besonders für Morbiditätsprognosen von Bedeutung ist. So werden bis 2030 die Geburtsjahrgänge 1955 und älter in das pflegebedürftige Alter eintreten. Dazu gehört somit auch der Jahrgang der Babyboomer (1950–1960). Erst danach wird es zu einer Stabilisierung der Anzahl der Pflegebedürftigen kommen. Ein Prognosehorizont bis 2060, entsprechend der 13. koordinierten Bevölkerungsprognose, oder sogar bis 2100 in der Bevölkerungsprognose der UN, schließt den Eintritt wie auch das Versterben der Babyboomer mit ein.

Zusammenfassend sind neben gut durchdachten Annahmen und Prognosehorizonten valide Daten die Grundlage für eine treffende Prognose. Es muss davon ausgegangen werden, dass Datenfehler sich nicht gegenseitig aufheben und somit die Prognose beeinflussen. Erfreulicherweise kann in den Industrieländern von vergleichsweise guter Qualität der Daten zur Sterblichkeit, Geburtenhäufigkeit und Migration ausgegangen werden (Keilman 2001). Der zunehmende Abstand zur letzten Volkszählung verschlechtert jedoch die Bevölkerungsschätzungen. Auslöser sind Fortschreibungsfehler, beispielsweise durch doppelte Buchung von Personen bei Wohnortswechsel. Diese sogenannten Karteileichen beeinflussen durch Fortschreibung den Bestand der höheren Jahrgänge, da zwar tatsächlich infolge der Sterblichkeit der Bestand der höheren Jahrgänge sinkt, der relative Anteil der Karteileichen jedoch steigt. Die Volkszählung im Jahr 2011 könnte die Zahl der Karteileichen massiv minimieren, jedoch ist für die letzten und die folgenden Jahre erneut mit einer Verschlechterung der Datenqualität zu rechnen. Diese hat dann wieder negative Einflüsse sowohl auf demografische wie auch auf epidemiologische Prognosen.

4.3 Fallstudien

4.3.1 Ziel

Hinweis

Ziel der Fallstudie war die Prognose der an Weitwinkelglaukom erkrankten Personen in ausgewählten Ländern bis 2060. ◄

Ein Ziel des RESPONSE-Verbundprojekts ist die Prognose der zukünftigen Nachfrage nach Therapien bei Patienten mit Offenwinkelglaukomerkrankungen. Die Prognosen sollen die Glaukomerkrankten innerhalb der Bevölkerungen im Alter 50+ in Deutschland, den anderen europäischen Ländern, den anderen am höchsten entwickelten Staaten in Nordamerika (USA, Kanada), Asien (Japan, Südkorea) und Ozeanien (Australien, Neuseeland) sowie der Welt insgesamt über einen Zeitraum von 2015 bis 2060 ermitteln.

4.3.2 Methoden und Daten

Die Ergebnisse der Schätzungen der alters- und geschlechtsspezifischen Prävalenzen von Offenwinkelglaukomerkrankungen dienen als Grundlage für die Prognosen. Die zugrunde liegenden Daten stammen aus einer 250.000 Personen umfassenden Stichprobe von Personen im Alter 50+ aus den Abrechnungsdaten der Allgemeinen Ortskrankenkassen (AOK). Der Datensatz im Längsschnittdesign beinhaltet unter anderem quartalsspezifische Informationen über ambulante und stationäre Diagnosen gemäß der ICD-10-Kodierung (International Classification of Diseases, Version 10) über einen Zeitraum von 2010–2013, weswegen die Abschätzung der Periodenprävalenz und der Inzidenz möglich ist.

> **Hinweis**
>
> Die **Datengrundlage** ist eine Stichprobe von 250.000 Personen aus der AOK-Versicherung über die Jahre 2010–2013.
> Es wurden *zwei Annahmen zur Prävalenz* getroffen: Eine hohe Prävalenz und eine niedrige. Die ermittelten Prävalenzwerte aus dem Jahr 2010 wurden mit den Ergebnissen der UN-Bevölkerungsprognose kombiniert. ◄

Eine Erkrankung an einem Offenwinkelglaukom wird über den ambulant oder stationär (Entlassungsdiagnose) registrierten ICD-10-Kode H-40.1 ermittelt. Darüber hinaus werden zwei Strategien zur Validierung der ärztlichen Diagnosen innerhalb der Abrechnungsdaten der Allgemeinen Ortskrankenkassen entwickelt und die Ergebnisse der Strategien anhand der Periodenprävalenz für 2010 und der Inzidenzraten für 2011 bis 2013 verglichen.

Die zwei Strategien unterscheiden sich in dem Umfang der zugrunde liegenden Validierungsbedingungen. In Strategie 1 wird eine Offenwinkelglaukom-Diagnose eines Augenarztes als valide erachtet, wenn innerhalb des nachfolgenden Beobachtungszeitraums von 2010 bis 2013 mindestens eine weitere Diagnose von einem Augenarzt gestellt wurde. Die erste Diagnose wird dann als verifiziert definiert. In Strategie 2 gilt eine Diagnose eines Augenarztes bereits als valide Diagnose. In beiden Strategien sind Diagnosen mit dem Hinweis "Verdacht auf" unberücksichtigt gelassen.

Diese Informationen werden mit den Daten der 2017er Revision der Weltbevölkerungsprognosen der Vereinten Nationen zusammengespielt (United Nations (UN), Department of Economic and Social Affairs, Population Division 2017). Die Prognosedaten umfassen geschlechts- und altersgruppenspezifische absolute Personenzahlen für alle Länder und Gruppen von Ländern für einen Prognosezeitraum von 2015 bis 2100, wovon aber nur der Zeitraum 2015 bis 2060 genutzt werden soll.

Es wird eine deterministische Prognosemethode mit konstanter Prävalenzannahme gewählt. Diese zeichnet sich dadurch aus, dass geschätzte Bevölkerungszahlen aufgrund von Fortschreibungen der Entwicklungen aus der Vergangenheit mit fixen Annahmen zur Sterblichkeit, Geburtenhäufigkeit und Einwanderung zugrunde liegen und die Annahme gilt, dass sich kurzzeitige Schwankungen über einen längeren Zeitraum ausgleichen bzw. im Fall der Prävalenz nicht langfristig veränderlich sind.

4.3.3 Ergebnisse

Für alle untersuchten Länder und Ländergruppen zeigen die Prognoseergebnisse einen deutlichen Anstieg über den Prognosezeitraum. Je nach Strategie der Validierung steigt die Anzahl von Personen mit Offenwinkelglaukomen im Alter von 50+ in Deutschland von 1,13 Mio. bzw. 1,26 Mio. Personen auf 1,50 Mio. bzw. 1,69 Mio. Personen im Jahr 2050 und sinkt anschließend wieder ab (vgl. Abb. 4.6). Der verlangsamte Anstieg und der Abfall in den letzten Beobachtungsjahren ist durch die in diesen Jahren zu erwartende, wieder sinkende Personenstärke der Geburtsjahrgänge, die nach den 1950er und 1960er Jahren (den sogenannten Babyboomer-Jahren) geboren wurden, zu erklären. Eine weniger starke Dämpfung des Anstiegs an Glaukomerkrankten zeigt sich jedoch bei der Gruppe der am höchsten entwickelten Staaten insgesamt (vgl. Abb. 4.7). Hier lässt sich ein erwarteter Zuwachs von fast 10 Mio. Erkrankten in der Zeit von 2015 bis 2060 erkennen. Weltweit betrachtet wird sich die Zahl der Glaukomerkrankten im Alter 50+ bis 2060 mehr als verdoppeln, sollte die Glaukomprävalenz in allen Ländern jener in Deutschland entsprechen (vgl. Tab. 4.2 und 4.3).

Hinweis

Die **Prognosen** zeigen einen demografisch bedingten Anstieg bis 2050 und danach eine abfallende absolute Zahl Erkrankter in Deutschland. In allen am höchsten entwickelten Staaten ist jedoch ein kontinuierlicher Anstieg zu sehen. ◄

Wird die prognostizierte Entwicklung der Altersstruktur der Offenwinkelglaukomerkrankten in Deutschland betrachtet (vgl. Abb. 4.8), zeigt sich, dass sich gleichmäßige Trends über die Jahre 2015–2060 für die jüngsten und ältesten Altersgruppen finden lassen, während die mittleren Gruppen Schwankungen aufweisen. Der Anteil der Altersgruppe der 50–59-Jährigen nimmt auf ohnehin niedrigerem Niveau konstant ab, während der Anteil der Glaukomerkrankten im Alter 90+ stabil wächst. Die Anteile der anderen drei Altersgruppen liegen deutlich über jenen der beiden bereits erwähnten. Für diese Gruppen mit relativ hoher

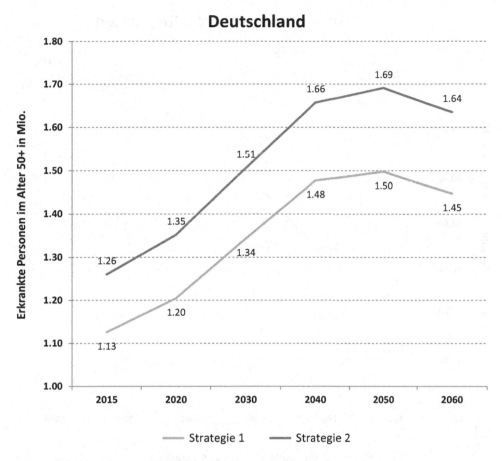

Abb. 4.6 Prognostizierte Zahl an Erkrankten an Offenwinkelglaukomen im Alter 50+ von 2015 bis 2060 in Deutschland. (Quelle: Eigene Darstellung basierend auf AOK-Daten, Bevölkerungszahlen der UN-Prognose 2017)

altersspezifischer Glaukomprävalenz zeigt sich deutlich der Effekt der Alterung der Babyboomkohorten: Den höchsten Anteil an den Glaukomerkrankten erreicht die Altersgruppe der 60–69-Jährigen etwa in den Jahren 2025 bis 2030 und nimmt anschließend wieder ab. Bei den 70–79-Jährigen wird dies zehn Jahre später in den Jahren 2035 bis 2040 der Fall sein, wo diese Altersgruppe mit über 40 % deutlich dominieren wird. Analog dazu wird weitere zehn Jahre später der höchste Anteil für die Altersgruppe 80–89 in den Jahren 2045 bis 2050 erreicht. Aufgrund des Effekts der Sterblichkeit in diesen hohen Lebensjahren zeigt sich für diesen nur noch ein geringer Anstieg.

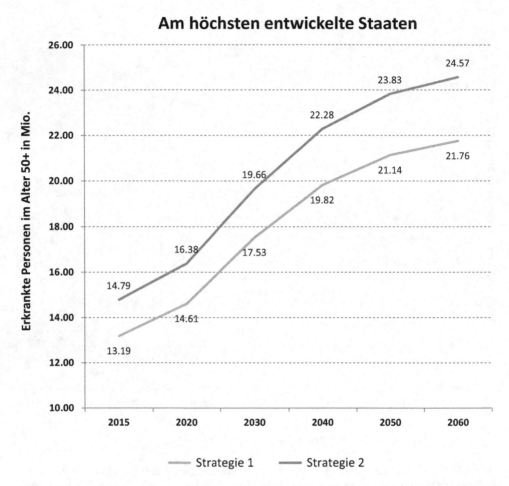

Abb. 4.7 Prognostizierte Zahl an Erkrankten an Offenwinkelglaukomen im Alter 50+ von 2015 bis 2060 in den am höchsten entwickelten Staaten. (Quelle: Eigene Darstellung basierend auf AOK-Daten, Bevölkerungszahlen der UN-Prognose 2017)

Hinweis:

Bei der **Altersstruktur der Glaukomerkrankten** zeigt sich ein kontinuierlicher Anstieg der Personen im Alter 80 und älter. Deutlich zu erkennen ist auch der Anstieg der Altersgruppen der Babyboomkohorten. ◄

Tab. 4.2 Prognostizierte Zahl an Erkrankten an Offenwinkelglaukomen im Alter 50+, 2015-2060, Strategie 1 (Quelle: Eigene Darstellung basierend auf AOK-Daten, Bevölkerungszahlen der UN-Prognose 2017)

	2015	2020	2030	2040	2050	2060
WORLD	**44,254,455**	**51,207,866**	**67,551,042**	**85,018,140**	**100,742,910**	**114,446,211**
High-income countries	**13,186,915**	**14,610,701**	**17,530,910**	**19,822,798**	**21,138,049**	**21,757,854**
Japan	2,009,812	2,138,862	2,291,450	2,315,144	2,314,995	2,213,019
Republic of Korea	469,821	571,375	793,731	981,962	1,060,456	1,032,705
EUROPE	**8,703,506**	**9,327,781**	**10,674,959**	**11,731,872**	**12,148,089**	**12,071,169**
Eastern Europe	**3,090,419**	**3,249,337**	**3,629,208**	**3,886,333**	**3,981,455**	**3,986,131**
Belarus	97,508	101,630	1ᵗ4,158	124,551	127,286	127,447
Bulgaria	92,853	94,377	96,836	96,247	94,612	88,820
Czechia	123,022	133,684	154,289	167,359	179,455	180,134
Hungary	115,098	121,427	132,686	137,284	141,712	140,642
Poland	413,963	451,979	531,256	582,466	611,767	626,672
Republic of Moldova	32,747	35,371	42,062	47,290	51,537	54,798
Romania	227,669	237,119	258,794	274,952	281,819	273,788
Russian Federation	1,439,488	1,511,972	1,694,667	1,813,592	1,834,895	1,843,384
Slovakia	53,761	59,555	71,831	80,376	85,972	87,496
Ukraine	494,310	502,222	532,630	562,215	572,399	562,951
Northern Europe	**1,191,623**	**1,301,400**	**1,522,468**	**1,705,546**	**1,834,897**	**1,919,375**
Channel Islands	1890	2114	2596	2989	3179	3218
Denmark	67,341	74,474	86,044	92,294	96,880	100,129
Estonia	16,319	16,993	18,359	19,577	19,992	19,768

(Fortsetzung)

Tab. 4.2 (Fortsetzung)

	2015	2020	2030	2040	2050	2060
Finland	70,307	77,097	88,073	91,710	92,980	96,496
Iceland	3080	3527	4537	5385	5956	6458
Ireland	41,607	47,937	62,830	77,272	88,181	93,771
Latvia	25,382	25,490	25,867	26,358	25,629	24,326
Lithuania	36,548	37,325	39,081	40,256	39,113	37,146
Norway	54,565	61,334	76,572	89,430	100,160	109,311
Sweden	118,490	129,097	149,166	163,405	177,299	188,960
United Kingdom	754,533	824,303	967,331	1,094,646	1,183,176	1,237,372
Southern Europe	**1,971,576**	**2,119,399**	**2,458,355**	**2,746,298**	**2,837,238**	**2,696,480**
Albania	25,946	29,675	37,029	42,806	45,496	46,782
Bosnia and Herzegovina	38,848	41,668	47,995	52,590	54,256	54,600
Croatia	53,218	55,099	59,505	62,257	62,525	61,570
Greece	145,035	152,551	174,156	197,746	207,549	199,238
Italy	844,588	905,758	1,030,976	1,125,673	1,135,154	1,054,351
Malta	5039	5636	6614	7085	7504	7918
Montenegro	6191	6717	7889	8757	9252	9709
Portugal	138,724	147,890	168,268	184,375	189,286	180,650
Serbia	97,855	102,411	111,020	113,416	115,551	117,104
Slovenia	25,307	27,767	32,842	36,608	37,295	35,907
Spain	570,699	621,995	755,177	884,083	939,768	893,861

(Fortsetzung)

Tab. 4.2 (Fortsetzung)

	2015	2020	2030	2040	2050	2060
TFYR Macedonia	18,536	20,437	24,575	28,110	30,578	31,844
Western Europe	**2,449,889**	**2,657,645**	**3,064,928**	**3,393,695**	**3,494,500**	**3,469,182**
Austria	105,988	116,192	137,724	157,367	166,263	164,218
Belgium	134,291	144,661	169,878	192,122	202,875	207,113
France	783,237	854,354	1,003,505	1,103,645	1,141,498	1,161,171
Germany	*1,125,785*	*1,204,601*	*1,343,128*	*1,477,264*	*1,497,966*	*1,447,160*
Luxembourg	5432	6144	7935	9940	11,480	12,532
Netherlands	197,053	221,370	266,472	293,367	299,549	297,094
Switzerland	97,061	109,171	134,928	158,513	173,378	178,432
NORTHERN AMERICA	**3,578,296**	**4,060,609**	**5,038,951**	**5,720,029**	**6,140,955**	**6,638,436**
Canada	392,248	451,598	576,276	667,839	718,276	763,564
United States of America	3,184,881	3,607,666	4,461,025	5,050,416	5,420,970	5,873,197
Australia/New Zealand	**280,786**	**320,729**	**408,306**	**486,071**	**549,713**	**610,710**
Australia	235,772	268,800	341,876	408,330	464,697	519,718
New Zealand	45,014	51,929	66,430	77,740	85,016	90,992

Tab. 4.3 Prognostizierte Zahl an Erkrankten an Offenwinkelglaukomen im Alter 50+, 2015-2060, Strategie 2 (Quelle: Eigene Darstellung basierend auf AOK-Daten, Bevölkerungszahlen der UN-Prognose 2017)

	2015	2020	2030	2040	2050	2060
WORLD	**49,588,539**	**57,371,644**	**75,592,468**	**95,203,064**	**112,968,159**	**128,419,182**
High-income countries	**14,787,338**	**16,378,783**	**19,659,095**	**22,280,299**	**23,825,234**	**24,571,293**
Japan	2,251,633	2,398,034	2,581,769	2,613,928	2,612,009	2,510,735
Republic of Korea	526,018	639,855	887,655	1,100,157	1,195,137	1,168,734
EUROPE	**9,756,185**	**10,457,809**	**11,961,640**	**13,172,522**	**13,669,352**	**13,608,455**
Eastern Europe	**3,462,254**	**3,639,716**	**4,056,571**	**4,358,858**	**4,460,821**	**4,465,559**
Belarus	109,335	113,932	127,546	139,553	142,727	142,788
Bulgaria	103,815	105,419	108,290	107,785	105,797	99,553
Czechia	137,610	149,308	172,831	187,866	200,999	202,800
Hungary	128,772	135,799	148,505	154,023	158,684	158,062
Poland	464,103	505,984	594,082	654,778	687,016	704,030
Republic of Moldova	36,713	39,625	46,906	52,972	57,640	61,068
Romania	254,828	265,621	289,603	308,154	315,731	307,767
Russian Federation	1,613,544	1,694,868	1,892,935	2,033,612	2,055,247	2,061,455
Slovakia	60,207	66,594	80,278	90,103	96,275	98,156
Ukraine	553,327	562,566	595,596	630,011	640,706	629,884
Northern Europe	**1,335,714**	**1,458,021**	**1,708,213**	**1,917,326**	**2,068,154**	**2,166,696**
Channel Islands	2119	2368	2908	3354	3582	3637
Denmark	75,358	83,254	96,507	103,714	109,213	113,136

(Fortsetzung)

Tab. 4.3 (Fortsetzung)

	2015	2020	2030	2040	2050	2060
Estonia	18,278	19,047	20,573	21,984	22,459	22,232
Finland	78,751	86,227	98,747	103,326	104,928	108,854
Iceland	3457	3953	5081	6054	6717	7285
Ireland	46,589	53,629	70,401	86,677	98,971	105,789
Latvia	28,404	28,559	28,963	29,542	28,749	27,296
Lithuania	40,942	41,864	43,766	45,105	43,970	41,737
Norway	61,190	68,658	85,813	100,469	112,785	123,293
Sweden	132,757	144,515	167,476	183,872	199,818	213,254
United Kingdom	846,120	924,033	1,085,721	1,230,730	1,334,309	1,397,446
Southern Europe	**2,211,420**	**2,378,584**	**2,758,954**	**3,083,133**	**3,195,480**	**3,054,253**
Albania	28,996	33,195	41,360	47,926	51,174	52,603
Bosnia and Herzegovina	43,495	46,675	53,641	58,920	60,958	61,380
Croatia	59,586	61,699	66,579	69,844	70,251	69,282
Greece	162,703	171,346	195,423	221,860	233,458	225,375
Italy	947,416	1,016,868	1,158,355	1,264,894	1,281,124	1,197,150
Malta	5634	6290	7404	7977	8449	8912
Montenegro	6929	7515	8810	9811	10,381	10,902
Portugal	155,450	165,808	183,824	207,055	213,015	204,325
Serbia	109,487	114,436	124,006	127,086	129,380	131,246
Slovenia	28,344	31,110	36,773	41,108	41,985	40,545
Spain	640,881	698,793	847,770	992,099	1,057,695	1,013,550

(Fortsetzung)

Tab. 4.3 (Fortsetzung)

	2015	2020	2030	2040	2050	2060
TFYR Macedonia	20,719	22,836	27,420	31,421	34,205	35,640
Western Europe	**2,746,797**	**2,981,489**	**3,437,903**	**3,813,204**	**3,944,897**	**3,921,947**
Austria	118,765	130,277	154,428	176,534	187,505	185,521
Belgium	150,746	162,299	190,384	215,809	228,703	233,868
France	880,106	958,997	1,126,576	1,243,266	1,289,403	1,314,330
Germany	*1,260,348*	*1,351,596*	*1,506,264*	*1,657,226*	*1,691,122*	*1,635,035*
Luxembourg	6095	6894	8888	11,142	12,920	14,130
Netherlands	220,695	247,724	298,504	329,590	338,048	335,804
Switzerland	108,874	122,411	151,333	177,976	195,509	201,599
NORTHERN AMERICA	**4,014,967**	**4,548,555**	**5,641,116**	**6,431,394**	**6,928,607**	**7,485,377**
Canada	440,137	505,953	645,395	751,372	811,167	861,936
United States of America	3,573,523	4,041,099	4,993,879	5,678,037	6,115,514	6,621,555
Australia/New Zealand	**314,944**	**359,401**	**457,734**	**546,580**	**619,500**	**688,532**
Australia	264,476	301,243	383,318	459,230	523,615	585,867
New Zealand	50,468	58,158	74,416	87,350	95,885	102,665

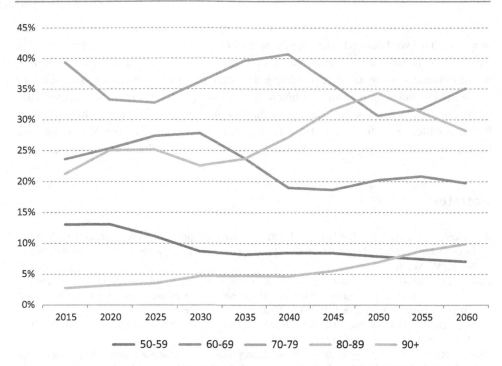

Abb. 4.8 Prognostizierte Entwicklung der Anteile der Altersgruppen innerhalb der Erkrankten an Offenwinkelglaukomen im Alter 50+ von 2015 bis 2060 in Deutschland. (Quelle: Eigene Darstellung basierend auf AOK-Daten, Bevölkerungszahlen der UN-Prognose 2017)

4.4   Zusammenfassung

Demografische und epidemiologische Maßzahlen und Methoden, von denen in diesem Bericht nur ausgewählte Beispiele vorgestellt werden, stellen gute Möglichkeiten dar, wie die vergangenen, aktuellen und möglichen zukünftigen Entwicklungen der Gesellschaft quantifiziert werden können. Die dadurch erhaltenen Ergebnisse sind wiederum wichtige Grundlagen für ökonomische Abschätzungen des Nachfragepotenzials. Von zentraler Bedeutung hierfür sind die Kenntnisse von der Entstehung der zugrunde liegenden Daten, von den genutzten Methoden und resultierenden möglichen Problemen bei der Interpretation.

> **Hinweis**
>
> Eine **Kombination aus demografischen und epidemiologischen Prognosemethoden** ermöglicht eine Abschätzung der zukünftigen Erkrankten.
> Hierbei gilt es jedoch auch, die *Unsicherheiten der Prognose* mit ihren vielfältigen Ursachen zu berücksichtigen. ◄

Am Beispiel der Offenwinkelglaukome und unter Verwendung der UN-Bevölkerungs-prognose 2017 wird deutlich, dass die demografische Alterung zu einem kontinuierlichen Anstieg der betroffenen Personen in den am höchsten entwickelten Staaten kommen wird. Präventive oder kurative medizinische Interventionen werden entsprechend in den nächsten Jahrzehnten von zunehmender Bedeutung sein. Hierbei gilt es, eine aus-gewogene Balance zwischen den individuellen und gesellschaftlichen Kosten, dem Patientenwillen und dem Patientenwohl zu finden, um eine gerechte Verteilung von Lebensquantität und -qualität innerhalb der Gesellschaften und Staaten sicherzustellen.

Literatur

Bomsdorf, E., Babel, B., & Kahlenberg, J. (2010). Care need projections for Germany until 2050. In G. Doblhammer & R. Scholz (Hrsg.), *Ageing, care need and quality of life* (S. 29–41). Wies-baden: VS Verlag.

Buchner, R. (2017). Die vertragliche Zusammenarbeit zwischen Krankenkassen und Leistungser-bringern im Lichte der Antikorruptionsgesetzgebung und der Neuregelung durch das Heil- und Hilfsmittelverordnungsgesetz (HHVG). *Medizinrecht, 35*, 789–796.

Christensen, K., Doblhammer, G., Rau, R., & Vaupel, J. W. (2009). Ageing populations. The challenges ahead. *Lancet, 374*, 1196–1208.

Dinkel, R. (1999). Demographische Entwicklung und Gesundheitszustand. Eine empirische Kalkulation der Healthy Life Expectancy für die Bundesrepublik auf der Basis von Kohorten-daten. In H. Häfner (Hrsg.), *Gesundheit – unser höchstes Gut?* (S. 61–83). Berlin: Springer.

Doblhammer, G.,& Kreft, D. (2011). Länger leben, länger leiden? Trends in der Lebenserwartung und Gesundheit. *Bundesgesundheitsblatt, 54*, 907–914.

Doblhammer, G., & Ziegler, U. (2006). Future elderly living conditions. In G. M. Backes, V. Lasch, & K. Reimann (Hrsg.), *Gender, health and ageing. european perspectives on life course. Health issues and social challenges* (S. 267–292). Wiesbaden: VS Verlag.

Doblhammer, G., & Ziegler, U. (2010). Trends in individual trajectories of health limitations: A study based on the german socio-economic panel for the periods 1984 to 1987 and 1995 to 1998. In G. Doblhammer & R. Scholz (Hrsg.), *Ageing, care need and quality of life* (S. 177–201). Wiesbaden: VS Verlag.

Fries, J. F. (1980). Aging, natural death, and the compression of morbidity. *The New England Jorunal of Medicine, 303*, 130–135.

Gruenberg, E. M. (1977). The failures of success. *Milbank Memorial Fund Quarterly, 55*, 3–24.

Hoffmann, E., & Nachtmann, N. (2010). Old age, the need of long-term care and healthy life expectancy. In G. Doblhammer & R. Scholz (Hrsg.), *Ageing, care need and quality of life* (S. 162–176). Wiesbaden: VS Verlag.

Karim-Kos, H. E., de Vries, E., Soerjomataram, I., Lemmens, V., Siesling, S., & Coebergh, J. W. W. (2008). Recent trends of cancer in Europe: A combined approach of incidence, survival and mortality for 17 cancer sites since the 1990s. *European Journal of Cancer, 44*, 1345–1389.

Keilman, N. (2001). Data quality and accuracy of United Nations population projections, 1950–1995. *Population Studies, 55*, 149–164.

Keilman, N., & Quang Pham, D. (2004). Time series based errors and empirical errors in fertility forecasts in the Nordic countries. *International Statistical Review, 72*, 5–18.

Klein, T., & Unger, R. (1999). Aktive Lebenserwartung in der Bundesrepublik. *Gesundheitswesen, 61*, 168–178.

Klein, T., & Unger, R. (2002). Aktive Lebenserwartung in Deutschland und den USA. *Zeitschrift für Gerontologie und Geriatrie, 35*, 528–539.

Kreft, D., & Doblhammer, G. (2016). Expansion or compression of long-term care in Germany between 2001 and 2009? A small-area decomposition study based on administrative health data. *Population Health Metrics, 14*, 24.

Manton, K. G. (1982). Changing concepts of morbidity and mortality in the elderly population. *Health and Society, 60*, 183–244.

Nagi, S. Z. (1976). An Epidemiology of disability among adults in the United States. *The Milbank Memorial Fund quarterly. Health and society, 54*, 439–467.

Parker, M. G., & Thorslund, M. (2007). Health trends in the elderly population: getting better and getting worse. *The Gerontologist, 47*, 150.

Preston, S., Heuveline, P., & Guillot, M. (2001). *Demography: Measuring and modeling population processes*. Oxford: Blackwell Publishers Ltd.

Robine, J.-M., Romieu, I., & Michel, J.-P. (2003). Trends in health expectancies. In J.-M. Robine, C. Jagger, C. Mathers, E. M. Crimmins, & R. M. Suzman (Hrsg.), *Determining health expectancies* (S. 75–104). Chichester: Wiley.

Robine, J.-M., Saito, Y., Jagger, C. (2009). The relationship between longevity and healthy life expectancy. *Quality in Ageing, 10*, 5–14.

Rocca, W. A., Petersen, R. C., & Knopman, D. S. (2011). Trends in the incidence and prevalence of Alzheimer's disease, dementia, and cognitive impairment in the United States. *Alzheimer's & Dementia, 7*, 80–93.

Rosow, I., & Breslau, N. (1966). A Guttman health scale for the aged. *Journal of Gerontology, 21*, 556–559.

Sanderson, W. C.; Scherbov, S. (2010): Remeasuring aging. *Science (New York, N.Y.), 329*, 1287–1288.

Saß, A. C., Wurm, S., & Scheidt-Nave, C. (2010). Alter und Gesundheit: Eine Bestandsaufnahme aus Sicht der Gesundheitsberichterstattung. *Bundesgesundheitsblatt, 53*, 404–416.

Statistisches Bundesamt. (2017a). Bevölkerung und Erwerbstätigkeit: Wanderungen – Fachserie 1 Reihe 1.2 – 2015. Wiesbaden. Zugegriffen: 16. Febr. 2018.

Statistisches Bundesamt. (2017b). Kinderlosigkeit, Geburten und Familien. Ergebnisse des Mikrozensus 2016. Wiesbaden. Zugegriffen: 1. Febr. 2018.

Statistisches Bundesamt (2017c). Kohortensterbetafeln für Deutschland – Ergebnisse aus den Modellrechnungen für Sterbetafeln nach Geburtsjahrgang 1871–2017. Wiesbaden. Zugegriffen: 18. Febr. 2018.

Statistisches Bundesamt. (2017d). Natürliche Bevölkerungsbewegung – Fachserie 1 Reihe 1.1 – 2015. Wiesbaden. Zugegriffen: 1. Febr. 2018.

Statistisches Bundesamt (2018a): Bevölkerung und Erwerbstätigkeit: Wanderungsergebnisse -Übersichtstabellen – 2016. Wiesbaden. Zugegriffen: 18. Febr. 2018.

Statistisches Bundesamt. (2018b). Ergebnisse aus der laufenden Berechnung von Periodensterbetafeln für Deutschland und die Bundesländer – 2014/2016. Wiesbaden. Zugegriffen: 1. März 2018.

Statistisches Bundesamt. (2018c). Sterbetafel 2014/2016. Methoden- und Ergebnisbericht zur laufenden Berechnung von Periodensterbetafeln für Deutschland und die Bundesländer. Zugegriffen: 1. März 2018.

Sullivan, D. (1971). A single index of mortality and morbidity. *HSMHA Health Reports, 86*, 347–354.

Uijen, A. A., & van de Lisdonk, E. H. (2008). Multimorbidity in primary care: Prevalence and trend over the last 20 years. *European Journal of General Practice, 14*, 28–32.

Unger, R. (2006). Trends in active life expectancy in Germany between 1984 and 2003 – A cohort analysis with different health indicators. *Journal of Public Health, 14*, 155–163.

United Nations (UN), Department of Economic and Social Affairs, Population Division (2017). World population prospects: The 2017 revision. Zugegriffen: 28. Febr. 2017.

van den Akker, M., Buntinx, F., Metsemakers, J. F., Roos, S., & Knottnerus, J. A. (1998). Multimorbidity in general practice: Prevalence, incidence, and determinants of co-occuring chronic and recurrent diseases. *Journal of Clinical Epidemiology, 51*, 367–375.

Verbrugge, L., & Jette, A. M. (1994). The disablement process. *Social Science & Medicine, 38*, 1–14.

Vogt, T., van Raalte, A., Grigoriev, P., & Myrskylä, M. (2017). The German east-west mortality difference. Two crossovers driven by smoking. *Demography, 54*, 1051–1071.

Westphal, C., Scholz, R., & Doblhammer, G. (2008). Die Zukunft der Kinderkrankenhäuser: die demografische Entwicklung der 0- bis 15-jährigen Kinder in Deutschland bis 2050. *Zentralblatt für Chirurgie, 133*, 525–530.

Zhou, Y., Putter, H., & Doblhammer, G. (2008). Years of life lost due to lower extremity injury in association with dementia, and care need. A 6-year follow-up population-based study using a multi-state approach among German elderly. *BMC Geriatrics, 16*, 9.

Ziegler, U., & Doblhammer, G. (2008). Reductions in the incidence of care need in West Germany between 1986 and 2005. *European Journal of Population, 24*, 347–362.

Ziegler, U., & Doblhammer, G. (2010): Projection of people with Dementia in Germany – Projections of the number of people with Dementia 2002 through 2047. In: G. Doblhammer & R. Scholz (Hrsg.), *Ageing, care need and quality of life* (S. 94–111). Wiesbaden: VS Verlag.

Patientenzentrierte Versorgung mit innovativen Implantaten

5

Anja Wollny, Attila Altiner, Eva Drewelow, Christian Helbig und Manuela Ritzke

5.1 Überblick bzw. Einblicke in eine patientenzentrierte Versorgungsforschung

A. Wollny, C. Helbig, E. Drewelow, A. Altiner

Die Versorgungsforschung ist eine fächerübergreifende, multiprofessionelle Forschungsrichtung, die aus unterschiedlichen Blickwinkeln das Gesundheitssystem und das Wirken der darin tätigen Akteure untersucht. Es werden sowohl Herausforderungen der Patientenversorgung aufgegriffen als auch Rahmenbedingungen der Gesundheitsversorgung beschrieben und erklärt. Darauf aufbauend werden Versorgungskonzepte entwickelt, deren Implementierung im Rahmen von Studien evaluiert und die spätere Routineumsetzung unter Alltagsbedingungen wiederum begleitend erforscht. Übergreifend wird die Effizienz unterschiedlichster Maßnahmen aus individueller und ökonomischer Perspektive untersucht (Pfaff und Schrappe 2011). Ein wichtiger Unterschied zur medizinischen Grundlagenforschung im Labor und der klinischen Forschung besteht darin, dass der Effekt neu eingeführter Maßnahmen und Mechanismen immer unter den komplexen Rahmenbedingungen der realen Versorgungsbedingungen untersucht wird.

A. Wollny (✉) · A. Altiner · E. Drewelow · C. Helbig · M. Ritzke
Institut für Allgemeinmedizin, Universitätsmedizin Rostock, Rostock, Deutschland
E-Mail: anja.wollny@med.uni-rostock.de

U. Löschner et al. (Hrsg.), *Strategien der Implantatentwicklung mit hohem Innovationspotenzial*, https://doi.org/10.1007/978-3-658-33474-1_5

▶ **Definition: Patientenzentrierte Versorgungsforschung** In der patientenzentrierten Versorgungsforschung wird nicht nur die Krankenversorgung der Patienten in den Mittelpunkt der Forschung gestellt, sondern die Patienten werden in ihrer Individualität mit ihren Interessen und Bedürfnissen in die Entwicklung und Evaluation der Interventionen zunehmend einbezogen.

Das Ziel besteht darin, den Patienten als Experten für seinen eigenen Körper und seine Gesundheit wahrzunehmen, um spätere Gesundheitsleistungen an seinen Bedarfen, Bedürfnissen und Präferenzen zu orientieren. Es geht also vorrangig darum, z. B. den Nutzen einer Therapie zur Verbesserung des Gesundheitszustandes und die damit einhergehende gesundheitsbezogene Lebensqualität (vgl. Abschn. 8.2.1) direkt beim Patienten zu ermitteln (Neugebauer 2011) und auf diese Weise ein mögliches Bereuen von medizinischen/therapeutischen Entscheidungen (decisional regret) zu verhindern.

Trotz einer postulierten Zielorientierung an patienten-relevanten Outcomes bei einer Therapieeinführung, ist es bislang eher unüblich, dass sich Patienten proaktiv in die therapeutische Entscheidungsfindung (Donner-Banzhoff 2011; Elwyn et al. 2003) einbringen können. Unsere bisherigen Erkenntnisse im Rahmen des RESPONSE-Projektes lassen vermuten, dass eine partizipative Entscheidungsfindung (engl. shared decision making) von den untersuchten Ärzten in ersten Ansätzen zwar wahrgenommen und auch reflektiert, bisher aber nur wenig aktiv umgesetzt wird. Dabei bestehen durch einen stärkeren Einbezug der Patientenperspektive bisher noch weitestgehend ungenutzte Potenziale, die patientenseitige Akzeptanz und Adhärenz gegenüber in die Lebensführung eingreifenden Therapien zu erhöhen (vgl. Abschn. 5.3).

Wird dieser Gedanke auf den Innovationsprozess bei der Entwicklung und Herstellung von Implantaten übertragen, so kann dieser Prozess durch eine stärkere Patientenzentrierung positiv beeinflusst werden oder andersherum, kann das Fehlen der Patientenperspektive eine Barriere im Innovationsprozess bzw. in der sich anschließenden Markteinführung darstellen.

Hinweis

Wenn Patienten im Kontext ihrer Lebensumstände, Bedürfnisse und Erwartungen berücksichtigt werden, können sich Implantat-Innovationen auch positiv auf ihre Lebensqualität und Autonomie auswirken. ◀

Bislang findet die Entwicklung von innovativen Implantaten weitestgehend ohne den direkten Einbezug der Patientenperspektive statt. Als „Endnutzer" formulieren Patienten aber individuelle Erwartungen an deren Nutzen (vgl. Abschn. 5.3.2). Wie die patientenseitigen Bedürfnisse und Bedarfe ermittelt werden können, soll im folgenden Kapitel vorgestellt werden. Dazu werden zunächst in der Versorgungsforschung gebräuchliche Erhebungs- und Analysemethoden beschrieben, bevor im Abschn. 5.3 die Ergebnisse von Patientenanalysen folgen.

5.2 Methoden zur Ermittlung der Patientenperspektive

A. Wollny, C. Helbig, A. Altiner

Im Gegensatz zu standardisierten Instrumenten der Datenerhebung im Rahmen quantitativer Forschungsprojekte zielen die Methoden der qualitativen Datenerhebung und -auswertung auf die Erfassung subjektiver Sichtweisen und Deutungsmuster der untersuchten Akteure (vgl. Abschn. 3.2).

Hinweis

Instrumente der qualitativen Datenerhebung:

- Einzelinterviews (offene, halboffene, vgl. Abschn. 5.2.1)
- Beobachtungen (teilnehmende, nicht-teilnehmende)
- Gruppenerhebungen (Fokusgruppendiskussionen, vgl. Abschn. 5.2.2) ◀

Im Folgenden sollen zwei qualitative Erhebungsmethoden (Interviews und Fokusgruppendiskussionen) und eine Analysemethode (qualitative Inhaltsanalyse), die zur Identifikation bzw. Exploration der patientenseitigen Bedürfnisse und Erwartungen an ein Implantat angewendet werden können, in ihren Grundzügen erläutert werden.

5.2.1 Qualitative Interviews

Qualitative Interviews (teilstandardisierte, offene, themenzentrierte oder narrative) sind vermutlich die häufigste genutzte Form der Datenerhebung in der qualitativ arbeitenden Versorgungsforschung. Jede Interviewsituation stellt sowohl für die Forscher als auch für die Interviewten eine besondere Gesprächssituation mit bestimmten Regeln der Gesprächsführung dar (Hopf 2005). Dies gilt insbesondere für das narrative Interview, das im Folgenden im Mittelpunkt der Betrachtungen steht.

Das narrative Interview wurde von Fritz Schütze in den 1970er Jahren im Zusammenhang mit einer Studie über kommunale Machtstrukturen entwickelt (Schütze 1977) und in den Folgejahren vor allem für die Biografieforschung nutzbar gemacht. Thematisch ist das narrative Interview flexibel einsetzbar (Loch und Rosenthal 2002) und somit die Verwendung auch für thematisch oder zeitlich engere Fragestellungen in der Versorgungs- und Implementierungsforschung möglich.

Hinweis

Das Ziel des narrativen Interviews besteht im „Hervorlocken" einer möglichst umfangreichen und frei entfalteten Erzählung. ◀

Mit dieser Erzählung wird eine Grundlage dafür geschaffen, die Forschungsfragen aus der Perspektive der Interviewten erfassen, verstehen und erklären zu können. Der entscheidende Vorteil des narrativen Interviews ist, dass durch die Forscher im Vorfeld möglichst wenige Einschränkungen erfolgen, sodass die jeweilige Relevanzsetzung allein von den Befragten vorgenommen wird, also genau das erzählt wird, was dem Interviewten selbst zu dem Thema wichtig erscheint. Ein weiterer Vorteil ist, dass Erzählungen oder Geschichten im Alltag dazu dienen, persönliche Erfahrungen mitzuteilen. Erzählungen sind damit Bestandteil der alltäglichen Kommunikation.

▶ **Praxistipp** Jeder von uns verfügt über die Kompetenz, einer anderen Person verständlich und nachvollziehbar zu erzählen, was er innerhalb eines bestimmten zeitlichen Rahmens erlebt hat.

Das narrative Interview als Methode der Datenerhebung macht sich diese Fähigkeit zu Nutze. In der konkreten Interviewsituation gilt es nun, diese Kompetenzen des alltäglichen Erzählens aufseiten der interviewten Person möglichst ungetrübt und unbeeinflusst zu fördern.

Phasen des narrativen Interviews (Fischer-Rosenthal und Rosenthal 1997)

Klassischerweise startet das narrative Interview mit einer *Erzählaufforderung*. Diese sollte thematisch und zeitlich möglichst offen sein. Auch wenn die konsequenteste Form der offenen Erzählaufforderung nach der gesamten Lebensgeschichte fragt (da sie jegliche Eingrenzungen vermeidet), können auch thematische oder zeitliche Schwerpunkte gesetzt werden (z. B. eine Erkrankung oder Lebensphase).

Die anschließende *Haupterzählung* wird vom Interviewten frei entfaltet und enthält u. a. Erzählungen über ganz konkrete Erlebnisse oder Ereignisse. Oberstes Ziel in dieser Phase des Interviews ist es, die Erzählung nicht durch Nachfragen, abbrechende Gesten o. ä. zu unterbrechen. Die selbstgewählten Themen innerhalb des Rahmens der thematischen Erzählaufforderung geben in der Auswertung dann Hinweise auf die jeweiligen subjektiven Relevanzen, Bedeutungen und Wissensbestände.

Während des aktiven Zuhörens macht sich der Interviewer stichpunktartige Notizen in der Sprache des Interviewten. Diese bilden in der Reihenfolge der Darstellungen der interviewten Person den roten Faden für die sich anschließenden *internen, erzählgenerierenden Nachfragen* – es wird also mit dem ersten Stichwort begonnen. Die *internen Nachfragen* (anhand der notierten Stichpunkte) setzen dann ein, wenn der Interviewte beispielsweise durch eine längere Pause signalisiert, dass seine Erzählung beendet ist. Interne Nachfragen ermöglichen es, auch nach Haupterzählungen, die in einem knappen Berichtsstil erfolgten, weitere Erzählungen anzuregen und so unklar gebliebene Berichte oder nur angedeutete Erlebnisse zu vertiefen. *Externe erzählgenerierende Nachfragen* beziehen sich anschließend auf vorab festgelegte Bereiche oder Themen, die von Forschungsinteresse sind und vom Interviewten selbst noch nicht angesprochen wurden.

▷ **Praxistipp** Für die Nachfragephase gilt allgemein ein Trichterprinzip, d. h. es werden erst die offenen Fragen vorgetragen, bevor ganz konkrete Fragen u. a. zu Zeitpunkten oder Orten (wie auch zu den soziodemografischen Daten) gestellt werden, um den Erzählfluss nicht zu hemmen.

Der *Interviewabschluss* erfolgt, wenn beide Interviewpartner ihre Anliegen vollständig bearbeitet haben. Beispielsweise kann der Interviewte noch einmal gebeten werden, zu überlegen, ob er noch etwas vergessen hat oder ob es noch etwas gibt, was er erzählen möchte. Verneint der Interviewpartner dies, ist das Interview beendet.

5.2.2 Fokusgruppendiskussionen

Eine andere Möglichkeit der Datenerhebung besteht in der Durchführung von Fokusgruppen, d. h. moderierten Diskussionsrunden. Meinungen, Ideen und Erfahrungen mehrerer Personen werden hierbei zur gleichen Zeit erfasst, weshalb dieses Vorgehen gegenüber dem Einzelinterview als ressourcensparend empfunden wird. Übergreifend besteht das Ziel darin, Informationen, geteilte Wissensbestände sowie informelle Gruppenmeinungen zu einem speziellen Thema zu explorieren (Lamnek 2005; Bohnsack 2014). Darüber hinaus können konkrete Entwicklungen wie Ideen von Innovationen oder Prototypen (z. B. in Bezug auf Implantate) vorgestellt und unter den Teilnehmern diskutiert werden. Auf diese Weise ist es möglich, den Erfahrungshorizont unterschiedlicher Personen zu erfassen und gleichzeitig die Relevanz und Akzeptanz in der Gruppe zu überprüfen. Insgesamt ermöglicht auch die Fokusgruppendiskussion, den patientenrelevanten Nutzen zu ermitteln und von Anfang an in die Entwicklung von z. B. Implantaten mit einzubeziehen.

Geleitet wird die Diskussion von einem Moderator und im Idealfall von einem Co-Moderator unterstützt. Der Moderator stellt den Forschungsgegenstand dar und gibt lediglich Gesprächsimpulse zur Förderung der Gespräche unter den Teilnehmern, indem er beispielsweise Gedanken einzelner nochmals zur Diskussion stellt oder vorab festgelegte Nachfragen einbringt.

▷ **Praxistipp** Damit jeder Teilnehmer angemessen einbezogen werden kann, hat sich eine Gruppengröße von 6–8 Teilnehmern und eine Dauer von 1,5 bis 2 h bewährt.

Bei der Auswahl der Teilnehmer sollte je nach Fragestellung auf eine gewisse Homogenität oder Heterogenität in Bezug zum Thema (z. B. Versorgungssituation bzgl. einer Erkrankung) und soziodemografischer Merkmale (z. B. eine Altersgruppe) geachtet werden. Vor der eigentlichen Durchführung sollten Fragen u. a. nach einer Aufwandsentschädigung (z. B. für Fahrtkosten) und das Aushändigen von Informationen (z. B. zum Datenschutz inklusive Einwilligungserklärung) geklärt bzw. erläutert werden. Die Fokusgruppendiskussion sollte in einem ruhigen Raum außerhalb der gewohnten Umgebung in angenehmer

Atmosphäre stattfinden. Im Idealfall wird die Diskussion mit einem möglichst offenen, *narrativen Stimulus* gestartet. Sich anschließende *externe Nachfragen* können dann anhand der Forschungsfrage bzw. Innovationsidee konkreter ausformuliert eingebracht werden.

5.2.3   Qualitative Inhaltsanalyse

Idealerweise werden Datenerhebungen in Form von Interviews oder Fokusgruppendiskussionen tonaufgezeichnet. Anschließend kann die Audioaufnahme je nach Bedarf entweder transkribiert (d. h. wortwörtlich aufgeschrieben) oder unter mehrmaligem Hören protokolliert werden, wobei aus Datenschutzgründen personenbezogene Daten verschlüsselt, d. h. pseudonymisiert werden sollten (Liebig et al. 2014). Beide Varianten eignen sich dazu, Erzähltes in einen Text zu überführen, um dessen Bedeutungen auf einer Inhaltsebene analysieren zu können. Dafür bietet sich insbesondere die qualitative Inhaltsanalyse (Mayring 2000; Gläser und Laudel 2006) an.

In Deutschland hat vor allem Phillip Mayring seit den 1980er Jahren die Grundlagen und Techniken der Qualitativen Inhaltsanalyse entwickelt (Mayring 1995).

Hinweis

Vier Verfahren der Qualitativen Inhaltsanalyse:

1. zusammenfassende Inhaltsanalyse
2. induktive Kategorienbildung
3. explizierende Inhaltsanalyse und
4. strukturierende (deduktive) Inhaltsanalyse ◄

Da die induktive Kategorienbildung (2) am meisten Potential bietet, die Bedürfnisse und Bedarfe der Befragten (so weit wie möglich) unvoreingenommen zu explorieren, soll im Folgenden auf die wichtigsten Eckpunkte zum Verfahren eingegangen werden.

Die induktive Kategorienbildung folgt in ihren Grundzügen einer Materialreduktion durch Zusammenfassung. Dazu werden individuelle Aussagen aus den Interviews oder Fokusgruppen zu allgemeineren Wortgruppen verkürzt, die die Bedeutung der Aussage jedoch nicht verfremden. Welche Textstellen berücksichtigt werden, entscheidet die Forschungsfrage. Dadurch bleiben alle Textstellen, die zur Beantwortung der Frage nichts beitragen, unberücksichtigt.

Konkret heißt dies, dass das Material zunächst Zeile für Zeile durchgearbeitet wird, bis Hinweise auf die Forschungsfrage gefunden werden. Für den jeweiligen Textausschnitt wird nun ein Kode (ein Begriff oder kurzer Satz) formuliert, der den Inhalt in verkürzter Form wiedergibt. Anschließend werden inhaltlich zusammengehörige Kodes zu Kategorien gebündelt.

Zwei Verfahren der Reduktion:

- induktiv (aus dem Text heraus) oder
- deduktiv (anhand theoretischer Vorüberlegungen bzw. des Interviewfadens) ◄

Dieser Vorgang wird so lange fortgesetzt, bis eine weitere relevante Textstelle gefunden wird. Auf diese Weise werden die Interviewtexte so lange bearbeitet, bis unter Einbezug der verbleibenden Interviews kaum noch neue Kategorien formuliert werden müssen und die bisherigen ausreichend erscheinen. Ist dieser Punkt erreicht, muss überprüft werden, ob die Kategorien bei der Beantwortung der Fragestellung hilfreich sind. Erweisen sich hier Änderungen als notwendig, müssen die betreffenden Kategorien unter Einbezug der Textstellen neu geprüft werden.

Mittels eines Kategoriensystems lassen sich die wichtigsten Ergebnisse der Interviews oder Fokusgruppen zusammenfassend und übersichtlich darstellen und beschreiben.

Im Folgenden wird beispielhaft ein Forschungsvorhaben aus RESPONSE vorgestellt, welches die narrative Interviewtechnik und induktive Inhaltsanalyse mit dem Ziel verwendete, die Patientenperspektive im Innovationsprozess herauszuarbeiten. Konkret wurde die Versorgungssituation von Patienten mit einem Koronarstent sowie Patienteneinstellungen zu Stent-Innovationen untersucht.

5.3 Versorgungserfahrungen von Patienten mit Koronarstent

M. Ritzke, C. Helbig, A. Altiner

Das Forschungsteam, das sich diesem Teilvorhaben innerhalb des Verbundprojektes RESPONSE gewidmet hat, interessierte sich zunächst dafür, in welcher Form Entscheidungsfindungen bei der Versorgung mit Koronarstents bislang stattfanden und wie diese von Patienten erlebt wurden. Folgende Fragen standen dabei im Mittelpunkt: In welchem Ausmaß spielte der patientenrelevante Nutzen (patient reported outcomes) bei Entscheidungsfindungen eine Rolle? In welchen Situationen fand partizipative Entscheidungsfindung bereits statt und wo bestand Potential zum verstärkten Patienteneinbezug? Konnten Patientenbedürfnisse zur Stärkung der Patientenzufriedenheit und Vermeiden eines decisional regret berücksichtigt werden? Waren Patienten als Nutzer überhaupt daran interessiert, bei der Implantatwahl einbezogen zu werden?

Das Forschungsziel bestand darin, in einem ersten Schritt Kriterien und Hypothesen zur klinischen Entscheidungsfindung zu formulieren, um diese später in die Entwicklung zukünftiger Entscheidungshilfen (decision aids) im Zusammenhang mit einer möglichen Implantatversorgung einfließen zu lassen. In diesem Kontext wurde untersucht, welche akzeptanzfördernden und akzeptanzmindernden Patienteneinstellungen in Bezug auf Stent-Innovationen bestehen, um diese bei der (Weiter-)Entwicklung von Produktideen und späteren Implementierung in die Regelversorgung – also den gesamten Innovations-prozess – stärker berücksichtigen zu können. In diesem Zusammenhang stand der bio-abbaubare Scaffold im Mittelpunkt des Forschungsinteresses, dessen Potenziale sich bei der Behandlung von Patienten mit einer koronaren Herzerkrankung aktuell noch erweitern lassen (Gogas 2014; Haude et al. 2020).

▶ **Definition: Stent-Innovation bioabbaubarer Scaffold** Hierbei handelt es sich um eine noch selten eingesetzte Möglichkeit zur minimalinvasiven Behandlung von Gefäßeinengungen oder akuten -verschlüssen. Ein bioabbaubarer Scaffold (dt.: Gerüst) besteht aus Materialien (z. B. Milchsäure oder Magnesium), die im Gegensatz zu permanenten Stents vom Körper innerhalb einer Zeitspanne abgebaut werden.

Da beide Verfahren (permanente vs. abbaubare Stents) mit bestimmten Vor- und Nach-teilen einhergehen (Sabaté et al. 2019) und damit schon heute die Möglichkeit bestünde, Patienten aktiv mit in die Implantatauswahl einzubeziehen, erschien die Frage nach den Patienteneinstellungen bzgl. der Scaffolds als besonders spannend.

Um also die individuellen Erfahrungen von Patienten mit Ihrer Herz-Kreislauf-Erkrankung und deren Versorgung erheben und die oben aufgestellten Forschungs-fragen beantworten zu können, wurden 2018 insgesamt 19 Patienten im Alter von 53 bis 81 Jahren interviewt, die bereits mit einem Koronarstent (vgl. Stentarten Abschn. 8.3.1.2) versorgt wurden. Sechs Personen waren zum Zeitpunkt des Interviews noch berufstätig. Die Mehrzahl der interviewten Personen erlebte eine akute Erstver-sorgung mit einem oder mehreren Koronarstents (laut Implantatpass vorrangig drug-eluting stents). Akute aber auch geplante (elektive) Folgeeingriffe fanden darüber hinaus bei der Hälfte der Interviewten statt. Einige Patienten erlebten eine Versorgung mit weiteren kardiovaskulären Implantaten wie z. B. einem Herzschrittmacher oder einem Herzklappenersatz, wovon sie ebenfalls berichteten.

Die narrativen Interviews wurden mit folgender offenen Erzählaufforderung (vgl. Abschn. 5.2.1) eingeleitet:

Beispiel: Offene Erzählaufforderung

„Ich möchte Sie bitten, mir von Ihrer Herzkreislauferkrankung zu erzählen – von der Zeit des ersten Auftretens bis heute. Sie haben dazu so viel Zeit, wie Sie möchten, ich werde Sie nicht unterbrechen, mir nur Notizen machen, auf die ich später zurückkomme." ◀

Im Anschluss an die Haupterzählung wurden zunächst interne Nachfragen gestellt. Abschließend wurden mit externen Nachfragen Stent-Weiterentwicklungen (Medikamenten-beschichtung) sowie Innovationen (bioabbaubarer Scaffold) vorgestellt, um explizit zu diesen Aspekten eine spontane Erzählung anzuregen (vgl. Abschn. 5.2.2 und 5.2.3). Das dahinter-stehende Forschungsziel war, mit einer prospektiven und möglichst offenen Erfassung der Patientenperspektive auf Stent-Innovationen weiterführende Einblicke in konkrete Bedarfe, Bedenken, Ängste und Erwartungen der Nutzer zu ermöglichen und für Entwickler und weitere am Innovationsprozess beteiligte Personengruppen bewusst zu machen.

Die Interviews wurden mittels qualitativer Inhaltsanalyse (vgl. Abschn. 5.2.3) von einem interdisziplinären Forschungsteam analysiert. Es wurde auf induktivem Weg ein Kategoriensystem mit folgenden Hauptkategorien entwickelt:

Beispiel: Hauptkategorien

- Krankheitskonzepte
- Diagnostik- und Therapieschritte
- Einsatz von Implantaten
- (Neu-)Orientierung im Alltag
- Einstellungen zu Stent-Innovationen
- Zukunftsperspektive ◄

Entscheidungen spielten hier kategorienübergreifend eine Rolle. Anhand der Kategorien und Unterkategorien wurde eine Vielzahl möglicher Entscheidungspunkte und Wahloptionen, Entscheidungsträger und -grundlagen ersichtlich. Um fallinterne aber auch fallübergreifende Entscheidungsmuster und zugrunde liegende patientenseitige Wünsche und Einstellungen (Präferenzen) aber auch Interessen und Argumentationen anderer Entscheidungsträger besser erkennen und veranschaulichen zu können, wurden zudem zu jedem Interview Fallportraits erstellt und miteinander verglichen.

Im folgenden Kapitel soll angerissen werden, inwieweit und zu welchen Zeitpunkten und Themen Patienten z. B. diagnostische und therapeutische Entscheidungen getroffen haben und ob dies eigenständig oder zusammen mit behandelnden Ärzten und/oder Vertrauenspersonen erfolgte.

5.3.1 Individuelle Entscheidungsverläufe und fallübergreifende Präferenzen

Exemplarisch sollen nachfolgend zunächst zwei kontrastierende Entscheidungsverläufe von Patienten vorgestellt und verglichen werden, um die Vielfalt subjektiver Entscheidungspunkte, aber auch fallübergreifender Entscheidungsfelder und mögliche Zusammenhänge zu verdeutlichen. Bei den Fällen handelte es sich um Patienten, die eine akute Erstversorgung mit Koronarstents erlebt haben und bei denen im Therapieverlauf weitere geplante (elektive) Stent-Implantationen eine Rolle spielten.

Patient A (Rentner, 81 Jahre) sei sieben Jahre vor dem Interview wegen akuter Herzbeschwerden als Notfall in eine Klinik eingeliefert worden und habe dort 3 Stents erhalten. Rückblickend erkläre er sich das Auftreten der Beschwerden durch die Überlastung nach einem Garteneinsatz. Zu den Stents könne er nicht mehr erzählen, einen Implantat-Pass habe er nicht erhalten. Er wisse aber, dass später zwei weitere Stents eingesetzt werden sollten. Die geplante Stent-Implantation sei jedoch nach einer einwöchigen Diagnostik in der Klinik wegen des hohen Risikos und der „dünnen Adern"[1] zunächst nicht mehr durchgeführt worden.

Nach einer weiteren Noteinweisung seien ihm schließlich zwei weitere verschieden große Stents gesetzt worden. Als Gründe benannte er, dass „wieder etwas faul" gewesen sei und er zudem ein „schwaches Herz" habe. Nach diesem akuten Eingriff habe er einen Implantat-Pass erhalten.[2] Während des Klinikaufenthaltes habe sich bei ihm zudem eine Lungenentzündung entwickelt, nach deren Behandlung er zusätzlich einen Herzschrittmacher implantiert bekommen habe.

Nach dem Klinikaufenthalt sei er zunächst zur Reha gegangen. Er bedaure, dass er wegen des Herzschrittmachers an einigen Aktivitäten nicht habe teilnehmen können. Aktuell stelle er sich einmal monatlich beim Hausarzt vor. Zudem sei eine Pflegestufe genehmigt worden, worauf er auf Empfehlung der Ärzte wieder mit seiner von ihm getrenntlebenden Ehefrau zusammengezogen sei. Diese habe jedoch wenig später einen Schlaganfall mit vorübergehenden Sprachverlust erlitten, was ihn sehr besorgt habe. Der Patient äußerte enttäuscht: „das Zusammenziehen habe ich mir anders vorgestellt".

Lebensstiländerungen wurden vom Patienten nicht angesprochen, nur, dass er erblich vorbelastet sei und bereits mehrere Verwandte väterlicherseits an einem „Herzschlag" verstorben seien. Nach Schwierigkeiten mit einem als einengend erlebten Pflegedienst kümmere sich nun die Tochter um die wöchentliche Medikamentenzusammenstellung. Er nähme seine Medikamente, wozu auch ein Blutverdünner gehöre, regelmäßig ein, empfände aber die häufigen Toilettengänge durch seine Wassertablette als „fürchterlich". Wegen seiner Luftnot beim Gehen und notwendiger Pausen fühle er sich im Alltag eingeschränkt und äußerte Ängste, z. B. bei Grünphasen die Straße nicht rechtzeitig überqueren zu können.

Behandlungswünsche habe er keine, „ändern könne man doch nichts mehr". Abschließend betonte er, dass er „ohne moderne Behandlungsmethoden schon tot wäre". Ihm sei bewusst, dass stetig bessere therapeutische Möglichkeiten und Produkte angeboten werden und er begrüße eine verstärkte Investition des Staates in die Forschung.

Patient B (freiberuflicher Bauingenieur, 61 Jahre) erlebte starke Brustschmerzen aus einer Ruheposition heraus, die er zunächst mit Rückenproblemen in Verbindung gebracht habe. Er erwähnte eine bestehende Skeletterkrankung und die Versorgung mit einer Hüftprothese. Auf Anraten des konsultierten Orthopäden habe er sich zögerlich in kardiologische Behandlung begeben und anstatt eines Herzkatheters eine „nuklearmedizinische Untersuchung" erbeten, worauf er die für ihn „niederschmetternde Diagnose koronare Herzkrankheit" erhalten habe. Er habe sich aus seinem gewohnten Leben gerissen und

---

[1]Direkte Zitate der interviewten Personen werden im Text durch Anführungszeichen gekennzeichnet.

[2]Im Nachgang des Interviews konnte diesem entnommen werden, dass es sich um medikamentenbeschichtete Stents handelte.

von der Diagnose überrascht gefühlt, da auf ihn keine Risikofaktoren zugetroffen hätten. Das Rauchen habe er vor Jahren aufgegeben, er würde regelmäßig Sport treiben und sei auch nicht übergewichtig.

Nach starken Herzschmerzen verbunden mit einer Panikattacke kurz nach der Diagnosestellung sei er noteingewiesen worden. Für ihn sei es „ungewohnt, dass der Körper völlig außer Kontrolle gerät". In der Klinik habe er die Behandlungsalternative Bypass-Operation abgelehnt und sei stattdessen mit zwei Koronarstents versorgt worden, die ihm als medikamentenbeschichtete Stents bekannt seien. Die Ärzte hätten die „Versorgung weiterer Engstellen auf einen späteren Zeitpunkt verschoben", da sie das Einwachsen der ersten beiden Stents abwarten wollten und keine akute Infarktgefahr bestanden hätte. Er hätte sich jedoch gewünscht, dass alle Engstellen auf einmal „erledigt würden".

Kurz nach der Intervention erlitt er erneut eine Panikattacke, woraufhin er gemeinsam mit seiner Ehefrau entschieden habe, den Notarzt zu rufen. Während des erneuten Herzkatheters zur Überprüfung der Stents seien keine Auffälligkeiten festgestellt worden. Dieser sei diesmal über das Handgelenk anstatt über die Leiste durchgeführt worden, was er als „wohltuender" empfunden habe. In der Folge stellte er sich regelmäßig bei seiner Kardiologin vor, mit der er auch wegen seiner „Psyche" viele Gespräche geführt habe. Zusammen hätten sie sich zudem darauf geeinigt, entgegen der Empfehlung der Klinikärzte, auf die geplanten weiteren Stents zu verzichten. Er sei angesichts des unauffälligen Belastungs-EKGs guter Hoffnung, dass sich sein Körper selbst regenerieren würde. Zudem hätte er sich ein Sportprogramm mithilfe seiner Physiotherapeutin zusammengestellt, das er mehrmals wöchentlich durchführe.

Seit der Stentsetzung nähme er vier Medikamente ein, wobei er sich mit der Kardiologin geeinigt habe, die Blutdrucktablette wegen der aktuellen Schwindelanfälle zu halbieren. Wenn Stents eingesetzt werden sollten, dann obläge aus seiner Sicht die Produktwahl dem behandelnden Arzt.

Die Patientenfälle stellen zwei stark kontrastierende Entscheidungsverläufe dar: Patient A äußert keine Änderungswünsche bzgl. des Therapieverlaufs und des heutigen/ gegenwärtigen Gesundheitszustandes bzw. scheint Änderungsmöglichkeiten nicht wahrzunehmen. Lediglich die Nebenwirkungen seiner Medikation werden thematisiert sowie nach Lösungen gesucht, um seine Lebensqualität zu verbessern. Die Bewältigung alltäglicher Herausforderungen scheint generell sein Leben zu dominieren. Im Gegensatz hierzu scheint Patient B eine sehr selbst- und körperbewusste Person zu sein. Er informiert sich selbstständig über Behandlungsalternativen und fordert diese auch ein, zeigt sich bezogen auf Diagnostik- und Therapieschritte entscheidungsfreudig, zieht jedoch bei der konkreten Auswahl eines Stents eine Grenze beim Einbezug in Entscheidungen ein. Patient B stellt im Gegensatz zu Patient A eine weitere elektive Stentsetzung infrage, fühlt sich durch die Vorstellung eines erneuten Eingriffes (trotz Minimalinvasivität) psychisch sehr belastet und lehnt diese bewusst ab. Zudem werden Nebenwirkungen durch Medikamente bei Arztbesuchen von ihm angesprochen.

Alle weiteren Patienten repräsentieren vielfältige Entscheidungstypen zwischen diesen beiden gegensätzlich erscheinenden Typen zum Patienteneinbezug in diagnostische und therapeutische Schritte. Der Grad der Aktivität (Entscheidungsfreudigkeit) und die Priorisierung von Wahlmöglichkeiten scheinen wesentlich mit individuellen Lebensverläufen (z. B. der Berufsbiografie), positiven oder negativen Vorerfahrungen mit diagnostischen und therapeutischen Schritten, Vorhandensein mehrerer chronischer Erkrankungen (Multimorbidität) sowie relevanter Alltagsthemen zusammenzuhängen. Insgesamt orientieren sich Entscheidungen, aber auch Wünsche zur Entscheidungshoheit aus Sicht der Patienten explizit oder implizit an dem Erhalt oder der Verbesserung der Lebensqualität im Alltag (z. B. Teilhabe an Freizeitaktivitäten und/oder Berufsausübung).

In der weiteren Analyse kristallisierten sich zusammenfassend folgende fallübergreifende Bedingungen und Präferenzen zum potenziellen Einbezug in die Therapieplanung und Implantatauswahl heraus.

- Patienten als heterogene Gruppe können zunächst aufgrund ihrer subjektiven Lebenserfahrungen, Selbstwahrnehmung und Körperbewusstseins als „Experten ihres Körpers" und Alltages wahrgenommen werden.
- Nur wenige Patienten wünschten sich bezogen auf die Therapieplanung eine komplett paternalistische Führung.
- Mehrere Patienten wünschten sich zukünftig eine (stärkere) Beteiligung an der Therapieplanung bzw. äußerten retrospektiv Unzufriedenheit mit den Diagnostik- (z. B. Zugang Herzkatheter) und Therapieschritten.
- Konkrete Wünsche zur Verbesserung der Versorgungssituation (z. B. im Zusammenhang mit Nebenwirkungen durch Medikamente nach Stent-Implantation oder patientenverständliche Aufklärung) konnten oftmals erst nach positiven sowie negativen medizinischen Vorerfahrungen benannt werden.
- Diese Wünsche bzw. Unzufriedenheit wurden jedoch anscheinend nicht entsprechend an behandelnde Ärzte kommuniziert.
- Die Bewältigung des Alltages und eine (Neu-)Orientierung nach Akutereignissen und Eingriffen standen im Fokus der Patienten. Sie äußerten Bedarf an alltagstauglichen Möglichkeiten der Lebensstiländerungen und an Therapien, die mit den Alltagsanforderungen vereinbar sind.
- Einige Patienten zeigten Interesse an medizinischen und technischen Details zu Eingriffen und Stent-Typen bzw. informierten sich bereits selbstständig z. B. im Internet über erhaltene Stents und Therapiealternativen.
- In Ausnahmefällen würden bereits gezielt alternative Diagnostik- und Behandlungsmethoden von den Patienten gegenüber ihren behandelnden Ärzten eingefordert.
- Aus Sicht der meisten Patienten obläge die konkrete Implantatauswahl auch bei elektiven Eingriffen dem behandelnden Arzt.

- Das „Expertenwissen" der Patienten schien zusammenfassend bei der konkreten Therapieplanung und insbesondere der Implantatauswahl, die vorrangig durch Ärzte vorgenommen wurde, noch eine untergeordnete bzw. keine Rolle zu spielen.

Die hier vorgestellten Analyseergebnisse bildeten in einem nächsten Schritt die Grundlage zur Entwicklung eines Instruments zur Erhebung von Patientenpräferenzen, auf welches an dieser Stelle nicht näher eingegangen wird.

5.3.2 Patienteneinstellungen zur Stent-Innovation bioabbaubare Scaffolds

In der weiteren Präsentation der Analyseergebnisse wird sich im Folgenden auf die Einblicke der Patientenperspektive auf Stent-Innovationen konzentriert. Es soll im Folgenden der Frage nachgegangen werden, inwiefern die (frühzeitige) Bewertung (Evaluation) innovativer Produkte und Produktideen durch potenzielle Nutzer, den Innovationsprozess befördern könnte.

Eine externe Nachfrage in den Interviews bezog sich auf die Neuentwicklung bioabbaubarer Stent (Scaffolds), die zunächst thematisch vorgestellt und anschließend erfragt wurde, was den Patienten dazu einfallen würde. Die spontan geäußerten Assoziationen, Hoffnungen, Bedenken und Fragen aller interviewten Patienten wurden nach den Kategorien 1) Chancen, 2) Barrieren und 3) Bedingungen für eine persönliche Bewertung analysiert und werden nachfolgend dargestellt:

1. Mögliche *Chancen* bioabbaubarer Scaffolds aus Nutzerperspektive bestünden etwa in der Hoffnung, anschließend weniger Medikamente einnehmen zu müssen, da z. B. die lebenslange Einnahme von ASS wegfallen würde. Dies wurde z. B. von einem Patienten als Vorteil benannt, der auch wegen weiterer Erkrankungen viele Medikamente einnehmen müsse. „Die aggressiven Medikamente" würden seinen Körper „schwächen und man müsse verdammt aufpassen, dass nichts im Magen passiert." Zudem wurde begrüßt, dass sich der Fremdkörper auflösen würde und dadurch z. B. auch eine erneute Stentsetzung an gleicher Stelle möglich wäre. Dies erwähnte ein Patient, der bereits mehrere Stent-Implantationen erlebt habe und aufgrund einer angeborenen Fettstoffwechselstörung mit weiteren rechnen würde. Ein anderer Patient, der aufgrund des jungen Alters bereits mit einem abbaubaren Scaffold versorgt worden sei, erwähnte ebenfalls diesen erwarteten Vorteil. Andere Patienten, die bereits mehrere Stent-Implantationen erfahren hätten, begrüßten die Vorstellung, „einen Fremdkörper weniger" zu haben. Generell scheinen technikbegeisterte und an aktueller Forschung interessierte Patienten positiv bezüglich der Weiterentwicklung von Medizinprodukten eingestellt zu sein (hohe Innovationsfreudigkeit). Nicht zuletzt scheinen bei einigen Patienten auch gute Erfahrungen mit herkömmlichen Stents Wegbereiter für eine Akzeptanz von Neuentwicklungen darzustellen. Ein technikinteressierter Patient bemängelte in diesem Zusammenhang jedoch das Sicherheitsrisiko der herkömmlichen medikamenten-

beschichteten Stents, die sich durch Ablagerungen am Gitter auch zusetzen könnten und die er „gerne weghaben" würde.

Hinweis

Mögliche Chancen bioabbaubarer Scaffolds aus Nutzerperspektive:

- Hoffnung auf reduzierte Medikamenteneinnahme und -nebenwirkungen
- Hoffnung auf Auflösung des Fremdkörpers und Ermöglichung von Folgeeingriffen
- Reduktion möglicher Sicherheitsrisiken permanenter Stents
- Offenheit innovationsfreudiger Patienten
- Offenheit durch positive Vorerfahrungen mit herkömmlicher Stentversorgung ◀

---

2. Mögliche *Barrieren* bioabbaubarer Scaffolds zeigten sich darin, dass die versprochene Wirksamkeit und Funktionsweise angezweifelt wurde. Es könne grundsätzlich ein erhöhtes Verkalkungsrisiko angenommen werden, was insbesondere von Patienten mit erhöhtem Risiko für Arteriosklerose als Problem angesehen wurde. In diesem Zusammenhang befürchteten Patienten neue Gefäßverschlüsse oder erwarteten eine mangelnde Gefäßstabilisierung nach Auflösung, sodass das Gefäß an der Stelle „zusammenbrechen" könnte. Bei einigen scheinbar eher konservativ eingestellten Patienten könnten positive Erfahrungen mit herkömmlichen Stents eine Barriere für die Akzeptanz von Innovationen darstellen, da sie bei weiteren Eingriffen bewährte Produkte bevorzugen würden. Eine negative bzw. verhaltene Einstellung gegenüber abbaubaren Stents könnte auch durch die Kenntnisnahme negativer Medienberichte bedingt sein.

Hinweis

Mögliche Barrieren bioabbaubarer Scaffolds aus Nutzerperspektive:

- Befürchtung erneuter Gefäßverschlüsse insbesondere bei Risikopatienten
- Befürchtung mangelnder Gefäßstabilisierung nach Auflösung
- Zufriedenheit und positive Erfahrungen mit permanenten Stents
- verringerte Akzeptanz konservativ eingestellter Patienten
- Wahrnehmung negativer Medienberichte ◀

---

3. Fragen zu weiteren Details noch unentschiedener u. a. sicherheitsorientierter Patienten bzgl. Kostenübernahme, genaue Funktionsweise (z. B. Auflösungsdauer, Art des Abbaus), Gründe für die Patientenauswahl, Verträglichkeit für den Körper und Sicherheit der bioabbaubaren Scaffolds (z. B. Gewährleistung der Gefäßstabilisierung nach Auflösung, Zeit bis zur Auflösung ausreichend zur Regeneration des Körpers) deuten ein generelles Interesse an Stentneuentwicklungen an.

Informationsbedürfnis zu bioabbaubaren Scaffolds:

- Kostenübernahme
- Details zur Funktionsweise
- Kriterien für Patientenauswahl
- Sicherheitsprofil, mögliche Risiken und Zusatznutzen im Vergleich zu permanenten Stents ◀

Folgende Hypothesen zu Patienteneinstellungen bzgl. Stent-Innovationen und deren Bedeutung für den Innovationsprozess können in der Zusammenschau der vorangehenden Analyseergebnisse benannt werden:

- Patienten scheinen auch unabhängig von technischem Interesse in der Lage zu sein, mögliche positive aber auch negative Auswirkungen von Stent-Innovationen auf Nutzer zu benennen.
- Hierbei greifen sie zumeist auf ihren eigenen Erfahrungshorizont mit Stents oder anderen Implantaten zurück, wobei die hiermit verbundene subjektive Einschätzung der Belastung durch zusätzliche Medikamenteneinnahme eine große Rolle zu spielen scheint.
- Bei einer spontanen Meinungsbildung könnten Patienten von positiven Emotionen wie Hoffnungen geleitet sein, die vor allem bei Personen, die mit Teilbereichen ihrer Versorgungssituation unzufrieden sind, die Erwartung eines Zusatznutzens hervorruft. Diese Patientenperspektive könnte dabei helfen, sich der konkreten Zielgruppe der Innovation und des möglichen Mehrwertes im Vergleich zu etablierten Medizinprodukten bewusster zu werden.
- Spontane Meinungsbildungen können aber auch nicht zuletzt auf Ängsten und Verunsicherungen beruhen, die vor allem auf die Vorstellung des Funktionsverlustes und Materialunverträglichkeiten zurückzuführen sind. Hier besteht die Befürchtung von Komplikationen bzw. Nebenwirkungen oder einer unzureichenden Therapie der Grunderkrankung, was möglicherweise zu weiteren Eingriffen führen könnte. Diese Befürchtungen können als eine Hauptbarriere bei der Akzeptanz von Innovationen angesehen werden. Ein wichtiger Beitrag für einen patientenorientierten Innovationsprozess können die Wahrnehmung von Ängsten und Sicherheitsbedenken darstellen, um diese in den Fokus der Entwicklung stellen zu können.
- Patienten als heterogene Gruppe mit unterschiedlichen biografischen (Bildungs-) Hintergründen erklären sich auch ohne medizinische Vorkenntnisse die Funktions- und Wirkungsweise von Stent-Innovationen in ihrer eigenen Sprache und vor ihrem individuellen Erfahrungshorizont. Sie können sich positive sowie negative Auswirkungen auf ihren Körper und ihre zukünftige gesundheitliche Entwicklung oftmals bildhaft vorstellen (Nutzen von Metaphern). Diese Bildhaftigkeit kann auch bei der

Öffentlichkeitsarbeit und dem Erstellen von Patienteninformationen zu innovativen Produkten berücksichtigt werden.

- Einige Patienten können bereits auf technisches Vorwissen zurückgreifen (interesse- oder berufsbiografisch bedingt), um sich Funktions- und Wirkungsweisen logisch zu erklären und den erwarteten Nutzen zu antizipieren bzw. zu hinterfragen. Gerade hier wird oftmals mehr Zeit zur Meinungsbildung und für weitere eigenständige Recherchen benötigt bzw. der Wunsch nach mehr oder detailreicheren Informationen geäußert, worauf ebenfalls eingegangen werden sollte.
- Patienten scheinen zudem bei ihrer Meinungsbildung auch von generellen Einstellungen gegenüber neuen Produkten geleitet zu werden, was durch unterschiedliche Persönlichkeitstypen (konservativ vs. innovationsfreudig) begründet sein könnte und bei der Benennung der Zielgruppe von Innovationen und der Öffentlichkeitsarbeit mitbedacht werden sollte.
- Einige Patienten nutzten auch die Erfahrungen und das Wissen anderer signifikanter Personen (Multiplikatoren) sowie Informationen öffentlichkeitswirksamer Medien zur Meinungsbildung, was möglichweise zu Vorurteilen (zu hohe oder zu geringe Erwartungen) führte, denen begegnet werden könnte.

Anhand der vorausgehenden Analyseergebnisse konnten generalisierte patientenrelevante Fragen bzw. Bedingungen an ein zukünftiges Implantat herausgearbeitet werden, die nachfolgend vorgestellt werden sollen.

5.3.3 Checkliste zur Prüfung der Patientenrelevanz einer Implantat-Innovation

Die nachfolgende Checkliste (vgl. Tab. 5.1) könnte Entwickler und weitere am Innovationsprozess beteiligte Personen dabei unterstützen, die Patientenrelevanz einer Implantat-Innovation während des gesamten Innovationsprozesses im Blick zu behalten und fortlaufend zu prüfen.

Die zu Beginn des Kapitels vorgestellten qualitativen Methoden zur Erhebung und Analyse der Patientenperspektive können zur Beantwortung der Checkliste, die je nach Implantat auch weiter ausdifferenziert bzw. ergänzt werden kann, genutzt werden. Denkbar sind auch Diskussionsrunden zwischen Patienten und Entwicklern in Form von „Werkstattgesprächen", wo Patienten die Gelegenheit bekämen, Fragen z. B. zu Verträglichkeiten und zur Funktionsweise der vorgestellten Implantat-Innovationen direkt an Entwickler zu richten. Diese Begegnungen könnten Entwicklern durch die Sensibilisierung für Interessen und Bedarfe der Nutzer zudem neue Impulse zur patientenorientierten Weiterentwicklung von Ideen und Prototypen verschaffen. Nicht nur bei Arzt-Patienten-Gesprächen zur Implantatauswahl sondern bereits bei der Implantatentwicklung können Patienten als Experten für ihren Körper und ihre Bedürfnisse anerkannt und ihre Teilhabe gefördert werden. Hier bietet sich für die potenziellen

Tab. 5.1 Checkliste zur Prüfung der Patientenrelevanz einer Implantat-Innovation (Quelle: Eigene Darstellung)

	Checkliste zur Patientenrelevanz von Implantat-Innovationen
a)	Welche umfassenden Erwartungen an Implantate werden von Nutzern benannt?
b)	Welche dieser Bedarfe werden durch etablierte Produkte noch nicht abgedeckt?
c)	Welchen spezifischen Zusatznutzen könnte die Implantat-Innovation bieten? Welche Versorgungslücke könnte sie abdecken?
d)	Für welche Patientengruppen könnte dieser Zusatznutzen besonders relevant sein?
e)	Für welche Patientengruppen könnte die Innovation ein erhöhtes Sicherheitsrisiko darstellen?
f)	Welche Erwartungen an konkrete innovative Therapiekonzepte können aus Nutzerperspektive erfasst werden?
g)	Decken sich die Erwartungen mit denen der Entwickler und wie könnten sie realisiert werden?
h)	Welche Befürchtungen bzgl. konkreter innovativer Konzepte können aus Nutzerperspektive erfasst werden?
i)	Decken sich die Befürchtungen mit denen der Entwickler und wie können sie bei der Entwicklung (z. B. Materialauswahl) und Öffentlichkeitsarbeit mitbedacht werden?
j)	Welche Langzeitauswirkungen (z. B. Haltbarkeit, Austauschbarkeit, Zusatzmedikation, Kombinierbarkeit mit Therapien, Berufsausübung) hätte die Innovation für Nutzer?
k)	Wo und wie können Informationen zu Innovationen z. B. zur Funktionsweise, Wirksamkeit, Verträglichkeit, Sicherheit und zum Zusatznutzen patientenverständlich vermittelt werden?
l)	Welches Produktimage wird potenziellen Nutzern bereits durch öffentliche Medien vermittelt?
m)	Ist das positive oder negative öffentliche Image objektiv gerechtfertigt?
n)	Bedarf es gezielter Öffentlichkeitsarbeit, um auf ein negatives Image und ggf. Vorurteile zu reagieren?
o)	Kann eine Inanspruchnahme der Innovation (Marktzugang) ohne Mehrkosten für alle potenziellen Nutzer sichergestellt werden?

Nutzer der Implantat-Innovationen der Raum, ihre Erwartungen und Ängste frühzeitig zu kommunizieren und an der Entwicklung von Innovationen auf diese Weise entsprechend zu partizipieren.

Literatur

Bohnsack, R. (2014). *Rekonstruktive Sozialforschung. Einführung in qualitative Methoden* (9., überarbeitete und erweiterte Aufl.). Opladen: Budrich.

Donner-Banzhoff, N. (2011). Partizipative Entscheidungsfindung und Patientenschulung. In H. Pfaff, E. A. M. Neugebauer, G. Glaeske, & M. Schrappe (Hrsg.), *Lehrbuch Versorgungsforschung. Systematik – Methodik – Anwendung* (S. 64–67). Stuttgart: Schattauer.

Elwyn, G., Edwards, A., Kinnersley, P. (2003). Shared decision-making in der medizinischen Grundversorgung. Die vernachlässigte zweite Hälfte der Beratung. In F. Scheibler & H. Pfaff (Hrsg.), *Shared Decision-Making. Der Patient als Partner im medizinischen Entscheidungsprozess* (S. 55–68.). Weinheim: Juventa Verl.

Fischer-Rosenthal, W., Rosenthal, G. (1997). Narrationsanalyse biographischer Selbstpräsentation. In R. Hitzler & A. Honer (Hrsg.), *Sozialwissenschaftliche Hermeneutik. Eine Einführung* (S. 133–164). Opladen: Leske + Budrich.

Gläser, J., Laudel, G. (2006). *Experteninterviews und qualitative Inhaltsanalyse.* 2., durchges. Aufl. Wiesbaden: VS Verlag.

Gogas, B. D. (2014). Bioresorbable scaffolds for percutaneous coronary interventions. *Global Cardiology Science & Practice, 2014,* 409–427.

Haude, M., Ince, H., Toelg, R., Lemos, P. A., Birgelen, C. von Christiansen, E. H., et al. (2020). Safety and performance of the second-generation drug-eluting absorbable metal scaffold (DREAMS 2G) in patients with de novo coronary lesions: three-year clinical results and angiographic findings of the BIOSOLVE-II first-in-man trial. In: *EuroIntervention : Journal of EuroPCR in Collaboration with the Working Group on Interventional Cardiology of the European Society of Cardiology, 15,* e1375–e1382.

Hopf, C. (2005). Qualitative Interviews – Ein Überblick. In U. Flick, E. von Kardorff, & I. Steinke (Hrsg.), *Qualitative Forschung: Ein Handbuch* (S. 349–360). Reinbek bei Hamburg: Rowohlt.

Lamnek, S. (2005). *Qualitative Sozialforschung* (Lehrbuch. 4., vollst. überarb. Aufl., [Nachdr.]). Weinheim: Beltz.

Liebig, S., Gebel, T., Grenzer, M., Kreusch, J., Schuster, H., Tscherwinka, R., et al. (2014). Datenschutzrechtliche Anforderungen bei der Generierung und Archivierung qualitativer Interviewdaten. https://www.ratswd.de/dl/RatSWD_WP_238.pdf. Zugegriffen: 14. Juni 2020.

Loch, U., & Rosenthal, G. (2002). Das narrative Interview. In D. Schaeffer & G. Müller-Mundt (Hrsg.), *Qualitative Gesundheits- und Pflegeforschung* (1. Aufl., S. 221–232). Bern: Huber.

Mayring, P. (1995). Qualitative Inhaltsanalyse. In U. Flick, E. von Kardorff, H. Keupp, L. von Rosenstiel, & S. Wolff (Hrsg.), *Handbuch qualitative Sozialforschung. Grundlagen, Konzepte, Methoden und Anwendungen* (2. Aufl., S. 209–213). Weinheim: Beltz Psychologie-Verl.-Union.

Mayring, P. (2000). Qualitative Inhaltsanalyse. In U. Flick, E. von Kardorff, & I. Steinke (Hrsg.), *Qualitative Forschung. Ein Handbuch.* (Orig.-Ausg, S. 468–475). Reinbek bei Hamburg: Rowohlt.

Neugebauer, E. A. M. (2011). Patienten. Einführung. In H. Pfaff, E. A. M. Neugebauer, G. Glaeske, & M. Schrappe (Hrsg.), *Lehrbuch Versorgungsforschung. Systematik – Methodik – Anwendung* (S. 42–43). Stuttgart: Schattauer.

Pfaff, H., & Schrappe, M. (2011). Einführung in die Versorgungsforschung. In H. Pfaff, E. A. M. Neugebauer, G. Glaeske, & M. Schrappe (Hrsg.), *Lehrbuch Versorgungsforschung. Systematik – Methodik – Anwendung* (S. 1–39). Stuttgart: Schattauer.

Sabaté, M., Alfonso, F., Cequier, A., Romaní, S., Bordes, P., Serra, A., et al. (2019). Magnesium-based resorbable scaffold versus permanent metallic sirolimus-eluting stent in patients with ST-segment elevation myocardial infarction: The MAGSTEMI randomized clinical trial. *Circulation, 140,* 1904–1916.

Schütze, F. (1977). *Die Technik des narrativen Interviews in Interaktionsfeldstudien.* Bielefeld: Fakultät für Soziologie.

Kooperation für die klinische Translation bei Implantaten

6

Annika Buchholz und Thomas Lenarz

6.1 Überblick

Schon seit über 40 Jahren findet sich der Begriff Translation, auch klinische Translation, translationale Medizin oder translationale Forschung genannt, in der wissenschaftlichen Literatur wieder und wird zum Teil kontrovers diskutiert (Choi 1992; Wolf 1974). Verstärkte Aufmerksamkeit erlangt das Konzept Anfang des Jahrtausends: 2008 spricht Butler kritisch vom valley of death, welches innovative Produkte – meist verursacht durch eine fehlende oder sub-optimale Kommunikation der beteiligten Akteure – zu durchschreiten haben. Eingestuft wird das Konzept der klinischen Translation von ihm als Paradigmenwechsel in der Erforschung, Entwicklung und Anwendung innovativer Medizinprodukte, welches nicht zu verwechseln ist mit einer einfachen Umbenennung der Arbeitsbereiche Forschung und Entwicklung. Vielmehr umfasst die klinische Translation neben der gezielten Aus- und Weiterbildung von Mitarbeitern vor allem auch die nachhaltige Verbesserung der Infrastruktur mit dem Ziel der erfolgreichen Überführung innovativer Forschungserkenntnisse in die Klinik zur Verbesserung der Gesundheitsversorgung (Butler 2008).

▶ **Bedeutung: Klinische Translation** Paradigmenwechsel von „F&E" hin zu einem umfassenden, interdisziplinären und nachhaltigen Konzept für Innovationen inkl. Infrastrukturentwicklung zur Verbesserung der Gesundheitsversorgung.

A. Buchholz (✉) · T. Lenarz
Klinik für Hals-, Nasen- und Ohrenheilkunde, Medizinische Hochschule Hannover, Hannover, Deutschland
E-Mail: buchholz.annika@mh-hannover.de

U. Löschner et al. (Hrsg.), *Strategien der Implantatentwicklung mit hohem Innovationspotenzial*, https://doi.org/10.1007/978-3-658-33474-1_6

Die Branche der Medizintechnik gilt in Deutschland als eine der innovativsten, dynamischsten und wachstumsstärksten Branchen. Sie ist ein wichtiger Pfeiler der deutschen Gesundheitswirtschaft, was u. a. anhand der Beschäftigungszahlen und der Umsätze der produzierenden Medizintechnikunternehmen deutlich wird, die im Jahr 2016 um 5,8 % auf 29,2 Mrd. Euro stiegen. Geprägt ist die Branche vor allem mittelständisch sowie durch eine hohe Komplexität des Translationsprozesses, die nicht zuletzt von der ausgeprägten Mitwirkung verschiedener interdisziplinärer Akteure rührt (BVMed 2018). Aktive Schnittstellen und Kooperationen zwischen entwickelnden Unternehmen, Forschern, Anwendern und sonstigen (beratenden) Dienstleistern sind nahezu ein Muss für einen erfolgreichen Translationsprozess. In einer vom BMBF unterstützten Studie aus dem Jahr 2008 wurde als eine der Innovationshürden entsprechend u. a. die schlechte Verfügbarkeit von interdisziplinärem Fachpersonal sowie der schlecht vernetzte Wissenstransfer mit Blick auf Industrie-Klinik-Kooperationen gewertet (VDE et al. 2008).

Noch wichtiger wird ein komplexes Ineinandergreifen verschiedener Expertisen im Hinblick auf die Neufassung des Medizinproduktgesetzes, das Innovationen mit der Forderung nach umfangreichen klinischen Prüfungen vor größere Herausforderungen als bisher stellt. Kurzen Innovationszyklen stehen nämlich verhältnismäßig lange Beobachtungs- und Prüfzeiträume zur Sicherung klinischer Evidenz für Wirksamkeit und Sicherheit des Produkts gegenüber. Kooperationen mit Universitäten, Kliniken und weiteren Einrichtungen sind für einen effizienten Translationsprozess existenziell.

„Wie kann ein Produkt patientenorientiert weiterentwickelt werden?" „Welchen Prüfungen muss das Produkt noch unterzogen werden?" – So oder ähnlich könnten Frageansätze von Medizintechnik-Unternehmen hinsichtlich ihres Produktportfolios oder ihrer Innovationsstrategie sein. Nicht nur von Start-Ups, die soeben mit einer innovativen Technologie in den Markt treten, sondern auch von etablierten Großunternehmen, die, um ihre Position auf dem Weltmarkt sichern zu können, eine stetige Weiterentwicklung und Verbesserung ihrer Produkte anstreben müssen.

Auch im Bereich der öffentlichen Forschungsförderung wird in den letzten Jahren vermehrt die gezielte klinische Translation gefördert (z. B. BMBF, EU Rahmenprogramme). Hier spielen vor allem die Zusammenarbeit von Universitäten und Kliniken mit Industrieunternehmen im Rahmen anwendungsorientierter, vorwettbewerblicher Forschung eine Rolle. Ein spezielles öffentlich gefördertes Programm, das die Vernetzung von Universitätskliniken mit Unternehmen fördert, ist z. B. die „Industrie-in-Klinik-Plattform".

Hinweis

Öffentliche Förderung:
   Klinische Translation, bzw. Phasen des gesamten Prozesses durch die Kooperation verschiedener Akteure, können durch öffentliche Träger gefördert werden.

Programm-Beispiele hierfür sind:

- Industrie-in-Klinik-Plattform
- einzelne Innovationsförderungsprogramme der Länder
- KMU-innovativ
- ZIM
- VIP+

Hotline zur Förderberatung:
    0800 26 23 008
    www.foerderinfo.bund.de ◄

Davon ausgehend, dass eine Zusammenarbeit zwischen Unternehmen und Universitäten/ Kliniken ein bedeutender Bestandteil im Translationsprozess von Implantaten ist, werden innerhalb dieses Kapitels sowohl die Gründe als auch die Gestaltungsmöglichkeiten von Kooperationen beleuchtet. Die Zielgruppe des Kapitels sind vor allem Unternehmen aus dem weiten Bereich der Implantattechnologie, die die oben gestellten Fragen möglicherweise noch nicht hinreichend für sich beantwortet haben und die Impulse für die Zusammenarbeit mit wissenschaftlichen Einrichtungen und Klinikern suchen, sowie universitäre Kliniken und Institute, die Industriekooperationen eingehen möchten.

6.2   Methoden

Als Grundlage der Ausführungen dient die HNO-Klinik der Medizinischen Hochschule Hannover (MHH): Diese HNO-Klinik führt zahlreiche Kooperationen mit Unternehmen in unterschiedlicher Art und Weise sowie mit unterschiedlichen Zielsetzungen durch, sodass eine effiziente Translation diverser Hörhilfen möglich ist.

Meist handelt es sich bei den Kooperationspartnern um Welt-Unternehmen – ein Umstand, der zumindest für den Cochlea Implantat Bereich in der Natur der Sache liegt: weltweit gibt es vier namenhafte Cochlea Implantat-Hersteller. Innerhalb der HNO-Klinik der MHH vereinen sich Forschung und Klinik, sodass Technologien und Prozesse von verschiedenen Sichtweisen beurteilt werden können. In Abschn. 6.5 wird die Industrie-in-Klinik-Plattform der HNO als Beispiel beschrieben.

Ferner wurden leitfadengestützte Experteninterviews mit Personen aus unterschiedlichen Einrichtungen bzw. Positionen gehalten. Die Interviews dauerten ca. 1 h, wurden digital aufgezeichnet und danach transkribiert. Entsprechend der hier zu untersuchenden Fragestellung wurden sie wie folgt ausgewertet: Einteilung der Antworten in übergeordnete Kategorien, die dann in Unterkategorien unterteilt wurden. Individuelle Aussagen zu bestimmten (Unter-)Kategorien wurden als „Kodes" angegeben. Die entsprechende Quelle (Interview) wurde zu jedem „Kode" mit einer Kennzahl angegeben, sodass der Interviewer anonym bleibt. Anhand der Kennzahl wird deutlich, ob es sich um ein Unternehmen („I-Unt-…"), eine Universität („I-Uni-…") oder einen Dienstleister („I-DL-…") handelt.

6.3   Gründe für Zusammenarbeit

Einer der entscheidensten Gründe, warum Unternehmen mit Universitäten und Kliniken zusammenarbeiten sollten, ist beinahe schon zu offensichtlich: Es gibt eine klare Aufgabenverteilung. Universitäten forschen, Unternehmen entwickeln und bringen Produkte an den Markt, Mediziner wenden Technologien an und geben im besten Fall Feedback zu weiteren Entwicklungsschritten, woraus dann wiederum Forschungsprojekte entstehen können (I-Unt-2-1, Zeile 31 ff.). Einzelne Dienstleister entlang der Wertschöpfungskette unterstützen Prozesse, weisen regulatorische Wege auf und bilden somit den notwendigen Kitt im langen Weg des Innovations- bzw. Translationsprozesses (I-DL-9-17, Zeile 25 ff.).

> **Hinweis**
>
> **1. Grund der Zusammenarbeit:**
> Aufgabenverteilung und Effizienz ◄

Natürlich bestätigen, hinsichtlich der klar abgegrenzten Aufgabenverteilung, Ausnahmen die Regel. Viele, v. a. große Unternehmen, betreiben eine eigene Forschungsabteilung, was aber kaum ein Grund dafür sein sollte, Kooperationen mit wissenschaftlichen Einrichtungen und Kliniken nicht einzugehen. Denn: Forscher, Entwickler und Anwender haben zum Teil sehr unterschiedliche Vorstellungen davon, was förderlich ist und was nicht. Die Gründe der Kooperation liegen also nicht nur darin verankert, dass jeder aus Effizienz-Gründen den Teil fokussiert, in dem er Experte ist, sondern auch in den unterschiedlichen Sichtweisen der verschiedenen Akteure.

> **Hinweis**
>
> **2. Grund der Zusammenarbeit:**
> Verschiedene Sichtweisen und Inspiration ◄

Ein weiterer Grund der Zusammenarbeit sollte für Unternehmen darin liegen, für das zukünftige Produkt von Beginn an einen Markt zu schaffen, indem Anwender und Wissenschaftler von Anfang an in den Entwicklungsprozess eingebunden werden (I-DL-11-12, Zeile 19 f.): Mediziner können von Beginn an u. a. Hinweise zum Produktdesign und/oder zur Operationsmethode liefern (I-Uni-1-3, Zeile 261 ff.). Werden Mediziner erst am Ende des Produktentwicklungsprozesses gefragt, ob das Produkt bzw. die Technologie das ist, was in der Klinik benötigt wird, ist es meist zu spät. Das Risiko von Fehlinnovationen steigt (I-DL-11-12, Zeile 26 ff.). Des Weiteren ist eine frühe Einbindung von Medizinern im Hinblick auf den späteren Einsatz des neuen Implantats von immenser Bedeutung: Wenn ein Arzt eine neue Technologie verwendet, muss das Vertrauen in das Produkt gegeben sein. Von Beginn an beim Entwicklungsprozess dabei gewesen zu sein und medizinischen Input gegeben zu haben, erhöht das Vertrauen in die

Innovation immens. Wissenschaftler können zudem bei frühzeitiger Einbindung durch die Aufstellung eines optimalen Studiendesigns gute Veröffentlichungen rund um das Produkt publizieren (I-Uni-1-3, Zeile 276 ff.).

Hinweis

3. Grund der Zusammenarbeit:
Vermeidung von Fehlinnovationen

4. Grund der Zusammenarbeit:
Schaffung eines Marktes

5. Grund der Zusammenarbeit:
Publikationen zum Produkt von Beginn an

6. Grund der Zusammenarbeit:
Unterstützung der finanziellen Ressourcen ◄

Gründe für Kooperationen liegen jedoch auch bei der Universität, bzw. beim Wissenschaftler selber:

Hinweis

7. Grund der Zusammenarbeit:
Steigerung des wissenschaftlichen Renommees durch Publikationen ◄

Industriemittel werden von der Universität/Klinik als wichtige finanzielle Unterstützung angesehen, um die limitierte finanzielle Grundausstattung durch die Universität zu ergänzen und dem universitären Forschungsauftrag nachkommen zu können. Die Möglichkeit, aus der Kooperation Ergebnisse für wissenschaftliche Publikationen erzielen zu können, und die Steigerung des wissenschaftlichen Renommees sind die treibenden Kräfte aufseiten der Forscher für die Kooperation mit der Industrie.

6.4   Die Gestaltung der Zusammenarbeit mit Universitäten/ Kliniken

6.4.1   Strategische Planung und die Einbindung weiterer Partner

Einzelne Projekte zwischen Unternehmen und Universitäten/Kliniken sind meist sehr konkretisiert und bewegen sich in einem bestimmten, vordefinierten Rahmen. Der Wissenschaftler, Mediziner oder Unternehmensangestellte fokussiert sich naturgemäß auf das eigene Forschungsprojekt (I-DL-11-12, Zeile 108 ff.). Das stellt zwar keine besondere Herausforderung oder Hürde im einzelnen Fall dar, birgt aber im langen Translationsprozess eines Implantats die Gefahr, dass das eigentliche übergeordnete Ziel – innovative Technologien an den Markt zu bringen – außer Sichtweite gerät (I-Unt-2-1, Zeile 40 ff.): Oftmals sind viele Feedback-Schleifen erforderlich, um nicht nur das Ergebnis einer einzelnen Fragestellung zu erhalten, sondern auf mittel- bis langfristige Sicht ein innovatives, marktfähiges Produkt entwickeln zu können. Hinzu kommt, dass für eine sinnvolle Innovation bzw. Anwendung teilweise Ideen aus verschiedenen Bereichen kombiniert werden müssen (I-DL-11-12, Zeile 108 ff.), was eine weitere Herausforderung und gleichzeitig die Forderung nach einer strategischen Planung begründet.

Langfristig sollte somit gemeinsam mit der Abteilung der Universität/Klinik auf übergeordneter Ebene eine Strategie der Zusammenarbeit hinsichtlich langfristiger Kooperationen besprochen werden (I-Uni-1-2, Zeile 104 f.). Für diese übergeordnete Kooperationsstrategie sollten Personen involviert werden, die den gesamten Translationsprozess überblicken und steuern. Hierzu gehören Visionäre, die fachkundige Akzente setzen und innovative Ideen zielgerichtet in Projekte runterbrechen können oder basale Ergebnisse von Wissenschaftlern aufgreifen und in einen Kontext einarbeiten können (I-Unt-2-1, Zeile 149 ff.).

▶   **Praxistipp** Gemeinsame und langfristige Innovationsstrategie.

▶   **Praxistipp** *Experten und Visionäre* des Innovationsthemas, die Strategien des Innovationsfeldes formulieren, zielgerichtete Akzente setzen und einzelne Prozesse steuern.

Für die Abdeckung des gesamten Translationsprozesses hin zum CE-Kennzeichen gehören neben den medizinischen und wissenschaftlichen Visionären zudem Dienstleister, die dem Unternehmen bezüglich regulatorischer Abläufe beratend zur Seite stehen (z. B. welche weiteren Tests durchgeführt werden müssen und dies möglicherweise auch selber tun [I-DL-9-17]). Die Neufassung des Medizinproduktegesetzes hat die regulatorischen Zulassungsbedingungen von Implantaten erheblich verschärft. Dabei stehen kurze Innovationszyklen von Medizinprodukten verhältnismäßig langen Beobachtungs- und Prüfzeiträumen zur Sicherung klinischer Evidenz für Wirksamkeit und Sicherheit eines neuen Produkts gegenüber. Ein Beispiel für einen solchen Dienstleister ist das „Fraunhofer ITEM – Leistungszentrum Translation" aus Hannover, welches die Lücke zwischen der Grundlagenforschung und der ersten klinischen Prüfung im Hinblick auf Regulation, Qualitätssicherung und Fertigungstechnik schließt. Die Einbindung solcher Dienstleister ist besonders für Start-ups und KMUs ein sinnvoller Schritt zum marktreifen Produkt.

▶   **Praxistipp** Weitere Akteure, deren Fokus einzelnen Details gilt: Dienstleister
für regulatorische Zulassungsbedingungen, Marktbeobachtungen o. ä.

6.4.2   Die Formulierung einzelner Projekte

Basierend auf einer übergeordneten Kooperationsstrategie können einzelne Themen auf
unterschiedliche Art und Weise in Projekte aufgespalten werden. Die Tab. 6.1 gibt einen
groben Überblick verschiedener Kooperations-/Projektarten, wie sie an der HNO-Klinik
der MHH durchgeführt werden.

▶   **Praxistipp** *Formulierung einzelner Projekte* unter besonderer Beachtung der
Unterscheidung Auftragsforschung und Kooperationsforschung.

6.4.3   Die Organisation der Zusammenarbeit

Die konkrete Organisation der Zusammenarbeit richtet sich selbstverständlich nach der
Projektart sowie den Zielen des Projektes. Werden „nur" Daten geliefert, beispielsweise
bei einer klinischen Studie, wird die Organisation der Zusammenarbeit deutlich ein-
facher sein als bei einem Kooperationsprojekt, in dem fortlaufende Besprechungen und
Abstimmungen erforderlich sind. Eine enge Zusammenarbeit zwischen den Parteien ist
bei solchen Projekten durchaus sinnvoll und anzustreben (I-Unt-2-1, Zeile 105).

▶   **Praxistipp** Abhängig vom *Detailgrad der Projekt-Themenstellungen* ist eine
enge Zusammenarbeit durch fortlaufende Besprechungen, Abstimmungen,
sowie ein guter persönlicher Kontakt sinnvoll.

Um diese Herausforderung zu adressieren, haben die meisten großen Industrie-
partner der HNO-Klinik Außenstellen (I-Unt-2-1, Zeile 96 f.), sogenannte „Research
Units", in der Nähe der MHH, sodass ein persönlicher Kontakt zwischen den Wissenschaftlern, Klinikern und Unternehmensangestellten möglich ist und schnelles Feedback
gegeben werden kann (I-Unt-2-1, Zeile 34, 59 ff., 97 ff.). Besonders aus dem persönlichen Kontakt, dem direkten Austausch, auch wenn es keine aktuellen Themen gibt,
entstehen oft weitere Forschungsfragen für neue Innovationen. Start-ups und kleinere
Unternehmen sollten sich daher Gedanken über ihren Standort und die Nähe zu ihren
wichtigen Kooperationspartnern machen. Eine räumliche Distanz kann hier nämlich
durchaus zu einer Herausforderung werden (I-Unt-6-15, Zeile 133).

▶   **Praxistipp** Eigene „Research Unit" in Universitätsnähe.

Tab. 6.1 Überblick verschiedener Kooperations-/Projektarten an der MHH (Quelle: Eigene Darstellung)

	Auftragsforschung	Kooperationsforschung
Merkmal	Suche nach einer Lösung für eine vom Auftraggeber vorgegebene Frage oder Problemstellung. Das Interesse des Themas liegt somit stärker auf Unternehmensseite (I-Uni-1-2, Zeile 111 ff.)	Bei der Kooperationsforschung haben beide Seiten – sowohl die Universität/ Klinik als auch das Unternehmen – Interesse an der Durchführung des Projekts (I-Uni-1-2). Dieser Ansatz wird oft mit „Bottom-up" bezeichnet. Hier steht häufig die Bearbeitung von wissenschaftlichen Fragestellungen im Vordergrund, die im Interessensbereich von der Universität/Klinik liegen
Entstehung	Die Zusammenarbeit wird von Unternehmensseite initiiert. Die Grundlage ist eine bestimmte Fragestellung an die Universität oder/und an die Klinik. Das Ergebnis sind Erkenntnisse über Produkte oder Verfahren des Unternehmens (I-Unt-6–15, Zeile 49 ff.). Diese Projektart wird oft mit „Top-down" bezeichnet	Beispiel 1: Aus der Klinik kommen Ideen zur Optimierung einer Technologie, z. B. einer Elektrode oder eines Stents. Das Feedback wird an das Unternehmen weitergegeben, welches dann gemeinsam mit den Forschern der Universität/Klinik ein Forschungsprojekt formuliert (I-Unt-2-1, Zeile 31 f.) Beispiel 2: Aus einer basalen Studie an der Universität für grundsätzliche Fragen entstehen konkrete Ideen, die meist mit einem Projektvorschlag an das Unternehmen herangetragen werden. Das Unternehmen greift die Ideen innerhalb des Projektes auf, entwickelt sie weiter und arbeitet sie entweder in ein schon existierendes Produkt ein oder entwickelt ein völlig neues Produkt (I-Unt-6-15, Zeile 21 ff.)

(Fortsetzung)

Tab. 6.1   (Fortsetzung)

	Auftragsforschung	Kooperationsforschung
Durchführung	Beispiele der Auftragsforschung an Universitätskliniken sind klinische Studien, und zwar typischerweise Studien für die Zulassung und Anwendungsbeobachtungen (I-Uni-1-2, Zeile 119 ff.)	Typ A: In-Kind-Unterstützung von (öffentlich geförderten) Forschungsprojekten Offiziell ist das Unternehmen nicht als Vertragspartner der Universität/Klinik, sondern als Konsortiumspartner geführt. Es stellt der Universität/Klinik aber möglicherweise Materialien und Equipment zur Verfügung. Zahlungen an die Universität gibt es keine. Auf vertraglicher Ebene kann ein Material Transfer Agreement oder ein einfacher Kooperationsvertrag geschlossen werden Typ B: Projektpartner in einem öffentlich geförderten Forschungsprojekt (I-Uni-1-2). Der Industriepartner ist Konsortialpartner und führt eigene Arbeitspakete durch. Zahlungen an die Universität gibt es keine. Die Zusammenarbeit definiert sich anhand von Arbeitspaketen des Antrags Typ C: Zusammenarbeit in Projekten und Förderung von Kosten der Universität/Klinik. Das Unternehmen fördert die Projektarbeiten, meist in Form von Personal- und Materialkosten (I-Unt-6-15, Zeile 49). Es gibt demnach Zahlungen vom Unternehmen an die Universität/Klinik
Beurteilung	Projekte der Auftragsforschung sind meist zielgerichteter und konkreter als Kooperationsprojekte, was sie zugleich aber eingeschränkter macht für neue Ideen, die während der Projektphase entstehen (I-Unt-6-15, Zeile 62 f.)	Besonders für das 2. Beispiel (s. Entstehung) gilt, dass die besondere Relevanz des Themas dem Unternehmen erstmal gezeigt werden muss. Wissenschaftler gehen hier z. B. mit Experimenten deutlich in Vorleistung, damit überhaupt ein Prozess gestartet wird (I-Uni-1-3, Zeile 63 ff.)

Ein Faktor in klinischen Projekten ist, dass die klinische Routine parallel immer weiterläuft. Dies kann sowohl zeitlich als auch fachlich eine Herausforderung sein: Eine regelmäßige Einbindung der Ärzte bzw. des Klinikpersonals ist schwierig (I-DL-11-12, Zeile 76 ff.). Dienste, OPs oder auch der normale Klinikverkehr sind oftmals nicht vorab planbar. Die zeitliche Flexibilität des Kooperationspartners ist daher wichtig. Die fachliche Herausforderung auf der anderen Seite liegt darin, dass klinische Mitarbeiter darauf geschult sein müssen, die Fragen des Unternehmens, die andere Facetten haben könnten als die der klinischen Routine, auch sachgerecht bearbeiten zu können (I-Unt-2-1, Zeile 112 ff.). Ein starkes Involvement des Klinikleiters und eine enge Abstimmung mit dem Unternehmen hinsichtlich der Methoden sind hier von größtem Nutzen und sichern diesen Aspekt ab.

▶ **Praxistipp** Starkes Involvement des Klinikleiters.

▶ **Praxistipp** Schulung der Mitarbeiter (z. B. Fragestellungen von Industrie-Projekten sind oft anders als die der klinischen Routine).

▶ **Praxistipp** In klinischen Projekten ist eine zeitliche Flexibilität des Kooperations-partners sinnvoll.

Für klein- und mittelständische Unternehmen oder Start-ups, deren personelle Ressourcen für einen interaktiven Austausch mit der Universität/Klinik nicht ausreichen, kann eine Zusammenarbeit mit Dienstleistern sinnvoll sein, die eine systematische Integration des zu entwickelnden Produkts in die Klinik vorantreiben und bei Medizinern produktbezogene Nutzerbefragungen hinsichtlich ihrer Bedarfe machen. Ein Beispiel in der Medizintechnikbranche ist das Unternehmen KIZMO GmbH aus Oldenburg (I-DL-11-12, Zeile 59).

6.4.4 Besondere Herausforderungen in der Zusammenarbeit mit Universitäten/Kliniken

Bestimmte gesetzliche Regelungen rahmen die Zusammenarbeit ein und stellen Herausforderungen an die einzelnen Universitätsabteilungen und somit auch an die Kooperation:

- EU-Wettbewerbsrecht bzw. der Gemeinschaftsrahmen für staatliche Beihilfen für Forschung, Entwicklung und Innovation (2014/C198/01) der Europäischen Kommission
- *Bedeutung:* Grundsätzlich sind staatliche Beihilfen, die das Handeln zwischen den EU-Mitgliedsstaaten beeinträchtigen, d. h., zur Wettbewerbsverzerrung beitragen,

verboten. Nicht-wirtschaftliche Tätigkeiten dürfen nicht die wirtschaftlichen Tätigkeiten quersubventionieren. Keine staatliche Beihilfe liegt jedoch vor, wenn
– die Vollkosten des Vorhabens durch die der beteiligten Unternehmen getragen
  werden
– oder von der Forschungseinrichtung erworbenes IP bei der Forschungseinrichtung
  verbleibt und die Ergebnisse weit verbreitet werden können
– oder der IP Übertrag an die Unternehmen zu marktüblichen Konditionen erfolgt.
Für die Kooperation bedeutet dies, dass eine Universität
– eine Trennungsrechnung zwischen Drittmitteln und Landesmitteln und Trennungsrechnung zwischen Klinik und Forschung vornimmt und
– ihre Kostenkalkulationen auf Vollkostenbasis durchführt, also Gemeinkosten und
  Gewinne einkalkulieren muss.
- Um eine Quersubvention bei medizinischen Fakultäten zu vermeiden, müssen
  zwischen Unternehmen und Universitäten/Kliniken Verträge geschlossen werden, die
  eine konkrete Projektbeschreibung beinhalten. Einzelne Mitarbeiterfinanzierungen
  sind ohne definierte Projekte nicht möglich.
- Anti-Korruptionsrichtlinien StGB § 299a Bestechlichkeit im Gesundheitswesen
  Bedeutung: Um nicht in den Verdacht zu kommen, den neuen Strafrechtsparagrafen
  zur Vermeidung von Korruption im Gesundheitswesen nicht einzuhalten, sollte
  bei Kooperationsprojekten auf die vier Grundprinzipien Trennung, Transparenz,
  Dokumentation und Äquivalenz gesetzt werden. Auch zur Adressierung dieses
  Punktes ist ein Vertrag mit einer konkreten Projektbeschreibung obligatorisch. Große
  Diskrepanzen entstehen diesbezüglich oftmals bei der Gewährung von Spenden.
- Arbeitnehmererfindergesetz PatG § 6
  Bedeutung: Dem Erfinder steht das Recht auf das Patent zu, bzw. der Erfinder muss
  bei Inanspruchnahme der Erfindung vergütet werden. Unternehmen verhandeln häufig
  ein Nutzungsrecht.
- Arbeitsvertragliche Befristungen
  Bedeutung: Für Drittmittelbeschäftigte gelten Befristungen des Arbeitsverhältnisses
  auf Grundlage der Drittmittelprojekte.

▶ **Praxistipp** Universitäten unterliegen verschiedenen gesetzlichen
Regelungen. Vertragsinhalte des Projekts sind daher über die Klinik/Abteilung
mit der Rechtsabteilung der Universität abzustimmen. Die Abstimmungen
können u. U. mehrere Monate in Anspruch nehmen.

Ersichtlich wird, dass die Gestaltung von Kooperationen nicht nur den einzelnen Wissen-
schaftler oder Mediziner betrifft, sondern dass viele Personen, auch aus administrativen
Bereichen, im effizienten Management der Kooperationen erforderlich sind. Sind sich
Unternehmen und Klinik einig über eine Kooperation, kann es noch zu administrativen
Verzögerungen kommen.

6.5   Die Industrie-in-Klinik-Plattform der HNO-Klinik

An der HNO-Klinik der MHH wurden in den letzten 15 Jahren Kooperationsstrukturen mit der Industrie aufgebaut, die als Industrie-in-Klinik-Plattform bezeichnet werden können. Hier wird gemeinsam mit Klinikern, Wissenschaftlern und Industrieunternehmen eine sehr effiziente Translation betrieben.

6.5.1   Die Infrastruktur

Die HNO-Klinik der MHH ist international bekannt für das weltweit größte Cochlea-Implantat-Programm zur Versorgung von schwerhörigen und gehörlosen Patienten. Die Versorgung reicht von der Diagnose über die Therapie (OP) bis hin zur langjährigen Nachsorge. Jährlich werden ca. 500 CI-Operationen durchgeführt.

In den letzten Jahren wurden eigene F&E Gruppen aufgebaut, darunter sind z. B. Signal Processing, Computer-Assisted Surgery, Local Drug Delivery, Biomaterial Engineering, Pharmacology of the Inner Ear, Auditory Neuroscience, um nur einige zu nennen. Die meisten Gruppen halten, ursprünglich initiiert durch den Sonderforschungsbereich SFB599, enge Kooperationen zu lokalen und regionalen Forschungseinrichtungen. Für die klinikübergreifende Forschung und die Bündelung der transdisziplinären Forschung und Entwicklung mit dem Schwerpunkt Implantatforschung wurde von den Hannoverschen Hochschulen (Medizinische Hochschule Hannover, Stiftung Tierärztliche Hochschule Hannover, Leibniz Universität Hannover, in Zusammenarbeit mit dem Laserzentrum Hannover e. V.) das Niedersächsische Zentrum für Biomedizintechnik, Implantatforschung und Entwicklung (NIFE) gegründet. Innerhalb des neu entstandenen Forschungsgebäudes arbeiten verschiedene HNO-Forschergruppen interdisziplinär mit anderen Forschergruppen zusammen und nutzen die sich daraus ergebenden Synergien für die Entwicklung innovativer Implantate.

Des Weiteren wurde innerhalb der HNO-Klinik ein Felsenbeinlabor inklusive einer Histologie-Einheit eingerichtet. Die Räumlichkeiten sind optimal für chirurgische Trainings und für die Durchführung von Vortestverfahren ausgestattet. Dadurch wird ermöglicht, auch extern Dienstleistungen für den gesamten Bereich der HNO-Chirurgie zur Verfügung zu stellen.

Das Deutsche Hörzentrum (DHZ) ist der Ort, in dem an der HNO-Klinik klinische Studien betrieben werden. Patienten kommen in regelmäßigen Abständen zur Nachsorge ins DHZ, sodass es mittlerweile eine große CI-Datenbank mit rund 9000 Patienten gibt, aus der wertvolle Ergebnisse z. B. für retrospektive Forschung gezogen werden können. Kundenshops innerhalb des DHZs befinden sich in unmittelbarer Nachbarschaft zu den Untersuchungs- und Behandlungsräumen der HNO-Klinik, was sowohl für den Patienten, als auch für den HNO-Klinik Mitarbeiter und die Unternehmen kurze Wege und schnelle Feedback bedeutet.

Das 2016 gegründete Leistungszentrum Translationale Medizintechnik des Fraunhofer ITEM befindet sich ebenfalls in nächster Nähe zur Universitätsklinik und hat das Ziel, im Hinblick auf Zulassungsprüfungen, Qualitätssicherung und Fertigungstechnik die Lücke zwischen der Grundlagenforschung und den ersten klinischen Prüfungen zu schließen.

Industrieunternehmen haben lokale Forschungsniederlassungen in der Nähe der MHH (500 m Fußweg) mit lokalen Koordinatoren, um, wie oben schon beschrieben, eine enge Zusammenarbeit mit den Wissenschaftlern und Medizinern gewährleisten und sich persönlich austauschen zu können.

In der Grafik (vgl. Abb. 6.1) ist die Infrastruktur der HNO-Klinik modellhaft abgebildet.

Abb. 6.1 Infrastruktur der HNO-Klinik der MHH. (Quelle: Eigene Darstellung)

6.5.2   Die Zusammenarbeit

Die HNO-Klinik ist weltweit auf unterschiedlichen Ebenen und mit unterschiedlichen Zielsetzungen sowie Wirkungsgraden mit hochkarätigen Forschungseinrichtungen, Kliniken und Unternehmen vernetzt. Das ultimative Ziel ist dabei buchstäblich die Verbesserung des „Hörens für alle".

Um eine effiziente Translation im Bereich der Hörforschung gewährleisten zu können, besteht auf höchster Ebene ein intensiver Kontakt zwischen dem Klinik-Direktor der HNO-Klinik und den Geschäftsführern der verschiedenen Unternehmen – selbst Pioniere der Hörforschung. Auf dieser Ebene werden fachliche zukunftsweisende Akzente gesetzt und Strategien besprochen.

Alle drei Monate werden „Quarterly Meetings" durchgeführt, welches regelmäßige Treffen zwischen den MHH-Klinkern, Wissenschaftlern und Beteiligten der Unternehmensvertreter, auf denen projektübergreifend Arbeiten vorgestellt, Projekte diskutiert und kommende Schritte abgestimmt werden, sind (I-Uni-1-2. Zeile 107 ff.).

Die konkreten Projekte kommen aus der gesamten Bandbreite der Kooperationsmöglichkeiten (s. o.) und reichen von mehrjährigen Forschungsförderungen in einem bestimmten Forschungsbereich bis hin zu konkreten klinischen Studien für den Zulassungsprozess des Implantats.

Eine enge, persönliche Zusammenarbeit zwischen den Unternehmen und Wissenschaftlern ist durch die räumliche Nähe der „Research Units" gegeben.

Zur Harmonisierung der komplexen Prozesse und Herausforderungen ist eine HNO-eigene, administrative Schnittstelle zwischen Forschung, Unternehmen und MHH-Verwaltung eingerichtet.

6.6   Fazit

Das Cochlea-Implantat wäre damals vor rund 30 Jahren sicherlich keine Innovation gewesen ohne entscheidendes Grundlagenwissen aus wissenschaftlicher Sicht sowie anwendungsorientiertem medizinischem Wissen von Ärzten mit dem notwendigen Knowhow, wie diese Implantate einzusetzen sind und den Unternehmen somit wichtiges Feedback zu weiteren Entwicklungsschritten geben konnten. Gleiches gilt für Implantate aus anderen Bereichen, wie z. B. der Ophthalmologie, in der beispielsweise die Beantwortung der Frage, wie Patienten mit einem Glaukom effektiv und effizient behandelt werden können, Unternehmen, Mediziner und Wissenschaftler gleichermaßen beschäftigt.

Innovationen dieser und anderer gesellschaftlich relevanter Themenfelder aus dem Bereich der Medizintechnik verdeutlichen, dass für einen erfolgreichen Translationsprozess bis hin zu einem markt- und abrechnungsfähigen Produkt das Zusammenspiel verschiedener Akteure aus verschiedenen Bereichen der Wertschöpfungskette von immenser Bedeutung ist.

Die Interviewpartner, alle aus verschiedenen Bereichen des Translationsprozesses und auch mit unterschiedlichen Sichtweisen und Arbeitsschwerpunkten, sind sich einig:

Kooperationen spielen eine entscheidende Rolle, und zwar nicht nur für einen erfolgreichen, zielgerichteten Translationsprozess einer speziellen Erfindung hin zum marktreifen Produkt, sondern vielmehr dahin gehend, eine innovations-bejahende Kultur an einem Standort zu schaffen und auf langfristiger Ebene Partnerschaften mit Forschungseinrichtungen, Unternehmen und weiteren Einrichtungen zu bilden.

Die Gestaltung der Zusammenarbeit sollte auf einer strategischen, langfristigen Planung inkl. visionärer Vorstellungen aufbauen. Dies sollte möglichst gemeinsam zwischen den Organisationsleitern auf höherer Ebene geschehen. Abhängig von der jeweiligen Fragestellung bzw. Zielsetzung sollte die Zusammenarbeit dann in einzelne Projekte, möglicherweise sogar mit unterschiedlichen F&E-Gruppen, aufgeteilt werden. Bedingt liegt die Forderung nach einer übergeordneten, strategischen Planung u. a. in der Komplexität des Forschungsgegenstandes an sich. Am Beispiel der Hörforschung wird deutlich, dass unterschiedliche F&E-Gruppen viele Teilaspekte bearbeiten, die alle gleichermaßen entscheidende Beiträge für innovative Produkte darstellen. Entscheidend ist, das visionäre Ziel nicht aus der Sichtweite geraten zu lassen.

Unterschieden wird bei der Formulierung einzelner Projekte basierend auf dessen Inhalt und Entstehung die Auftragsforschung von der Kooperationsforschung. Die Ansätze unterscheiden sich sowohl in der Art der Durchführung, in der Finanzierungsfrage sowie im Grad des aktiven Involvements des Unternehmens.

Bei der Konzepterstellung bzw. dem Aufsetzen einzelner Projekte gilt für Unternehmen und Universitäten/Kliniken gleichermaßen, die bestehenden zum Teil gesetzlichen Rahmenbedingungen und besonderen Herausforderungen in der Zusammenarbeit mit Universitäten/Kliniken zu adressieren und in Verträge und Projektpläne einfließen zu lassen.

Zusammenfassend lässt sich am Beispiel der HNO-Klinik der Medizinischen Hochschule Hannover sagen, dass der hier vorgestellte Ansatz, langfristige Kooperationen mit Unternehmen und weiteren Einrichtungen einzugehen seit Jahrzehnten erfolgreich stattfindet. Die HNO-Klinik hat über die letzten Jahre eine umfassende und qualitativ hochwertige Infrastruktur geschaffen, sodass die unterschiedlichsten Fragestellungen von der Grundlagenforschung, über die angewandte Forschung bis hin zur klinischen Studie bearbeitet werden können. Langfristige Partnerschaften bestehen dabei auf diversen Ebenen mit Unternehmen, Forschungseinrichtungen und Kliniken.

Literatur

Bundesverband Medizintechnologie (BVMed). (2018). Branchenbericht Medizintechnologie.
Butler, D. (2008). Translation research: Crossing the valley of death. *Nature, 453,* 840–842.
Choi, D. W. (1992): Bench to bedside: The glutamate connection. *Science, 258,* 241.
Verband der Elektrotechnik und Elektronik e. V. (VDE); Deutsche Gesellschaft für Biomedizinische Technik (DGBMT); IFM Institut Gesundheitsökonomie und Medizinmanagement, Hochschule Neubrandenburg. (2008). Studie zur Identifizierung von Innovationshürden in der Medizintechnik. Berlin.
Wolf, S. (1974). The real gap between bench and bedside. *The New England journal of medicine, 290,* 802–803.

Kosten im Innovationsprozess von Implantaten

7

Steffen Fleßa, Angela-Verena Hassel, Ulrike Löschner, Susan Raths und Fabienne Siegosch

7.1 Überblick

S. Fleßa, U. Löschner

Eine zentrale Barriere im Innovationsprozess von Implantaten sind die Kosten. Wie Abb. 1.2 zeigt, wirken sich die (geschätzten) Kosten auf die Entwicklung, auf die Zulassung und die Markteinführung aus. Ob ein neues Implantat zum Standard wird, hängt letztlich maßgeblich davon ab, ob die Patienten, Ärzte und Finanzierer den Nutzen des Implantats in einem angemessenen Verhältnis zu den Kosten sehen. Deshalb ist es notwendig, den Kostenbegriff genauer zu analysieren.

Abb. 7.1 gibt einen Überblick über die sogenannten Krankheitskosten. Als intangible Kosten werden Schmerz, Leid, Trauer etc. bezeichnet. Das gängige Maß zur Messung der intangiblen Kosten ist die Lebensqualität (vgl. Abschn. 8.1.1). Sie kann künstlich in Geldeinheiten bewertet werden, jedoch wird meist darauf verzichtet. Tangible Kosten hingegen sind relativ einfach monetär zu bewerten. Sie fallen beim Haushalt direkt (z. B. Fahrtkosten zum Arzt) oder indirekt (z. B. Verlust der Arbeitszeit, Frühberentung) an. Ein Schwerpunkt der Kosten liegt jedoch direkt beim Leistungsanbieter. Sie können als

S. Fleßa (✉) · A.-V. Hassel · U. Löschner · S. Raths · F. Siegosch
Lehrstuhl für Allgemeine Betriebswirtschaftslehre und Gesundheitsmanagement,
Universität Greifswald, Greifswald, Deutschland
E-Mail: steffen.flessa@uni-greifswald.de

U. Löschner
E-Mail: ulrike.loeschner@outlook.com

F. Siegosch
E-Mail: fabienne.siegosch@uni-greifswald.de

© Der/die Autor(en), exklusiv lizenziert durch Springer Fachmedien Wiesbaden GmbH, ein Teil von Springer Nature 2021
U. Löschner et al. (Hrsg.), *Strategien der Implantatentwicklung mit hohem Innovationspotenzial*, https://doi.org/10.1007/978-3-658-33474-1_7

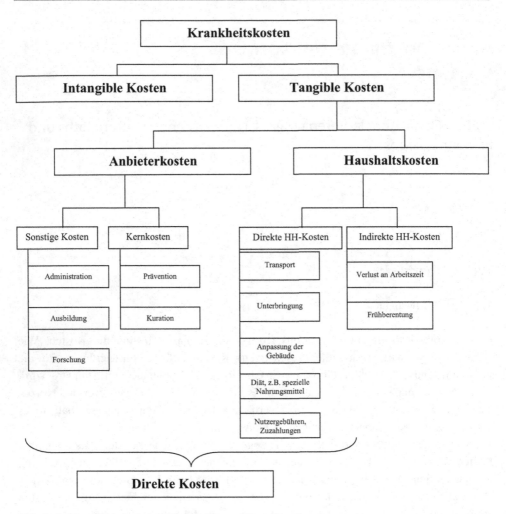

Abb. 7.1 Krankheitskosten. (Quelle: Eigene Darstellung)

monetärer Wert des Ressourcenverbrauchs ermittelt werden: Personal, Material (auch Implantate), Räume etc. werden für die Patientenbehandlung eingesetzt und generieren dadurch beispielsweise Personal-, Verbrauchs- und Mietkosten.

▶ **Definition: Krankheitskosten** Bilden sich aus den intangiblen Kosten (Schmerz, Leid, Trauer gemessen über die Lebensqualität) und den tangiblen Kosten (monetär bewertbare Kosten).

Für die Praxis bedeutet dies, dass immer zuerst Kostenbegriff und Kostenperspektive geklärt werden müssen. Für die Gesellschaft sind indirekte Haushaltkosten höchst relevant, für ein Krankenhaus kaum. Für den Implantathersteller sind Forschungskosten wichtig, für den Patienten nicht. Aus individueller Sicht sind die intangiblen Kosten von höchster Bedeutung, während für eine Krankenkasse die Gebühren primäre Entscheidungsgrundlage sind. Kosten sind nicht gleich Kosten und müssen exakt aus der jeweiligen Perspektive definiert werden.

▶ **Definition: Kostenbegriff** Kosten sind der bewertete Verzehr von materiellen und immateriellen Ressourcen zur Erstellung und dem Absatz von Gütern und Dienstleistungen.

Auf einzelbetrieblicher Ebene ist das Instrument zur Ermittlung der Kosten der Leistungsanbieter die Kostenrechnung. Das eigentliche Ziel ist hierbei die Kalkulation der Selbstkosten einer Leistung. Darunter versteht man die Ermittlung des Wertes, den ein Unternehmen selbst aufgewandt hat, um eine Einheit einer Leistung zu erstellen. So könnte man z. B. fragen: „Was kostet die Behandlung eines Patienten mit einem Cochlea-Implantat?" Wichtig ist hierbei, dass die Perspektive des Leistungserstellers (hier: Krankenhaus) eingenommen wird. Für die Krankenkasse sind die Kosten immer das entsprechende Entgelt der DRG, für den Leistungsersteller hingegen fallen Kosten für die OP, das Implantat, die Pflege, Diagnostik, Hotelleistungen etc. an.

Hierzu müssen zuerst alle Kosten eines Unternehmens in zwei große Blöcke unterschieden werden. Kosten, die ausschließlich und unmittelbar mit der Behandlung dieser Patientengruppe zu tun haben, werden als Kostenträgereinzelkosten bezeichnet. Implantate gehören immer hierzu und sind diesen Patienten direkt zuzurechnen. Alle anderen Kosten werden als Kostenträgergemeinkosten bezeichnet. Traditionell werden die Kostenträgergemeinkosten zuerst den Stellen zugeordnet, wo sie anfallen (z. B. Labor, OP, Station, Heizzentrale, Verwaltung) und dann in einem komplexen Verfahren auf die Leistungen (sogenannte Kostenträger) verteilt. Das Verfahren ist gebräuchlich, jedoch für eine exakte Berechnung und als Entscheidungsgrundlage ungeeignet. Besser ist es, den exakten Behandlungspfad abzubilden und für jeden einzelnen Teilprozess die Kosten zu ermitteln. Dies wird als Prozesskostenrechnung bezeichnet (vgl. Abschn. 7.2.1).

Auf gesamtgesellschaftlicher Ebene wurden verschiedene Verfahren der Kosten-Nutzen-Bewertung entwickelt, die nicht mit den betriebswirtschaftlichen Methoden der Kostenrechnung verwechselt werden dürfen. Die Kosten-Nutzen-Analyse geht zwar auch von geldmäßigen Größen der Kosten und Nutzen aus, monetarisiert jedoch auch Nutzen, die nicht unmittelbar in Geldgrößen vorliegen, wie z. B. die Lebensqualität. Auch die Nutzenwertanalyse, die Kosten-Nutzwertanalyse und die Kosten-Wirksamkeitsanalyse stellen Verfahren dar, die primär für gesamtgesellschaftliche Analysen von Bedeutung sind. Sie werden im Folgenden nicht weiter betrachtet, da sie derzeit in Deutschland für die Zulassung oder Erstattung (anders als in Großbritannien) keine Rolle spielen.

Damit kann man zusammenfassend festhalten, dass sowohl der Kostenbegriff als auch die Methoden stark von der jeweiligen Fragestellung abhängen. Ausgangspunkt einer Kostenanalyse muss deshalb immer eine eindeutige Frage sein, erst danach kann die

Methodik gewählt werden. Die Angabe von Kosten ohne eine klare Definition dessen, welcher Ressourcenverbrauch für welchen Betroffenen damit ausgedrückt werden soll, ist sinnlos.

7.2   Methoden

S. Fleßa, U. Löschner

Im Folgenden werden zwei Methoden dargestellt, die unterschiedliche Fragen beantworten. Ausgangsfrage für die erste Methodik lautet: Wie hoch sind die monetär bewerteten Ressourcenverbräuche für einen Leistungsanbieter (z. B. Krankenhaus) für eine Leistungseinheit, z. B. die Implantation eines Glaukom-Stents? Die zweite Frage lautet: Wie hoch sind die Lebenszeitkosten für die Krankenkasse bei einer bestimmten Behandlung? So unterschiedlich die Fragestellungen sind, so unterschiedlich sind die Methoden.

7.2.1   Prozesskosten

Ausgangspunkt einer möglichst realistischen Kalkulation der Kosten eines Behandlungsprozesses ist die Aufschlüsselung der Prozesse. Als Prozess bezeichnet man die Folge von Ereignissen im ursächlichen Zusammenhang. Beispielsweise besteht der Gesamtprozess im Krankenhaus aus Aufnahme – Diagnose – Therapie – Pflege – Entlassung, wobei teilweise Prozesse parallel verlaufen können (z. B. Pflege und Diagnose bzw. Therapie). Jeder Prozess kann entsprechend untergliedert werden, je nachdem, wie genau die Kostenrechnung sein soll. Hilfreich ist hierbei meist eine grafische Veranschaulichung der Prozesse (vgl. Abb. 7.2 und 7.3).

▶ **Definition: Prozesskostenrechnung** Ist eine Vollkostenrechnung aus der Perspektive der Leistungsersteller bei der die anfallenden Kosten den einzelnen Teilprozessen der Leistungserstellung ursächlich zugeordnet werden.

Bezüglich des Inhalts können Behandlungs-, Verwaltungs- oder technische Prozesse unterschieden werden. Behandlungsprozesse werden häufig als klinische Pfade (clinical pathway) abgebildet. Allgemein ist ein klinischer Pfad die Beschreibung bzw. Festlegung der Abfolge und Terminierung der wichtigsten Interventionen, die von allen Disziplinen bei der Versorgung eines Patienten oder seiner Behandlung durchgeführt werden. Ein vollständiger klinischer Pfad deckt den Gesamtprozess von der Aufnahme bis zur Entlassung ab. Die Prozesskostenrechnung intendiert eine möglichst genaue Ermittlung der Kosten eines Behandlungsprozesses durch eine detaillierte Abbildung der Unternehmensprozesse sowie die Bestimmung derjenigen Größen, die für die Höhe der Kosten verantwortlich sind (Kostentreiber). Hierzu wird der Gesamtprozess in Prozessbereiche

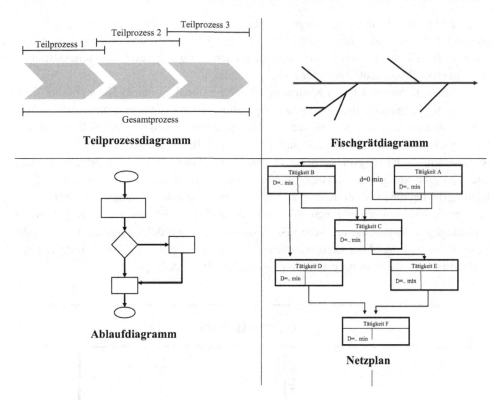

Abb. 7.2 Darstellungsmöglichkeiten von Prozessen. (Quelle: Eigene Darstellung)

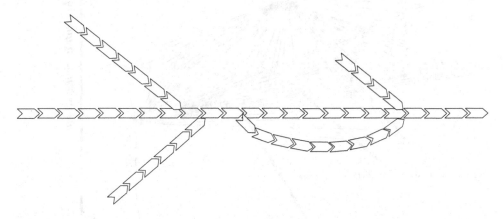

Abb. 7.3 Parallele und Zulieferprozesse. (Quelle: Eigene Darstellung)

(z. B. Aufnahme, Diagnostik, Pflege, Therapie, Entlassung), Hauptprozesse (z. B. Verwaltungsaufnahme und medizinisch-pflegerische Aufnahme) und Teilprozesse (z. B. Anlage des Krankenblattes, Anamnese) gegliedert. Abb. 7.4 zeigt den schematischen Aufbau einer Prozesskostenrechnung stark vereinfacht.

In jedem Teilprozess fallen Kosten an, die proportional zu einem Kostentreiber sind. Beispielsweise werden die Kosten des Operationsprozesses proportional zur Schnitt-Naht-Zeit angenommen. Sie werden als leistungsmengeninduziert bezeichnet. Andere Kosten hängen nicht von der Leistungsmenge ab, z. B. die Kosten der Stationsleitung. Sie werden als leistungsmengenneutral bezeichnet. Wenn man nur ermitteln möchte, wie viel eine zusätzliche Leistungseinheit kostet (Grenzkostenansatz), genügt es, die leistungsmengeninduzierten Kosten zu berücksichtigen, da die leistungsmengenneutralen Kosten sowieso anfallen und nicht durch eine zusätzliche Leistungseinheit steigen. Wenn man hingegen die durchschnittlichen Fallkosten berechnen möchte, müssen die neutralen Kosten durch die Zahl der Leistungseinheiten (z. B. Kosten der Stationsleitung/Zahl der Aufnahmen auf die Station) geteilt und zugeschlüsselt werden.

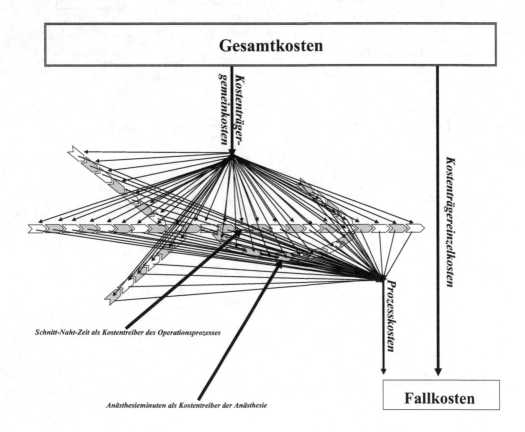

Abb. 7.4 Schematische Darstellung der Prozesskostenrechnung. (Quelle: Eigene Darstellung)

Zusammenfassend können die Schritte der Prozesskostenrechnung wie folgt beschrieben werden:

1. Festlegung des Kostenträgers: Für welchen Prozess, welche Behandlung oder sonstige Leistung sollen die Kosten ermittelt werden?
2. Aussonderung der Kostenträgereinzelkosten: Implantate, Blutprodukte, Antibiotika etc. können dem Kostenträger direkt zugeordnet werden. Alle anderen Kosten werden den einzelnen Teilprozessen zugeordnet.
3. Entwicklung eines Ablaufdiagramms für den zu bewertenden Prozess.
4. Festlegung der Ressourcenverbräuche pro Teilprozess pro Leistungseinheit.
5. Im Falle der Grenzkostenrechnung werden nur leistungsmengeninduzierte Kosten pro Teilprozess berücksichtig, im Falle der Vollkostenrechnung müssen auch leistungsmengenneutrale Kosten einbezogen werden. Hierzu werden Verrechnungssätze gebildet.
6. Addition der Gesamtkosten über alle Prozesse sowie der Kostenträgereinzelkosten zu den Prozesskosten.

Je detaillierter der Prozess gegliedert ist, desto komplexer ist die Kostenrechnung und desto genauer aber auch das Ergebnis. Der Kostenrechner muss deshalb vorher festlegen, wie viel Präzision er benötigt. Manchmal genügt es auch, einige höchst relevante Teilprozesse (z. B. OP) auf Teilprozessebene zu analysieren und für andere Prozesse grobe Schätzungen abzugeben bzw. auf die Durchschnittswerte des Instituts für das Entgeltsystem im Krankenhaus (InEK) im sogenannten „InEK-Report-Browser" zu verweisen.

7.2.2 Lebenszeitkosten

Eine Analyse der Lebenszeitkosten verfolgt ein völlig anderes Ziel. Sie geht meist von der Perspektive der Krankenkassen aus und ermittelt, welche Kosten für die Krankenkassen vom Zeitpunkt der Erkrankung oder Intervention bis zum Lebensende entstehen. Es muss folglich aufgezeichnet, aus den Sekundärdaten extrahiert oder geschätzt werden, welche Kosten zu welchem Zeitpunkt bis zum Lebensende entstehen.

▶ **Definition: Lebenszeitkostenrechnung** Ermitteln die Kosten einer Erkrankung und der Therapie vom Zeitpunkt der Intervention bis zum Lebensende aus der Perspektive der Kostenträger.

Ein Problem ist hierbei, dass die Kosten in späteren Jahren nicht gleich zu setzen sind mit den heutigen Kosten. Vielmehr müssen die Kosten abgezinst werden, um als Summe über alle Jahre den sogenannten Barwert der Kosten zu ermitteln. Dies entspricht dem Betrag, den eine Krankenkasse auf ein fiktives Sparbuch legen müsste, um die zu erwartenden Kosten eines Patienten bis zu dessen Tod zu bezahlen. Die Analyse der kurzfristigen Kosten unterschätzt dabei regelmäßig die Lebenszeitkosten. So führt beispielsweise der erste kariöse Befall eines Zahnes zu vergleichsweise geringen Kosten der Restauration. Da aber eine einflächige Karies häufig im Zeitablauf zu mehrflächigen Füllungen, zur Wurzelbehandlung sowie Krone und schließlich zum Implantat führt, sind die Lebenszeitkosten einer ersten Karies deutlich höher als die unmittelbare Auszahlung der Krankenkasse.

Formal ermitteln sich die Kosten einer Implantation als

$$C_a = I + \sum_{t=1}^{trunc(T_a - a)} h_t \cdot q^{-t} \qquad (7.1)$$

mit

C_a Barwert der Lebenszeitkosten im Alter a
a Implantationszeitpunkt (Alter)
I Kosten der Implantation
T_a Lebenserwartung eines Menschen in Alter a
h_t Durchschnittliche Behandlungskosten im Jahr t nach Implantation (t = 1 ... T-a)
q Zinsfaktor (1 + r/100) mit r = Zinssatz [%]

Je nach Implantat müssen weitere Kostenkomponenten ergänzt werden.

7.3   Fallstudien

S. Fleßa, V. Hassel, U. Löschner, S. Raths, F. Siegosch

7.3.1   Prozesskostenanalyse aus der Perspektive des Krankenhauses bei Implantation eines XEN Gel Stents

Der steigende Kostendruck im Krankenhaus führt zu einer wachsenden Bedeutung von Kosten-Bewertungen, u. a. bei innovativen Behandlungsverfahren.

Der XEN Gel Stent stellt ein innovatives Verfahren zur Behandlung des primären Offenwinkelglaukoms dar. Um die finanziellen Konsequenzen der Einführung dieser spezifischen Innovation abschätzen zu können und somit eine Vergleichbarkeit mit dem derzeitigen Goldstandard in der Behandlung, der Trabekulektomie, zu schaffen, ist eine Prozesskostenrechnung unabdingbar. Ein Anwendungsfeld für die exakte Berechnung der Prozesskosten wäre beispielsweise auch, über eine mögliche Unterfinanzierung der derzeitigen DRG aufklären zu können oder langfristig die Lebenszeitkosten aus Perspektive der Krankenkasse simulieren zu können.

Die Ermittlung verlässlicher Selbstkosten stellt hohe Anforderungen an die Krankenhauskostenrechnung, da im Krankenhaus 70–80 % der Kosten fix sind. Das Ergebnis einer Kosten-Bewertung hängt also auch davon ab, aus welcher Perspektive die Kosten betrachtet werden. Es wird die Perspektive der Klinik gewählt, in der die Implantation mittels XEN Gel Stent durchgeführt wird.

Um die Kosten des stationären Aufenthaltes bei Erstimplantation möglichst realistisch kalkulieren zu können, erfolgt im ersten Schritt eine Tätigkeitsanalyse. Hierbei werden alle Prozesse beobachtet und detailliert aufgeschlüsselt. So entsteht ein Ablaufdiagramm für den Gesamtprozess im Krankenhaus, von der Aufnahme des Patienten, über die Implantation am Folgetag sowie der postoperativen Behandlung bis zur Entlassung. Weiterhin werden alle Teilprozesse detailliert aufgegliedert, die für die Kostenrechnung von Relevanz sind.

Abb. 7.5 zeigt beispielhaft das Ablaufdiagramm für die patientennahen Prozesse, die während der Aufnahme des Patienten durch die unterschiedlichen Berufsgruppen erfolgen. Die einzelnen Tätigkeiten laufen teilweise parallel ab und werden von unterschiedlichen Berufsgruppen ausgeführt. Dieser Pfad bildet den Standardprozessablauf der Patientenaufnahme ab. In Abhängigkeit verschiedener Faktoren (bereits bekannter Patient, zusätzliche Diagnosen, etc.) können die tatsächlichen Prozesse im Einzelfall vom Standard abweichen.

Nach Visualisierung aller Prozesse wird eine Zeitmessstudie zur Ermittlung der Personaleinsatzzeiten durchgeführt. Beispielsweise erlaubt die exakte Ermittlung der berufsgruppenspezifischen Aufnahmezeit eine viel genauere Berechnung der Personalkosten, da die Aufnahme in Abhängigkeit der Diagnose unterschiedlich lange dauert und deshalb auch mit unterschiedlichen Zeitwerten hinterlegt werden sollte.

Die Zeitmessung erfolgt mittels Stoppuhr, hierbei wird jeder in der Tätigkeitsanalyse visualisierte Prozess beobachtet und der Zeitverbrauch der Teiltätigkeiten erfasst. Somit können bei ausreichendem Stichprobenumfang realistische Werte für den Standardpatienten ermittelt werden.

Zusätzlich wird auf Datensätze aus dem Controlling zurückgegriffen, aus denen exakte Minutenwerte des Operationsprozesses hervorgehen. Den auf diese Weise errechneten Minutenwerten für sämtliche Prozesse werden im nächsten Schritt berufsgruppenspezifische Personalkostensätze pro Minute hinterlegt, sodass möglichst exakte Personalkosten für den gesamten stationären Aufenthalt des Patienten ermittelt werden können. Zusätzlich zu den Kosten pro Teilprozess werden die restlichen leistungsmengeninduzierten Kosten direkt dem Kostenträger zugeordnet. Hierbei handelt es sich beispielsweise um glaukomspezifische Augentropfen und das Implantat (XEN Gel Stent). Die entstehenden leistungsmengenneutralen Kosten (Kosten für die Station, Diagnostikinstrumente etc.) werden mit Daten des zentralen Einkaufs und mit Hilfe von Verrechnungssätzen ermittelt und zu den leistungsmengeninduzierten Kosten addiert.

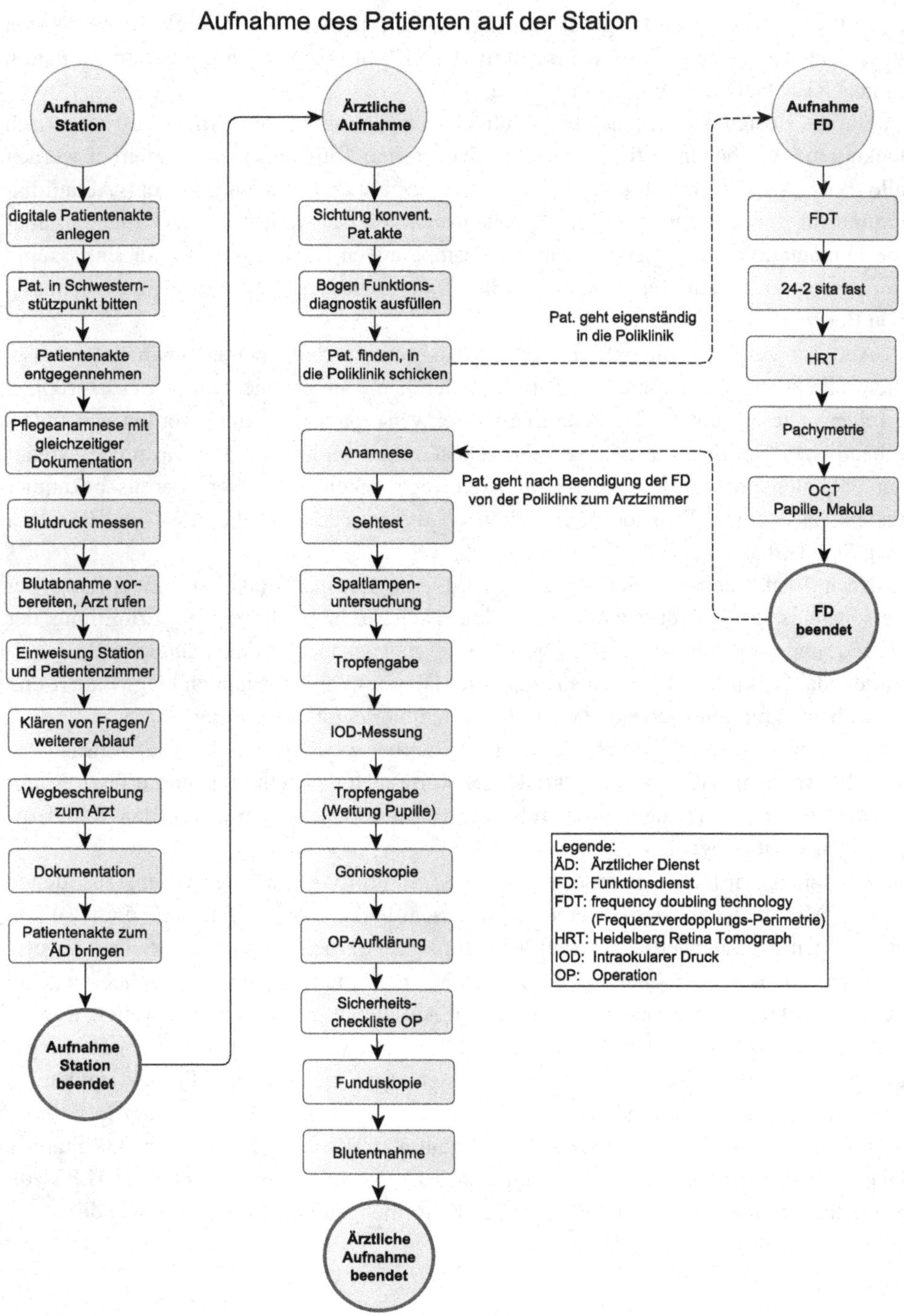

Aufnahme des Patienten auf der Station

Aufnahme Station

- digitale Patientenakte anlegen
- Pat. in Schwestern-stützpunkt bitten
- Patientenakte entgegennehmen
- Pflegeanamnese mit gleichzeitiger Dokumentation
- Blutdruck messen
- Blutabnahme vor-bereiten, Arzt rufen
- Einweisung Station und Patientenzimmer
- Klären von Fragen/ weiterer Ablauf
- Wegbeschreibung zum Arzt
- Dokumentation
- Patientenakte zum ÄD bringen

Aufnahme Station beendet

Ärztliche Aufnahme

- Sichtung konvent. Pat.akte
- Bogen Funktions-diagnostik ausfüllen
- Pat. finden, in die Poliklinik schicken

Pat. geht eigenständig in die Poliklinik

- Anamnese

Pat. geht nach Beendigung der FD von der Poliklink zum Arztzimmer

- Sehtest
- Spaltlampen-untersuchung
- Tropfengabe
- IOD-Messung
- Tropfengabe (Weitung Pupille)
- Gonioskopie
- OP-Aufklärung
- Sicherheits-checkliste OP
- Funduskopie
- Blutentnahme

Ärztliche Aufnahme beendet

Aufnahme FD

- FDT
- 24-2 sita fast.
- HRT
- Pachymetrie
- OCT Papille, Makula

FD beendet

Legende:
ÄD: Ärztlicher Dienst
FD: Funktionsdienst
FDT: frequency doubling technology (Frequenzverdopplungs-Perimetrie)
HRT: Heidelberg Retina Tomograph
IOD: Intraokularer Druck
OP: Operation

Abb. 7.5 Ablaufdiagramm der Patientenaufnahme in der Versorgung mittels XEN Gel Stent. (Quelle: Eigene Darstellung)

7.3.2   Prozesskostenanalyse aus der Perspektive des Krankenhauses bei Implantation eines Koronarstents

Die koronare Herzerkrankung stellt eine der häufigsten Erkrankungen überhaupt dar (Gößwald et al. 2013) und bildet nach wie vor eine der häufigsten Todesursachen in Deutschland (Statistisches Bundesamt 2020). Zwar konnte in den vergangenen Jahren ein Rückgang der Mortalität verzeichnet werden, jedoch ist vor dem Hintergrund der primär von der Erkrankung betroffenen Bevölkerungsgruppe – den Menschen des höheren Alters – aufgrund der derzeitigen demografischen Entwicklungen auch zukünftig von weiterhin hohen Fallzahlen und damit auch von einer hohen finanziellen Belastung der Leistungserbringer auszugehen (Robert Koch-Institut, Abteilung für Epidemiologie und Gesundheitsmonitoring 2018). Die Verfügbarkeit und Anwendung von effizienten Behandlungsmethoden sowie eine detaillierte Analyse der daraus resultierenden Kosten ist aus wirtschaftlicher Perspektive daher unabdingbar.

Die Implantation von Koronarstents gilt heute als Standardtherapie bei Verengungen der Herzkranzgefäße. Um diese gesundheitsökonomisch bewerten und realitätsnah beurteilen zu können, wurde in einem ersten Schritt eine Prozessanalyse – beginnend mit dem Zeitpunkt der prästationären Aufnahme bis hin zur Entlassung des Patienten – am Beispiel der Kardiologie der Universitätsmedizin Greifswald (UMG) durchgeführt. Zu diesem Zweck sind alle im Gesamtprozess enthaltenen Tätigkeiten mittels Fremdbeobachtung und Expertengesprächen identifiziert und in einem Behandlungspfad visualisiert worden. Auf Basis zusätzlicher Expertenbefragungen erfolgte zudem die Validierung sowie Optimierung der Prozessdarstellung. Einen Überblick über den Gesamtprozess zeigt Abb. 7.6.

Im ersten Schritt wird der Patient in aller Regel zunächst ausschließlich prästationär voruntersucht und verlässt im Anschluss nochmals das Krankenhaus. Zum gegebenen Termin folgt im zweiten Schritt dann der eigentliche Eingriff in Form der Koronarintervention sowie die post-interventionelle Nachversorgung. Am Folgetag kann der Patient wieder entlassen werden. Der beschriebene Ablauf entspricht der Behandlung eines Standardpatienten (elektiv, keine Komplikationen), kann jedoch im Einzelfall abweichen. So ist es z. B. möglich, dass prästationäre Aufnahme und Intervention am gleichen Tag stattfinden. Auf dem Gesamtprozess aufbauend erfolgte die weitere Aufschlüsselung der einzelnen darin enthaltenen Teilprozesse sowie eine damit einhergehende exakte Zuordnung des eingesetzten Personals. Dies ist am Beispiel der prästationären Aufnahme in Abb. 7.7 dargestellt und diente der anschließenden Erhebung von Personaleinsatzzeiten, welche die Grundlage der Personalkostenermittlung bilden.

Hierfür wurden zwei verschiedene Herangehensweisen gewählt: Für zeitlich gut dokumentierte Teilprozesse, z. B. OP-Zeiten, kann auf die entsprechenden Daten aus dem Krankenhausinformationssystem zurückgegriffen werden. Dazu zählen u. a. OP-Protokolle und OP-Pflegeberichte. Für die Erfassung der personellen Ressourcenverbräuche von zeitlich nicht oder nur unzureichend dokumentierten Teilprozessen wurde dagegen eine eigene Zeitmessstudie in Form einer Fortschrittszeitmessung (Stoppuhrverfahren) durchgeführt

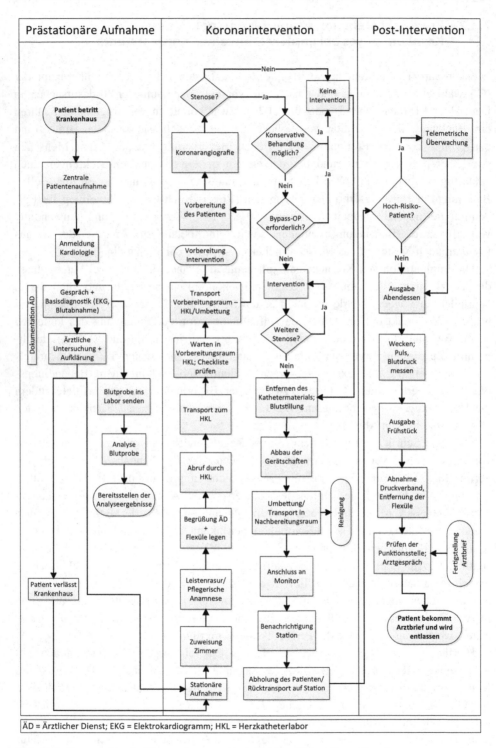

Abb. 7.6 Prozessablauf – Koronarintervention. (Quelle: Eigene Darstellung)

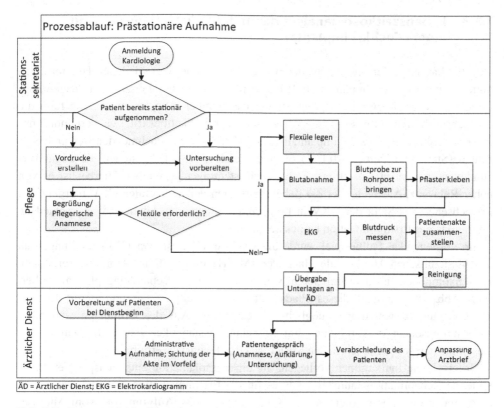

Abb. 7.7 Prozessablauf – Prästationäre Aufnahme. (Quelle: Eigene Darstellung)

sowie statistisch ausgewertet. Sobald alle personellen Ressourcenverbräuche entlang des generierten Prozesspfades bekannt sind, kann auf Basis der an der UMG geltenden Tarifverträge die Berechnung der Personalkosten erfolgen. Neben diesen Personalkosten, die in der Regel den größten Kostenaspekt darstellen, gibt es weitere für die Koronarstentimplantation relevante Faktoren (z. B. Materialkosten, Reinigung, Verwaltung), die zu identifizieren und kostenrechnerisch möglichst exakt zu bewerten sind. In diesem Zusammenhang können Kostenträgereinzelkosten (z. B. das Implantat) direkt den Kostenträgern zugerechnet werden. Die weiteren leistungsmengeninduzierten Kosten werden den Teilprozessen zugeordnet und auf Basis der zugehörigen Kostentreiber Prozesskostensätze ermittelt. Nachfolgend werden die leistungsmengenneutralen Kosten über Verrechnungssätze auf die Teilprozesse verteilt. Abschließend können durch Addition der Kosten aller Teilprozesse die Gesamtkosten ermittelt werden.

7.3.3 Lebenszeitkostenanalyse der unilateralen Versorgung mit einem Cochlea Implantat

Das Indikationsgebiet für die medizinische Behandlung verschiedener Hörstörungen mittels eines Cochlea Implantats (CI) hat sich in den letzten Jahrzehnten ausgeweitet. Dabei stehen zwei zentrale Faktoren einander gegenüber: Auf der einen Seite führt die demografische Alterung sowie die Ausweitung der Indikationskriterien verbunden mit einer höheren Akzeptanz der implantatbasierten Therapie zu zunehmenden Behandlungszahlen (Stark und Helbig 2011; Jacob und Stelzig 2013). Dem stehen die damit verbundenen steigenden Kosten aus Sicht der Kostenträger gegenüber. Hierbei ist es von hoher Relevanz, Angaben über die Lebenszeitkosten der unilateralen CI-Versorgung bei Erwachsenen aus Sicht der GKV in Deutschland machen zu können, die verschiedene Zeitpunkte der Erstimplantation berücksichtigen.

Im vorliegenden Fallbeispiel wurde die Analyse auf Basis der CI-Behandlungen an der Medizinischen Hochschule Hannover (MMH) durchgeführt. Um alle relevanten Kostenkomponenten zu identifizieren, wurde zunächst ein Behandlungspfad modelliert (vgl. Abb. 7.8). Anhand dieses Pfads gilt es alle Teilprozesse und deren Kostenkomponenten so genau wie möglich zu bestimmen. Auf der Grundlage stationärer Abrechnungsdaten in Verbindung mit Implantationsstatistiken der MHH wurden die Gesamtkosten sowie die jährlichen Kosten pro Restlebensjahr ermittelt.

Sofern keine Indikationen vorliegen, die einer Implantation entgegensprechen (z. B. fehlende Rehabilitationsfähigkeit), gibt es für die Erstimplantation eines CI weder eine untere noch eine obere Altersgrenze (Kempf et al. 2003). Aufgrund der vom Alter der Erstimplantation abhängigen Unterschiede in der ferneren Lebenserwartung ergeben sich unterschiedlich hohe Gesamtkosten einer CI-Versorgung sowie unterschiedlich hohe Kosten pro Restlebensjahr. Tab. 7.1 stellt alle im Rahmen der Fallstudie identifizierten Kostenkomponenten der unilateralen Versorgung von Erwachsenen mit einem CI zu Preisen des Jahres 2013 dar.

Die nachfolgende Formel (7.2) zeigt die Berechnung der Lebenszeitkosten für das vorliegende Fallbeispiel. Sie setzt sich aus sieben Teiltermen zusammen, wobei die ersten drei Konstanten die Kosten der präoperativen Diagnostik, der Implantation und der Erstanpassung definieren. Der vierte Term beschreibt die durchschnittlich zu erwartenden Nachsorge- und Wartungskosten einer Betreuung über die Restlebenszeit in Abhängigkeit vom Zeitpunkt der Implantation. Zusätzlich werden im fünften und sechsten Term Reimplantationskosten innerhalb und außerhalb der Garantiezeit einkalkuliert sowie abschließend Kosten eines oder mehrerer Sprachprozessorupgrades in Abhängigkeit der Restlebenserwartung berechnet (Raths et al. 2016).

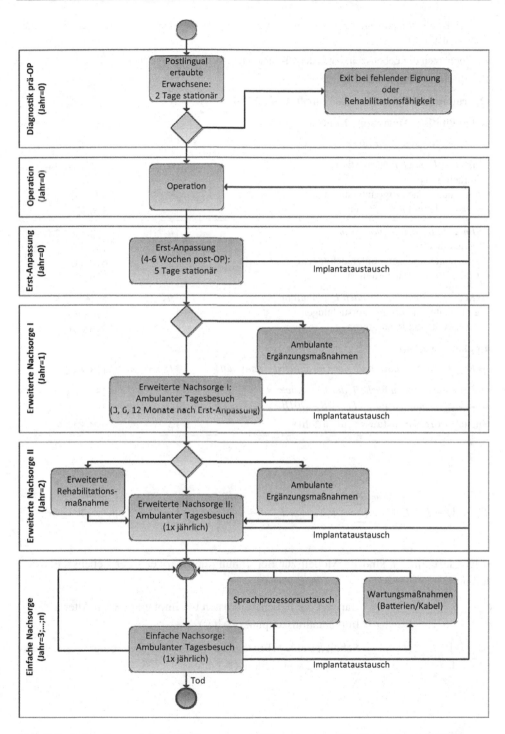

Abb. 7.8 Behandlungspfad der CI-Versorgung bei Erwachsenen. (Quelle: Raths et al. 2016)

Tab. 7.1 Kostenkomponenten der unilateralen CI-Versorgung zu Preisen des Jahres 2013 (Quelle: Raths et al. 2016)

Komponenten der Lebenszeitkosten der CI-Versorgung	Konstante	Kosten
Präoperative Diagnostik, DRG D66Z	D	1.450,70 €
Operation mit stationärem Aufenthalt, DRG D01B	I	28.169,44 €
Rehabilitation, Anpassung, Kontrolle		
→*Erstanpassung, DRG Z64C*	E	1.764,36 €
→*Im 1. Jahr nach Implantation* – Sprachtherapie – ambulante Nachsorgeuntersuchungen – Ersatzteile und Reparaturen	h_1	Σ 2.490,52 € 1.891,60 € 67,60 € 396,12 €
→*Im 2. Jahr nach Implantation* – Sprachtherapie – ambulante Nachsorgeuntersuchungen – Ersatzteile und Reparaturen	h_2	Σ 2.300,22 € 1.836,50 € 67,60 € 396,12 €
→*Kosten ab dem 3. Jahr nach Implantation p.a* – ambulante Nachsorgeuntersuchungen – Ersatzteile und Reparaturen	h_3	Σ 463,72 € 67,60 € 396,12 €
Implantatwechsel		
→*Reimplantation innerhalb der Garantiefrist (pauschal)*	$I_{<10}$	178,96 €
→*Reimplantation außerhalb der Garantiefrist* *(p_t=0,25 % p.a., ab Jahr 11) – DRG D01B*		28.169,44 €
Sprachprozessoraustausch alle 6 Jahre	S	9.276,14 €

$$C_a = D + I + E + \sum_{t=1}^{trunc(T_a-a)} h_t \cdot q^{-t} + I_{<10} + \sum_{t=11}^{trunc(T_a-a)} p_t \cdot I \cdot q^{-t} + S \cdot \beta \cdot \sum_{t=1}^{trunc(\frac{T_a-a}{6})} q^{-6t}$$

(7.2)

Folgende Variablen sind im Modell zur Berechnung des Barwerts der Lebenszeitkosten definiert:

C_a — Barwert der Lebenszeitkosten bei Implantation im Alter a

a — Implantationszeitpunkt (Alter)

$\beta = \begin{cases} 1 \\ 0 \end{cases} falls\ T_a^{-a>6}$ — Schaltvariable (Prozessorupgrade nur bei einer Restlebenserwartung von mehr als 6 Jahren)

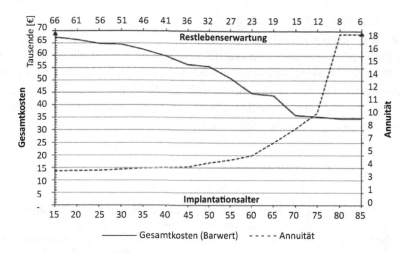

Abb. 7.9 Diskontierte Lebenszeitkosten und Annuität in Abhängigkeit des Implantationsalters. (Quelle: Raths et al. 2016)

Zusätzlich sind folgende Konstanten definiert:

D Kosten der präoperativen Diagnostik

I Kosten der Implantation

$I_{<10}$ Reimplantationspauschale bei Defekten innerhalb der Garantiefrist

E Kosten der Erstanpassung

T_a Lebenserwartung eines Menschen in Alter a

S Kosten des Sprachprozessorupgrades

h_t Durchschnittliche Behandlungs- und Wartungskosten im Jahr t nach Implantation (t $=$ 1 ... T $-$ a)

q Zinsfaktor $(1+r/100)$ mit r $=$ Zinssatz [%]

p_t Jährliche Ausfallwahrscheinlichkeit im Jahr t nach Implantation $(p_0 = p_1 = ... = p_{10} = 0; p_t > 0$ für t > 10)

Für jedes Alter ergeben sich unterschiedlich hohe Gesamtkosten der CI-Versorgung. Dabei zeigen das Alter bei Erstimplantation und die Gesamtkosten einen negativen Zusammenhang (vgl. Abb. 7.9). Die Gesamtkosten der Versorgung eines Jugendlichen, der im Alter von 15 Jahren ein CI erhält und eine Restlebenserwartung von derzeit 66 Jahren aufweist, betragen beispielsweise ca. 68.970 €. Die eines 80-jährigen Patienten mit einer Restlebenserwartung von etwa acht Jahren würden hingegen ca. 43.913 € betragen. Als Ursache ist insbesondere die abnehmende Häufigkeit eines notwendigen Sprachprozessorwechsels aufgrund der kürzeren Restlebenserwartung zu benennen. Unter der Annahme, dass ein wiederholtes Upgrade nach sechs Jahren von der GKV übernommen wird, ist bei einem 20-jährigen die Anzahl eingesetzter Prozessoren doppelt so hoch wie bei einem 50-jährigen Patienten (10 vs. 5).

Jüngere Patienten profitieren aufgrund ihrer höheren ferneren Lebenserwartung deutlich länger von einem CI. Die Annuität steigt mit abnehmender Restlebenserwartung. Bei einer Erstimplantation zwischen dem 15. und dem 60. Lebensjahr betragen die jährlichen Kosten der Intervention zwischen 3 599 € und 4 176 €. Ab dem 65. Lebensjahr steigen die Kosten pro Restlebensjahr deutlich an. Bei einer durchschnittlichen Restlebenserwartung von knapp sechs Jahren betragen die Kosten für die Versorgung eines 85-jährigen Patienten pro Lebensjahr etwa 8 315 €.

Literatur

Gößwald, A., Schienkiewitz, A., Nowossadeck, E., & Busch, M. A. (2013). Prävalenz von Herzinfarkt und koronarer Herzkrankheit bei Erwachsenen im Alter von 40 bis 79 Jahren in Deutschland: Ergebnisse der Studie zur Gesundheit Erwachsener in Deutschland (DEGS1). *Bundesgesundheitsblatt, Gesundheitsforschung, Gesundheitsschutz, 56,* 650–655.

Jacob, R., & Stelzig, Y. (2013). Cochleaimplantatversorgung in Deutschland. *HNO, 61,* 5–11.

Kempf, H. G., Buchner, A., & Stover, T. (2003). Cochlea implants in adults: Indications and realization. Part II: Special cases and technical parameters of the implantation systems. *HNO, 51,* 663–675.

Raths, S., Lenarz, T., Lesinski-Schiedat, A., & Fleßa, S. (2016). Kostenanalyse der unilateralen Cochlea-Implantatversorgung bei Erwachsenen. *Laryngo-Rhino-Otologie, 95,* 251–257.

Robert Koch-Institut, Abteilung für Epidemiologie und Gesundheitsmonitoring. (2018). Gesundheit in Deutschland aktuell 2014/2015-EHIS (GEDA 2014/2015-EHIS). https://www.rki.de/DE/Content/Forsch/FDZ/Downloads/GEDA14-Infoblatt.pdf?__blob=publicationFile. Zugegriffen: 31. Aug. 2020.

Stark, T., & Helbig, S. (2011). Cochlear implantation: A changing indication. *HNO, 59,* 605–6014.

Statistisches Bundesamt. (2020). Sterbefälle (absolut, Sterbeziffer, Ränge, Anteile) für die 10/20/50/100 häufigsten Todesursachen (ab 1998). Gliederungsmerkmale: Jahre, Region, Alter, Geschlecht, ICD-10. https://www.gbe-bund.de/oowa921-install/servlet/oowa/aw92/dboowasys921.xwdevkit/xwd_init?gbe.isgbetol/xs_start_neu/&p_aid=3&p_aid=72197163&nummer=516&p_sprache=D&p_indsp=-&p_aid=87650236. . Zugegriffen: 31. Aug. 2020.

Nutzenbewertung bei Implantaten – Validierung und Lebensqualität

8

Jaro Nagel, Raila Busch, Steffen Fleßa, Stefanie Frech, Rudolf Guthoff und Ulrike Löschner

8.1 Überblick

J. Nagel, R. Busch

Im Prozess der medizinischen Produktentwicklung und -innovation kommt der Zeitpunkt, an dem die Produkte bei Patienten angewendet werden. Hier findet einer der letzten Schritte in der Feedbackschleife der Produktentwicklung statt. Während zuvor mittels Verifikation das Produkt in der Entwicklung ständiger Kontrolle unterlag, beginnt hier der Punkt der Validierung (Maropoulos und Ceglarek 2010).

Die Verifikation hat das Ziel, das Produkt von der Idee über den Prototyp bis hin zum fertiggestellten Produkt zu verfolgen und zu überprüfen. Hierbei konnten objektive

J. Nagel (✉) · R. Busch
Klinik für Innere Medizin B, Universitätsmedizin Greifswald, Greifswald, Deutschland
E-Mail: jaro.nagel@uni-greifswald.de

S. Fleßa · U. Löschner
Lehrstuhl für Allgemeine Betriebswirtschaftslehre und Gesundheitsmanagement, Universität Greifswald, Greifswald, Deutschland
E-Mail: steffen.flessa@uni-greifswald.de

U. Löschner
E-Mail: ulrike.loeschner@outlook.com

R. Guthoff · S. Frech
Universitätsaugenklinik, Universitätsmedizin Rostock, Rostock, Deutschland

© Der/die Autor(en), exklusiv lizenziert durch Springer Fachmedien Wiesbaden GmbH, 153
ein Teil von Springer Nature 2021
U. Löschner et al. (Hrsg.), *Strategien der Implantatentwicklung mit hohem Innovationspotenzial*, https://doi.org/10.1007/978-3-658-33474-1_8

Untersuchungsmethoden angewandt werden, da das Produkt gemessen an Idee, Prototyp und Endprodukt miteinander verglichen werden kann. Hiermit wurde sichergestellt, dass der Ist-Zustand des Endproduktes den Soll-Vorstellungen der Produktidee und des zugrunde liegenden Konzeptes entspricht. Dabei ist aber noch nicht geklärt, ob der erhoffte Mehrwert des Produktes, im Sinne des zusätzlichen medizinischen Nutzens, erreicht werden kann. Es muss also eine Testung des fertigen Produktes in der Anwendung, gemessen an dem erdachten Konzept, erfolgen. Dies ist der Beginn der Validierungsphase (Maropoulos und Ceglarek 2010).

▶ **Definition: Verifikation** Die Verifikation beschreibt die Kontrolle, inwieweit ein Endprodukt der Anfangskonzeption entspricht.

Die Validierung eines medizinischen Produktes stellt ein schwieriges Unterfangen dar. Hier fließt mit ein, ob erstens das Produkt die erwarteten Eigenschaften erbringen kann, ob zweitens diese Eigenschaften zu den gewünschten Veränderungen führen und wie diese drittens vom Patienten wahrgenommen werden. Während die ersten beiden Punkte, ähnlich wie in der Phase der Verifikation, meist gut messbar sind, stellt der dritte Punkt einen entscheidenden, jedoch schwierig zu überprüfenden, Sachverhalt dar. Das persönliche interindividuelle Erleben mit einem Medizinprodukt hängt sehr stark von der eigenen subjektiven Wahrnehmung ab. Auch dem allgemeinen Bedarf eines Medizinproduktes in einer bestimmten Gruppe stehen unterschiedliche Bedürfnisse und Erwartungen der einzelnen Individuen einer Gruppe gegenüber. Somit muss dem individuellen Erleben des Einzelnen genauso Rechnung getragen werden wie dem Erleben in der Gemeinschaft. Zusätzlich können unterschiedliche Interessengruppen charakterisiert werden. Die Anwender, also die Ärzte, welche das neue Medizinprodukt applizieren, können den Einsatz als gut oder schlecht bewerten. Die Bewertung würde dann hinsichtlich anderer Faktoren wie z. B. der Komplikationsgefahr, der Länge des Eingriffs oder der Komplexität der Anwendung erfolgen, aber auch hier spielt die subjektive Wahrnehmung eine große Rolle (Maropoulos und Ceglarek 2010; Hacker 2010).

▶ **Definition: Validierung** Die Validierung beschreibt die Kontrolle, inwieweit ein Endprodukt den gestellten Erwartungen an das selbige entspricht.

▶ **Definition: Perzeption** Auch Wahrnehmung, beschreibt die subjektive Erfahrung eines Individuums und kann dabei nicht wie ein objektiver Messwert erfasst werden.

Daher bemühte man sich, bisher scheinbar objektive Faktoren zur Validierung eines Produkts heranzuziehen und nutzte dafür z. B. Mortalitäts- und Morbiditätsraten. Hierbei zeigt sich aber bereits ein schwieriger Punkt, da jüngste Innovationen teilweise zum Ausgleichen von Beeinträchtigungen oder Angleichen von Lebensumständen beitragen. So muss ein gehörloser Mensch nicht unbedingt früher sterben oder häufiger ins Krankenhaus als ein Hörender. Trotzdem möchte man gerne ein Produkt validieren, das dem Individuum das Hören ermöglichen kann. Eine Validierung soll hier zum einen herangezogen werden, um zu klären, ob eine Produktinnovation den erwarteten Bedürfnissen des Individuums entspricht. Zum anderen, ob ein Produkt im klinischen Setting, d. h., in der Anwendung am Patienten den Bedarf gegenüber der Innovation befriedigt. Untersuchungen in diese Richtungen wurden aber bis vor wenigen Jahrzehnten kaum durchgeführt bzw. fehlten geeignete Methoden, um dies zu ermöglichen. Diesbezüglich gab es aber in den letzten Jahrzehnten neue Entwicklungen, welche zur Erforschung der interindividuellen Perzeption im Umgang mit Therapien und Medizinprodukten herangezogen werden. Zusätzlich wurden Methoden entwickelt, welche die individuelle Wahrnehmung des Nutzens in einer Gruppe versuchten messbar zu machen (U. S. Department of Health and Human Services FDA 2006).

Sicherlich wichtig für die Entwicklung dieser Methoden war, dass es in den letzten Jahrzehnten zu einem deutlichen Anstieg der Lebenserwartung (Quantity of Life) kam. Dies wurde im großen Maße auch aufgrund von Entwicklungen in der Medizin und Medizintechnik möglich (Böhm et al. 2009). Gleichzeitig nahm aber auch die Zahl multimorbider Personen zu. In der häufigsten Definition multimorbider Menschen, leiden diese an zwei oder mehr chronischen Erkrankungen, welche eine dauerhafte Behandlung oder Beeinträchtigung implizieren (Robert Koch-Institut 2015). Daher wendet sich auch hier das Interesse von Produktentwicklern und der Gesellschaft nun immer mehr der individuellen Lebensqualität (Quality of Life) zu. Die Lebensqualität auch im hohen Alter zu erhalten, ist hierbei bereits zum allgemeingebräuchlichen Begriff geworden (Schöffski und Graf von der Schulenburg 2012). Hier sollte auch für zukünftige Produktentwicklungen ein entscheidender Aspekt auf einer bereits in der Produktentwicklung geplanten und in der klinischen Praxis erprobten Untersuchung des interindividuellen Nutzens liegen.

▶ **Definition: Multimorbidität** Multimorbidität beschreibt ein mehrfach interindividuelles Auftreten von unterschiedlichen Erkrankungen. Durch einen Anstieg der mehrfacherkrankten (multimorbiden) Patienten geht eine wachsende Bedeutung für die Gesellschaft einher.

Es gibt ähnliche Entwicklungen in größeren sozioökonomischen Betrachtungen. In vielen Kosten-Effizienz-Rechnungen werden nun Untersuchungen mit Bezug von Kosten zu qualitätsadjustierten Lebensjahren (engl.: Quality Adjusted Life Year; kurz: QALY) durchgeführt. Qualitätsadjustierte Lebensjahre sind dabei errechnete Werte aus Lebensqualität und Lebenszeit (Koch et al. 2010; Schöffski und Graf von der Schulenburg 2012).

8.1.1 Lebensqualität

Die Lebensqualität (engl.: quality of life; kurz: QoL) ist ein Begriff, mit dem wissenschaftlich versucht wird, den subjektiven Begriff des „sich-gut-fühlens" (well-being) und des „sich-schlecht-fühlens" zu charakterisieren. Der Begriff hat sich im 20. Jahrhundert in verschiedenen wissenschaftlichen Teilbereichen durchgesetzt, ist aber bis zum aktuellen Zeitpunkt sehr unscharf definiert (Barcaccia et al. 2013). Er stellt häufig einen

Sammelbegriff unterschiedlicher Konzepte dar und kann abhängig vom Beobachter oder des Messaufbaus unterschiedlichen Definitionen unterliegen (Moons et al. 2006). Eine entscheidende Bedeutung für die Perzeption der eigenen Lebensqualität stellt die Gesellschaft und das untersuchte Individuum in dieser Gesellschaft dar. Dies kann gerade bei Untersuchungen, welche unterschiedliche Gesellschaftsstrukturen umfassen, zu Verzerrungen führen (Kagawa-Singer et al. 2010). Eine Arbeitsgruppe der WHO bemühte sich im Jahr 1995 um eine einheitliche Definition („The WHOQOL assesses individuals' perception of their position in life in the context of the culture and value systems in which they live and in relation to their goals, expectations, standards and concerns") (WHO 1995). Diese Definition ist aber zum Teil stark umstritten, da sie der sehr subjektiven Einstellung gegenüber der eigenen Lebensqualität nicht gerecht wird. Daher gibt es auch sehr subjektiv gefärbte Definitionen (Felce und Perry 1995). Wie wichtig die eigene Wahrnehmung der Lebensqualität ist, zeigt wie sehr sie „[…] mit zukünftigen Funktionseinschränkungen und chronischen Erkrankungen, der Inanspruchnahme des Gesundheitssystems und der Langlebigkeit assoziiert ist" (Robert Koch-Institut 2015). Somit sollten sich Veränderungen in der Lebensqualität durch Medizinprodukte auf individuelle, gemeinschaftliche und gesellschaftliche Belastungen auswirken. In der unten genannten Studie (vgl. Abschn. 8.3.1) entschied man sich für eine Definition, in welcher der Proband selbst seine Lebensqualität am besten einschätzen kann, diese aber auch durch viele Faktoren beeinflusst wird, auf die der Patient und die Therapie keinen direkten Einfluss haben (Hacker 2010).

▶ **Definition: Lebensqualität** Laut Definition der WHO die „subjektive Wahrnehmung einer Person über ihre Stellung im Leben in Relation zur Kultur und den Wertsystemen in denen sie lebt und in Bezug auf ihre Ziele, Erwartungen, Standards und Anliegen".

Im Rahmen der Validierung eines Produktes kann eine Lebensqualitätsanalyse mit den möglichen positiven Faktoren einer langwierigen Intervention zur Implantation eines Produktes aufgrund einer zu erwartenden Verbesserung der allgemeinen Lebensqualität zur Therapieentscheidung beitragen. Damit kann das Konzept der Lebensqualität eine ausgeprägte ethische Bedeutung in der Medizin haben (Barcaccia et al. 2013). Aufgrund der verschiedenen Definitionen und der sehr umfangreichen Untersuchung, erscheint eine allgemeine Lebensqualitätsanalyse auch im Hinblick auf mehrfache Follow-Ups zur Langzeitkontrolle nicht sinnvoll. Somit erscheint es sinnvoller, sich innerhalb der Validierung vornehmlich auf einen Teilaspekt der Lebensqualität, die gesundheitsbezogenen Lebensqualität, zu konzentrieren.

8.1.2 Die gesundheitsbezogene Lebensqualität

Die gesundheitsbezogene Lebensqualität (engl.: Health Related Quality of Life; kurz: HRQoL) beschreibt einen Teilaspekt der gesamten Lebensqualität. Sie beschreibt den Anteil, den die Gesundheit bzw. auch Veränderungen in der Gesundheit an der Lebensqualität hat. Gesundheit wurde durch die WHO als „[…] Zustand des vollständigen körperlichen, geistigen und sozialen Wohlergehens und nicht nur das Fehlen von Krankheit oder Gebrechen" (WHO 1995) beschrieben. In dieser Definition zeichnet sich ein sehr komplexes Bild zum Verständnis von Gesundheit ab. Ihre Teilbereiche können nur mit unterschiedlichen Messmethoden für die physische und psychologische Gesundheit sowie die sozialen Aspekte ermittelt werden (Barcaccia et al. 2013). Die WHO-Definition der Gesundheit unterliegt dabei einer ständigen Kritik. Häufig wird angebracht, dass sie in ihrem Anspruch auf Gesamtheit und Vollkommenheit nicht die Realität abbilden kann, da in einer älter werdenden Gesellschaft der Anteil multimorbider Patienten zunehmen wird. Damit kann sich das Individuum aufgrund der Entwicklung im Gesundheitssystem mit neuen Therapien zwar gesund fühlen, aber laut Definition nicht gesund sein. Für diese ist daher eine Messung des Gesundheitszustandes nicht immer das wichtigste Ergebnis einer Prozedur, sondern die erzielte Verbesserung der Lebensqualität (Moons et al. 2006; Huber et al. 2011).

► **Definition: Gesundheitsbezogene Lebensqualität** ist eine Näherung an den Anteil der Lebensqualität, welcher von der Gesundheit (Krankheit, Einschränkung, Behinderung) abhängig ist.

Eine komplette Abgrenzung von der allgemeinen Lebensqualität, kann man nicht immer sicher vornehmen, da der Untersuchte selbst zwischen den zugrunde liegenden Lebensqualitätsveränderungen unterscheiden müsste. Somit müsste er selbst eine Abgrenzung von Ursachen für Veränderungen in der Lebensqualität durchführen können.

8.2 Methoden der Lebensqualitätsmessung

S. Frech, J. Nagel, U. Löschner

8.2.1 Überblick

Um die gesundheitsbezogene Qualität des Lebens, genauer ihre Verbesserung bzw. Verschlechterung im Rahmen einer Implantation eines neuen Produktes zu messen, wird ein geeignetes Messinstrument benötigt. Wichtig für die Beurteilung der Messungen ist das Wissen um die starke Beeinflussung der Lebensqualität durch äußere Faktoren. Somit stellt jede Definition immer auch die individuelle Wahrnehmung des Patienten in dem

Kontext der Umgebung dar. Die WHO definiert die Lebensqualität als „[...] die Wahrnehmung des Einzelnen bezüglich seiner Position im Leben im Kontext der Kultur und der Wertesysteme, in denen sie leben und in Bezug auf ihre Ziele, Erwartungen, Standards und Sorgen." (WHO 1995).

▶ **Definition: Messinstrument** Geeignete Messverfahren (Messinstrumente) mit dem die Beobachtungen (Lebensqualität) in auswertbare Daten umgesetzt werden können.

Es benötigt daher verschiedene Messverfahren für unterschiedliche Fragestellungen mit gründlicher Abwägung der Vor- und Nachteile.

Eines dieser Verfahren ist der Einsatz standardisierter Fragebögen, welche selbstständig oder durch Interviewer aufgezeichnet werden. Weitere Möglichkeiten sind sogenannte Fremdbeurteilungen, bei denen speziell geschulte Untersucher anhand verschiedener Faktoren und ggf. auch in Gesprächen mit dem Probanden die individuelle Lebensqualität feststellen. Zur breiteren und vergleichbareren Messung der Lebensqualität sind aber standardisierte Fragebögen zumeist das Mittel der Wahl. In Bezug auf die gesundheitsbezogene Lebensqualität können diese Fragebögen eher die allgemeine Gesundheit bzw. allgemeine Gesundheitswahrnehmung betrachten oder sich auf spezielle Krankheiten und ihre möglichen Einschränkungen fokussieren. Diese Tests können auf Bevölkerungsebene oder in verschiedenen Subpopulationen angewendet werden (Bullinger 2014).

Häufig genannte und auch verbreitet angewandte Fragebögen zur krankheitsunspezifischen gesundheitsbezogenen Lebensqualität sind der „The World Health Organization Quality of Life Assessment" (kurz: WHOQOL; WHO 1995) und der „SF-36 Health Survey" (kurz: SF-36) (Bullinger 2014). Der SF-36 besteht aus 36 einzelnen Bewertungspunkten und wurde zur Bewertung von Versicherungssystemen in den Vereinigten Staaten von Amerika entwickelt. Er entstand dabei aus der Reduktion von zunächst über 100 Fragen auf die aussagekräftigsten Elemente, welche dann mit verschiedenen Wichtungen in Skalen abgebildet werden (Schöffski und Graf von der Schulenburg 2012). Der SF-36 ist heute noch sehr verbreitet, entstand aber nicht wie der WHOQOL ursprünglich um international für Studien angewendet zu werden (WHO 1995). Die Auswertung des SF-36 erfolgt mittels Addition und Wichtung einzelner Skalen (Schöffski und Graf von der Schulenburg 2012).

Ein weiteres generisches Instrument zur Messung der Lebensqualität ist der EQ-5D. Dieser wurde durch die EuroQoL Group entwickelt, bereits auch im Hinblick auf angeschlossene, gesundheitsökonomische Evaluationen und kann krankheitsunspezifisch eingesetzt werden. In Kapitel 8.2.2 wird auf dieses Instrument ausführlicher eingegangen.

Zusätzlich entwickelten sich verschiedene krankheitsspezifische Fragebögen zur Erfassung der gesundheitsbezogenen Lebensqualität. Diese erfragen zum Teil spezifische Symptome einer Erkrankung, wie z. B. der Seattle Angina Questionnaire (Spertus et al. 1995), oder beziehen sich auf Symptome, die bei verschiedenen Krankheiten auftreten können, wie der Quality of Life Index (QLI; Dougherty et al. 1998). Diese werden in den Fallbeispielen krankheitsspezifisch (vgl. Abschn. 8.3) vorgestellt.

8.2.2 EQ-5D

Im Gegensatz zu krankheitsspezifischen Instrumenten, ermöglichen generische Instrumente den Vergleich von Patienten aus unterschiedlichen Diagnosegruppen. Im Rahmen der nachfolgend vorgestellten Studien zur Messung von Gesundheitseffekten innovativer Implantate wurde der EQ-5D als standardisiertes Instrument zur Erhebung der krankheitsunspezifischen Lebensqualität ausgewählt. Dieser wurde von der europäischen Forschergruppe EuroQoL Ende der 80er Jahre entwickelt und wird seit 1990 verwendet. Zu den Studien gehören klinische und gesundheitsökonomische Untersuchungen aus einer Vielzahl von Ländern, darunter auch aus Deutschland. Die Herangehensweise an die Entwicklung war es, einen Fragebogen zu erstellen, der einfach anzuwenden ist und alle Dimensionen der gesundheitsbezogenen Lebensqualität abbildet.

Der EQ-5D besteht aus zwei Teilen. Im ersten Teil wird der eigene Gesundheitszustand anhand von fünf Fragen (fünf Dimensionen) mit jeweils drei Antwortmöglichkeiten beschrieben, die den Grad der Einschränkung beschreiben. Die fünf Dimensionen umfassen die Mobilität, die Fähigkeit für sich selbst zu sorgen, die Fähigkeiten an alltäglichen Tätigkeiten teilzunehmen, Schmerzen oder körperliche Beschwerden sowie Angst und Niedergeschlagenheit. In Bezug auf die Antwortmöglichkeiten lassen sich zwei Varianten des Fragebogens unterscheiden. Zum einen die Version EQ-5D-3 L bei der in drei Antwortkategorien unterschieden wird: keine Probleme, einige Probleme, extreme Probleme, welche im Nachhinein mit den Ziffern 1, 2 und 3 kodiert werden. Der Gesundheitszustand kann somit durch eine fünfstellige Nummer wiedergegeben werden. Eine Kodierung von z. B. 11112 bedeutet somit keine Probleme in den ersten vier Dimensionen und einige Probleme in der Dimension Angst/Niedergeschlagenheit. Die Version EQ-5D-5 L differenziert fünf verschiedene Antwortmöglichkeiten: keine Probleme, leichte Probleme, mäßige Probleme, große Probleme sowie extreme Probleme. Die Antworten werden nach demselben Prinzip kodiert. Der Gesundheitszustand wird somit fünfdimensional subjektiv beschrieben und die physische, psychische und soziale Dimension von Gesundheit erfasst (EQ-5D-3 L [German] Paper self complete v1.0, EuroQoL Group; Szende et al. 2007).

Im zweiten Teil bewerten die Befragten ihren aktuellen Gesundheitszustand auf einer normierten Skala mit einer Maßzahl zwischen 0 „schlechtest denkbarer Gesundheitszustand" und 100 „best denkbarer Gesundheitszustand". Mithilfe dieser visuellen Analogskala (VAS) wird eine präferenzbasierte Bewertung des Gesundheitszustandes ermöglicht und ein Indexwert der gesundheitsbezogenen Lebensqualität des Befragten geliefert (König et al. 2005; Mielck et al. 2010). Hiermit sind Vergleiche untereinander möglich und können durch unterschiedliche Wichtungen auch in eine Kosten-Nutzen-Analyse miteingefügt werden (Szende et al. 2007, 2014; Schöffski und Graf von der Schulenburg 2012).

8.3   Fallstudien

J. Nagel, R. Busch, S. Fleßa, S. Frech, R. Guthoff, U. Löschner

8.3.1   Bewertung der gesundheitsbezogenen Lebensqualität sowie der spezifischen Symptomatik bei Implantation eines Koronarstents

8.3.1.1 Überblick

Im Rahmen des Verbundprojektes RESPONSE wurde eine prospektive Studie zur Bewertung der gesundheitsbezogenen Lebensqualität, spezifischen Symptomatik und des sozioökonomischen Status vor und nach der Anwendung eines Implantats entwickelt. Zur Evaluierung und Bewertung der Methoden und der Arbeitsabläufe entschied man sich für einen Pretest mit einer definierten Subpopulation und einer begrenzten Teilnehmeranzahl. Dabei wurde die Untersuchung für ein bereits auf dem Markt etabliertes Medizinprodukt spezifiziert, den Koronarstent, der bei Patienten mit koronarer Herzkrankheit implantiert wird.

Der Einschluss für diesen Pretest wurde vom Mai 2016 bis zum Februar 2018 durchgeführt. Es wurde die angestrebte Probandenanzahl von 50 erreicht. Alle Patienten haben somit eine initiale Untersuchung hinsichtlich der Lebensqualität vor dem Stent erhalten. Hieraus können bereits Ergebnisse hinsichtlich der Fragestellung, der Auskunftsbereitschaft, der Dauer sowie der Befragung abgeleitet werden.

▶ **Definition: Pretest** Test zur Erprobung des von uns gewählten Messinstruments.

So fanden sich in den initial entwickelten Fragebögen einige Verständnisschwierigkeiten, welche mit dem endgültigen Fragebogen behoben sein werden. Die Panelstudie zeigte jedoch auch die Schwierigkeit in der Erreichbarkeit der einzelnen Patienten. So wurden bei Anrufen die Befragungen einige Male abgelehnt oder Patienten waren nicht mehr erreichbar (lost to follow-up). Zur Messung der gesundheitsbezogenen Lebensqualität wurde der standardisierte Fragebogen EQ-5D eingesetzt (vgl. Abschn. 8.2.2). Bei der Durchführung der Fallstudie wurde sich für den EQ-5D-3 L entschieden, um eine schnelle Beantwortung der Fragen zu ermöglichen. Durch die Abbildung in diesem einfach zu handhabenden Fragebogen lassen sich Werte in einer Ordinalskala von „sehr schlecht", „mittel" bis „gut" eintragen. Den einzelnen Werten werden Ziffern zugeordnet, welche zu einer Auswertungszahl

führen, die jedem Subjekt zugeordnet werden kann. Da dies eine subjektive Selbsteinschätzung ist, lässt sich nur mit Ordinalskalen arbeiten. Auf Basis der Skalierung lassen
sich jedoch interindividuell Trends ableiten.

Aufgrund seines einfachen Aufbaus und der einfach gewählten Sprache ist der Test
zum Selbstausfüllen geeignet. Somit kann der Fragebogen sowohl im Rahmen von „face-
to-face"-Interviews sowie in Telefoninterviews bzw. als schriftliche Befragung eingesetzt
werden. Nach der Evaluierung und Weiterentwicklung des Fragebogens wird ein Selbstausfüllen des Fragebogens möglich gemacht, sodass im weiteren Verlauf einer Studie
dieser Test durch die Patienten selbst durchgeführt werden kann (Szende et al. 2014).

8.3.1.2 Studienpopulation

Die koronare Herzkrankheit ist eine Erkrankung im Formenkreis der Arteriosklerose,
bei der es aufgrund pathologischer Prozesse in den Wänden der Herzkranzgefäße zu
einer Lumenverkleinerung kommt. Hierbei entsteht, aufgrund der daraus resultierenden
Minderdurchblutung, eine Sauerstoffunterversorgung des Herzmuskels (Ischämie).
Im Rahmen dessen kommt es bei akuten Minderversorgungen, z. B. bei gesteigertem
Bedarf von Sauerstoff (im Rahmen von physischer oder psychischer Belastung) zu
kurzzeitigen Schmerzen und Luftnot, welche unter Ruhe oder Medikamenteneinnahme
rasch wieder verschwinden. Die belastungsabhängigen Ischämieschmerzen, welche
typischerweise einen den Brustkorb zuschnürenden Charakter haben, nennt man auch
Angina pectoris. Bei dauerhafter Minderversorgung kommt es jedoch zu weiteren patho-
logischen Veränderungen am Herzmuskel, welche in einer ischämischen Kardiomyopathie münden. Darunter versteht man eine dauerhafte Veränderung des Herzmuskels mit
fibrotischen Umbau im Bereich von minderversorgtem Gewebe (Felker et al. 2002; Ruß
et al. 2007). Hierbei nimmt die Kontraktionskraft des Herzens soweit ab, dass sie nicht
mehr ausreicht ein genügend großes Blutvolumen in den Körperkreislauf zu pumpen,
um das restliche Körpergewebe mit Sauerstoff zu versorgen. Den daraus resultierenden
Symptomkomplex nennt man auch Herzinsuffizienz im Rahmen einer ischämischen
Kardiomyopathie. Es kommt zu dauerhaftem Auftreten von Luftnot, welche zunächst
unter Belastung und nach weiterem Voranschreiten der Erkrankung bereits in Ruhe vor-
kommt (Herold 2018; Riede und Werner 2017; Erdmann 2011). Die akute Form der Ver-
legung der Koronargefäße bezeichnet man als Myokardinfarkt bzw. als Herzinfarkt. Den
relevantesten Risikofaktor für dieses Akutereignis stellt eine vorausgegangene koronare
Herzkrankheit dar. Alleine die koronare Herzkrankheit mit dem ICD Schlüssel ICD10-
I20 bis ICD10-I25 kommt auf eine jährliche Krankheitskostenrechnung von 6788 Mio. €
in Deutschland (Statistisches Bundesamt 2017e). In den Todesursachenstatistiken führen
die koronare Herzkrankheit mit 8,2 % und der akute Myokardinfarkt mit 5,3 % im Jahr
2015 die Tabelle mit den häufigsten Todesursachen an (Statistisches Bundesamt 2018c),
was noch einmal die hohe sozioökonomische Bedeutung dieser Erkrankung unterstreicht.

▶ **Definition: Koronare Herzkrankheit** Arteriosklerotische Erkrankung der Koronargefäße.

Zur Behandlung der Patienten mit koronarer Herzkrankheit gehört neben der Prävention des Voranschreitens der Erkrankung (Sekundärprophylaxe), eine konservative medikamentöse Therapie sowie bei Zeichen von voranschreitender Ischämie die revaskularisierenden Maßnahmen. Die Sekundärprophylaxe bei der koronaren Herzkrankheit umfasst vorrangig ein sogenanntes Lifestyle Management wie ausreichend Sport, Nikotinverzicht, nicht atherogene Kost und Gewichtskontrolle und stellt damit auch eine Primärprävention schwerer kardialer Ereignisse wie Myokardinfarkt dar (Prochaska et al. 2018). Dahingegen umfasst die konservative medikamentöse Therapie Medikamente zur Verringerung der Symptomatik, zur positiven Beeinflussung von Umbauvorgängen am Herzen sowie auch Medikamente, welche das Voranschreiten der Erkrankung verhindern sollen. Wenn nun aber der Verdacht auf ein deutliches Voranschreiten der Erkrankung besteht kann eine Koronarangiographie durchgeführt werden. Zeigen sich hier Verengungen der Herzkranzgefäße, erfolgt während der invasiven Untersuchung eine Koronarintervention bzw. es wird die Indikation zur chirurgischen Intervention gestellt (Werdan 2006; Achenbach 2015; Ford et al. 2018; Pinger 2018).

In der Koronarintervention (percutaneous coronary intervention; kurz: PCI) der koronaren Herzkrankheit gab es in den letzten Jahren immer wieder neue Entwicklungen, die heute als Goldstandard in der Behandlung des akuten Myokardinfarkts gelten (Herold 2018; Pinger 2018). Zur Behandlung von Engstellen werden bei ihr die Gefäße zunächst mittels eines Drahtes sondiert, danach wird die Engstelle auseinandergedehnt und im Anschluss wird häufig ein Stent eingesetzt. Heutzutage kommen sogenannte drug-eluting Stents zum Einsatz, welche seit Anfang des 21. Jahrhunderts zur Verfügung stehen (Jain 2011; Pinger 2018). Drug-eluting Stents sind dabei im Gegensatz zu bare-metal Stents mit Medikamenten versetzt, welche antiproliferativ wirken, also verhindern, dass sich die Gefäßinnenwand übermäßig schnell wieder neu bildet. Damit verhindern sie einen der Hauptgründe für das Wiederauftreten von Engstellen an zuvor bereits intervenierten Gefäßen. Die Medikamente, welche die Proliferation verhindern sowie das Material zur Beschichtung sind dabei immer neuen Entwicklungen unterworfen und werden auch im Rahmen des RESPONSE Projekts erforscht (Werdan 2006; Jain 2011; Mann et al. 2015; Pinger 2018).

▶ **Definition: Koronare Revaskularisation** Invasive Therapie von stenotisch veränderten Herzkranzgefäßen bei einer koronaren Herzkrankheit. Hierbei kommen auch die beobachteten Koronarstents zum Einsatz.

Für die Studie wurden Patienten ausgewählt, die mit einer bekannten stabilen koronaren Herzkrankheit oder Angina pectoris ohne Anstieg von Herzmuskelenzymen, eine Koronarangiographie erhielten, in deren Verlauf mindestens ein drug-eluting Stent implantiert wurde. Eine Exklusion erfolgte bei Patienten mit bare-metal Stent Implantation, mit maligner proliferativer Grunderkrankung, mit Anstieg von Herzenzymen im Rahmen einer akuten Ischämie.

8.3.1.3 Studienaufbau

Die Autoren der hier vorgestellten Studie entschieden sich zur Abbildung der unterschiedlichen Dimensionen der Lebensqualität für drei Fragebögen, welche zum einen allgemeine, spezifische bzw. unspezifische Krankheitssymptome abfragen. Zum anderen wurde ein standardisierter Fragebogen der allgemeinen gesundheitsbezogenen Lebensqualität eingesetzt, der EQ-5D in der 3 L Fassung. Zusätzlich entstand durch die Zusammenarbeit mit dem Lehrstuhl für Allgemeine BWL und Gesundheitsmanagement der Universität Greifswald, ein Fragebogen zur sozioökonomischen Situation und Stellung des Individuums in der Gesellschaft. Die Fragebögen sollten dabei vor der Implantation und an definierten Zeitpunkten nach der Implantation des Medizinprodukts verwendet werden. Somit entsteht eine Longitudinalstudie mit derselben Stichprobe (Panelstudie).

Aufgrund der niedrigen Datenlage zu standardisierten prospektiven Studien der gesundheitsbezogenen Lebensqualität im Rahmen der Validierung eines Medizinprodukts, entschied man sich zur Entwicklung eines eigenen Fragebogendesigns und versuchte an einer begrenzten Stichprobe in einem festgesetzten Untersuchungszeitabschnitt eine Validierung und Verbesserung dieses Fragebogens durchzuführen. Der bereits validierte EQ-5D wurde ebenfalls angewendet, um auch eine Validierung der verwendeten Fragenmenge bzw. der Zeit zur Beantwortung aller Fragebögen zu gewährleisten.

Der Pretest wurde auf Koronarstentimplantationen in einem Haus (monozentrisch) eingegrenzt. Aufgrund der Fragestellung bezüglich der Lebensqualität erfolgte kein Ausschluss von Patienten mit mehrfachen Erkrankungen (Multimorbidität). Gerade hier sieht man einen großen Zugewinn in der Datenerhebung. Denn individuelle, gemeinschaftliche und gesellschaftliche Belastungen zu minimieren, sollte in der Wahrnehmung der Autoren eines der Ziele in der neueren Produktentwicklung sein.

Zum Einschluss der Probanden und zur Erhebung der Daten wurde der gleiche Interviewer eingesetzt, um interindividuelle Verständnisschwierigkeiten zu vermeiden. Die Validierung des aktuellen Fragebogens wird dabei in verschiedenen Schritten erfolgen. Zum einen werden die selbstentwickelten Fragebögen, bezüglich der Verständlichkeit und der Beantwortbarkeit evaluiert. Danach erfolgt eine Evaluierung bezüglich der eigenen Durchführbarkeit durch die Patienten. Eine erste Datenauswertung soll erlauben, Methoden zur Datenerhebung und -auswertung zu finden und zu standardisieren.

8.3.1.4 Krankheitsspezifischer Fragebogen

Der krankheitsspezifische Fragebogen diente dazu, die typische Symptomatik der chronischen koronaren Herzkrankheit abzubilden. Hierbei war die akute, aber auch die chronische Symptomatik wichtig und man versuchte mithilfe der Fragen eine Unterscheidung zu ermöglichen. Hierbei muss erwähnt werden, dass es gerade in der Symptomatik der Luftnot eine starke Überschneidung zwischen der akuten und der chronischen Symptomatik gibt. Bei der Herzinsuffizienz als Symptomkomplex der vorangeschrittenen Ischämie tritt eine Luftnotsymptomatik auf, welche auch bei einer akuten

Minderversorgung auftreten kann. Die Fragestellungen zielten hierbei auch darauf ab, Patienten in klinisch relevante Gruppen einzuteilen z. B. auf Grundlage des Klassifizierungssystems der Herzinsuffizienz nach der New York Heart Association Functional Classification (NYHA) oder der Canadian Cardiovascular Society Angina Grading Scale (CCS) zur Einteilung der pectanginösen Beschwerden (Mann et al. 2015). Zusätzlich versuchten die Autoren, Daten über das allgemeine Gesundheitsgefühl zu erheben und zu schauen, ob bei dem Patienten bereits eine unspezifische Krankheitssymptomatik mit z. B. anderen Schmerzen vorliegt.

▶ **Bedeutung: Krankheitsspezifischer Fragebogen** Zur Erfassung von spezifischen und weniger spezifischen Symptomen der koronaren Herzkrankheit, welche durch die koronare Intervention verbessert werden sollten.

Bei der Entwicklung des Fragebogens stand das interindividuelle Erleben der Gesundheit in Hinsicht auf das eigene Leben im Vordergrund. Der allgemeine Anteil zu Beginn des Fragebogens, sollte die gesundheitlichen Einschränkungen nach eigener Einschätzung, bei der eigenen Körperpflege, aber auch alltäglicher Tätigkeiten, wie persönliche Besorgungen abbilden. Zusätzlich konzentrierte man sich auf die Schmerzsymptomatik des Patienten. Hierbei wurde zwischen spezifischem und unspezifischem Schmerz unterschieden. Als spezifisch wurde ein Brustschmerz angenommen und als unspezifisch jegliche sonstigen Schmerzen. Die spezifische Symptomatik wird dabei zunächst nach objektiven Kriterien wie der Häufigkeit und dem Zusammenhang zwischen physischem und psychischem Stress sowie der Beeinflussbarkeit durch Medikamente eingeteilt. Zusätzlich versuchte man, in der spezifischen Symptomatik auf das interindividuelle Erleben einzugehen, also inwieweit die Schmerzen eine Belastung im Alltag des Patienten darstellen. Die unspezifische Symptomatik wird zunächst auch an ähnlichen objektiven Kriterien gemessen. Eine weitere Differenzierung erschien, um den Umfang der Studie verträglich zu halten, nicht sinnvoll. Eine weitere spezifische Symptomatik stellt die Luftnot dar. Hier ist aber auch eine Differenzierung zwischen der akut einsetzenden Luftnot im Rahmen von pectanginösen Beschwerden nötig sowie einer dauerhaften und chronischen Luftnot im Rahmen einer Herzinsuffizienz, welche als Folgeerkrankung der koronaren Herzkrankheit als ischämische Kardiomyopathie auftritt.

Bei der Entwicklung des Fragebogens war den Autoren bewusst, dass insbesondere bei Patienten mit mehreren Vorerkrankungen eine genaue Differenzierung zwischen den chronischen Krankheiten auch hinsichtlich sogenannter spezifischer Symptomatik nicht immer zweifelsfrei möglich ist. So ist die chronisch obstruktive Lungenerkrankung eine genauso mit dem Rauchen assoziierte Erkrankung wie die koronare Herzkrankheit. Beide Erkrankungen können zu einer Luftnot führen, allerdings aufgrund unterschiedlicher Ursachen. Eine genaue oder gar spezifische Abgrenzung fällt auch im klinischen Alltag häufig schwer (Erdmann 2011; Herold 2018).

8.3.1.5 Sozioökonomischer Fragebogen

Im Rahmen ökonomischer sowie epidemiologischer Untersuchungen zu Auswirkungen bestimmter Erkrankungen auf soziale Gesichtspunkte wird der sogenannte sozioökonomische Status bei Patienten bestimmt. Ermittelt wird dieser vorrangig über folgende drei Bereiche: Bildung, Beruf und Einkommen (Peter et al. 2007). Zum einen haben diese Indikatoren des sozioökonomischen Status einen wesentlichen Einfluss auf die Gesundheit und zum anderen führt Krankheit häufig zu Veränderungen dieses Status bei den betroffenen Patienten (Lampert et al. 2012).

▶   **Bedeutung: Sozioökonomischer Fragebogen** Zur Erfassung und zum Vergleich des sozioökonomischen Status eines Patienten vor und nach der Intervention, um Auswirkungen der Erkrankung sowie Behandlung auf soziale Gesichtspunkte messen zu können.

Der Indikator Bildung ist im Wesentlichen durch die schulische und berufliche Ausbildung geprägt, wird aber auch durch die Bedingungen in der Kindheit und im Elternhaus bestimmt (Galobardes et al. 2006). Die Zugehörigkeit zu einer bestimmten Berufsgruppe ist direkt mit dem sozialen Status einer Person in Verbindung zu bringen (Winkler und Stolzenberg 1999). Dies sowie die mit einem Beruf verbundenen spezifischen Anforderungen haben einen nicht zu vernachlässigenden Einfluss auf die Gesundheit (Schumann 2009). Das einer Person zur Verfügung stehende Einkommen dient als Mittel zur Bedürfnisbefriedigung. Hierunter fallen sowohl lebensnotwendige als auch Bedürfnisse der persönlichen Weiterentwicklung (Peter et al. 2007; Schumann 2009). Im Krankheitsfall entstehen den Patienten zusätzliche Kosten, die nicht immer von den Krankenkassen übernommen werden (z. B. spezielle Diäten). Zusätzlich kann es einen Einfluss auf die Höhe des Einkommens haben, wenn der Patient länger arbeitsunfähig ist und beispielsweise Krankengeld bezieht. Umstände wie Arbeitslosigkeit, die sogar durch die Krankheit bedingt sein kann oder aber sich bereits im Rentenalter befindliche Personen, müssen hierbei berücksichtigt werden. Zusätzlich bedingen sich die drei erläuterten sozioökonomischen Bereiche zum Teil gegenseitig und müssen ganzheitlich betrachtet werden. Die Effekte einer Erkrankung auf diese drei Indikatoren gilt es mithilfe eines Fragebogens zu sozioökonomischen Gesichtspunkten zu erheben.

Im konkreten Fallbeispiel entstand der Fragebogen nach Vorbild einer ähnlichen Erhebung im Rahmen eines Projektes an der Universität Greifswald zum Einsatz individualisierter Medizin. Gegliedert ist dieser in zwei Teile, einen allgemeinen Teil und einen krankheitsspezifischen Teil. Bei ersterem wurde die Abfrage sozioökonomischer Indikatoren mit der Erhebung einiger demografischer Variablen kombiniert. Geschlecht, Geburtsjahr sowie Familienstatus sollen in die Auswertung mit einbezogen werden und im weiteren Verlauf auch Vergleiche zwischen verschiedenen Subgruppen der Studienpopulation erlauben. Die Erhebung des Indikators Bildung erfolgt über Fragen zur schulischen sowie zur beruflichen Ausbildung. Da diese Faktoren sich im Laufe des weiteren Lebens nicht ändern, wurden sie lediglich einmalig bei Einschluss beantwortet. Alle weiteren Fragen werden sowohl zum Einschluss als auch zu allen Follow-Ups erhoben. Die Indikatoren Beruf und Einkommen werden über eine Zuordnung zu bestimmten Gruppen abgefragt. Dabei wurde versucht, ein möglichst breites Spektrum abzudecken.

Der zweite Teil des Fragebogens enthält 14 weitere Fragen, die einen konkreten Bezug zur koronaren Herzkrankheit der Patienten haben. Ziel dieser Fragen ist es, die Inanspruchnahme ambulanter, stationärer und rehabilitationstechnischer Maßnahmen in Verbindung mit der Erkrankung zu erheben. Da diese Befragung Teil des Einschlusses sowie aller Follow-Ups ist, lassen sich Vergleiche der Situation pre und post Implantation anstellen und somit die Effekte eines Koronarstents auf den sozioökonomischen Status der Patienten untersuchen. Besonders relevant sind diese bei Personen, die zum Zeitpunkt der Behandlung noch berufstätig sind und nach einer Therapie eventuell wieder in den Beruf zurückkehren können.

8.3.2   Lebensqualität bei Glaukompatienten

Bei Patienten mit einer Glaukomerkrankung ist das wichtigste Ziel ärztlichen Handelns und der Therapie, die Sehkraft als auch die visuelle Lebensqualität zu erhalten. Eine Erkrankung, die chronisch-progredient ist und dadurch bedingt die Notwendigkeit einer anhaltenden Therapie mit regelmäßigen Arztbesuchen besteht, stellt eine Einschränkung der Lebensqualität dar (Hirneiß et al. 2010).

Der medizinische Nutzen beim Glaukom ist ein sichergestellter Wirkstoffspiegel des Medikamentes über einen bestimmten Zeitraum und damit verbunden die Verhinderung der Krankheitsprogression.

Glaukompatienten müssen mit der Diagnosestellung eine Tropftherapie starten, die durch den chronischen Charakter der Krankheit bedingt, zeitlebens erfolgt. Dies bedeutet täglich 1–3 Mal zu tropfen, was für viele Patienten bereits eine Minderung der Lebensqualität darstellt. Durch den asymptomatischen Charakter der Krankheit und die nicht wahrnehmbare Progression kann es für Patienten schwierig sein zu verstehen, wieso das Tropfen so wichtig ist. Die Therapietreue oder Adhärenz ist daher ein wichtiges Thema bei der Erfassung der Lebensqualität von Glaukomerkrankten.

Durch den multidimensionalen Charakter der Lebensqualität bilden Messungen diesbezüglich immer nur einen Teilbereich ab. Zu den Messverfahren gehören Interviews und Fragebögen. Der Begriff der gesundheitsbezogenen Lebensqualität wurde eingeführt, um das subjektive Befinden eines Patienten erfassen zu können. Die Wahrnehmung kann durch allgemeine (generische) und krankheitsspezifische Fragebögen als numerische Größen abgebildet werden und machen sie mathematisch und statistisch berechenbar. Die Bestimmung der Lebensqualität spiegelt die individuelle und persönliche Wahrnehmung des Patienten wider, die eine Vielzahl subjektiver Faktoren und

Aspekte umfasst, die Außenstehenden oft nicht zugänglich sind (Müller-Bühl et al. 2003).

Nachfolgend wird der in RESPONSE gewählte Lösungsansatz zur Messung der Lebensqualität bei Glaukompatienten innerhalb des Innovationsprozesses beschrieben. Ein wichtiger erster Schritt ist die Wahl der geeigneten Messinstrumente. Hierfür stellt eine Kombination aus einem generischen Fragebogen, dem EQ-5D mit zwei krankheitsspezifischen, glaukomspezifischen Fragebögen die richtige Wahl dar, um ein umfassendes Spektrum zur Abbildung der Lebensqualität zu gewährleisten. Anschließend erfolgen die Auswahl einer geeigneten Patientengruppe und die Definition der Ein- und Ausschlusskriterien. Mit diesen Informationen, der Patienteninformation, der Einwilligungserklärung und der Projektinformation kann dann ein Ethikantrag gestellt werden. Nach der Begutachtung und Freigabe durch die Ethikkommission können die Untersuchungen gestartet werden. Diese beinhalten das Verteilen des Fragebogens an Glaukompatienten, die entweder zu einer Tagesdruckprofil-Messung oder zu einer Glaukomoperation in die Augenklinik kommen oder auch bei einem niedergelassenen Augenarzt einen Termin haben. Der Fragebogen, den die Patienten erhalten, stellt eine Zusammenfassung der drei oben genannten Fragebögen dar, sodass er nur einen Fragebogen in der Hand hat und ausfüllen muss. Final erfolgt dann die Auswertung der Fragebögen, um somit Rückschlüsse auf die Lebensqualität ziehen zu können. An diesem Punkt gibt es nun verschiedene Möglichkeiten, die Lebensqualität einzustufen. Man kann die Ergebnisse mit der Lebensqualität der deutschen Allgemeinbevölkerung vergleichen (König et al. 2005) oder man zieht einen Vergleich mit anderen chronischen Erkrankten – je nach Fragestellung.

Bei den krankheitsspezifischen Fragebögen liegt der Fokus auf Dimensionen, die für eine bestimmte Krankheit und ihre Behandlung von besonderer Relevanz sind. Die Vorteile sind die Spezifität und die Sensitivität in Bezug auf die jeweilige zu beschreibende Erkrankung.

Zur Erfassung der Lebensqualität bei Glaukompatienten, werden zwei krankheitsspezifische Fragebögen vorgestellt, der Glaucoma Quality of Life-15 (GQL-15) und der Glaucoma Symptom Scale (GSS).

Bei Glaukompatienten wird der GQL-15 Fragebogen zur Selbsteinschätzung der Einschränkungen der Lebensqualität eingesetzt. Er wurde entwickelt, um Einschränkungen der Sehfunktion, spezifisch für Glaukompatienten, in verschiedenen Lebensbereichen und Glaukomstadien zu erfassen. Er besteht aus 15 Fragen, welche die vier visuellen Funktionsstörungen zentrales Sehen, peripheres Sehen, Orientierung bei Dunkelheit und Orientierung im Freien erfassen. Die Einschätzung erfolgt auf einer Skala von 0–5, wobei der Wert 5 hohe Schwierigkeiten und der Wert 1 keine Schwierigkeiten misst. Der Wert 0 repräsentiert Schwierigkeiten, die aus anderen Gründen als dem Glaukom zur Einschränkung führen. Die angekreuzten Punkte werden addiert und zu einem Gesamtwert zusammengefasst. Die Einschätzung der Lebensqualität wird dabei umso schlechter, je höher der Gesamtpunktewert (Lappas et al. 2011).

Der Fragebogen Glaucoma Symptom Scale (GSS) wurde entwickelt, um ophthalmologische Symptome von Glaukompatienten zu erfassen. Er umfasst 10 okulare Symptome, 6 nicht-visuelle und 4 visuelle. Die nicht-visuellen Symptome sind Brennen oder Schmerzen, Tränen, Trockenheit, Juckreiz, Müdigkeit der Augen und das Gefühl, etwas im Auge zu haben, die visuellen Symptome sind verschwommene oder trübe Sicht, Schwierigkeiten bei Tageslicht oder in dunklen Räumen zu sehen und Ringe oder einen Lichthof um Lichter. Wie auch beim GQL-15 erfolgt die Einschätzung über eine Skala von 1–5 (Gothwal et al. 2013).

Literatur

Achenbach, S. (2015). Management der chronisch stabilen koronaren Herzkrankheit. *Herz, 40,* 645–656.

Barcaccia, B., Esposito, G., Matarese, M., Bertolaso, M., Elvira, M., & Grazia De Marinis, M. (2013). Defining quality of life: A wild-goose chase? *Europe's Journal of Psychology, 9,* 185–203.

Bullinger, M. (2014). Das Konzept der Lebensqualität in der Medizin – Entwicklung und heutiger Stellenwert. In: Lebensqualität im Gesundheitswesen: Wissen wir, was wir tun? *Zeitschrift für Evidenz, Fortbildung und Qualität im Gesundheitswesen, 108,* 97–103.

Böhm, K., Tesch-Römer, C., Ziese, T., & Lampert, T. (2009). *Gesundheit und Krankheit im Alter. Beiträge zur Gesundheitsberichterstattung des Bundes.* Berlin: Robert Koch-Inst.

Dougherty, C. M., Dewhurst, T., Nichol, W. P., & Spertus, J. (1998). Comparison of three quality of life instruments in stable angina pectoris: Seattle angina questionnaire, short form health survey (SF-36), and Quality of life index-cardiac version III. *Journal of Clinical Epidemiology, 51,* 569–575.

Erdmann, E. (Hrsg.). (2011). *Klinische Kardiologie: Krankheiten des Herzens, des Kreislaufs und der herznahen Gefäße* (8. vollständig überarbeitete und aktualisierte Aufl.) Heidelberg: Springer Medizin.

Felce, D., & Perry, J. (1995). Quality of life: Its definition and measurement. *Research in Developmental Disabilities, 16,* 51–74.

Felker, G. M., Shaw, L. K., & O'Connor, C. M. (2002). A standardized definition of ischemic cardiomyopathy for use in clinical research. *Journal of the American College of Cardiology, 39,* 210–218.

Ford, T. J., Corcoran, D., & Berry, C. (2018). Stable coronary syndromes: Pathophysiology, diagnostic advances and therapeutic need. *Heart, 104,* 284–292.

Galobardes, B., Shaw, M., Lawlor, D. A., Lynch, J. W., & Davey Smith, G. (2006). Indicators of socioeconomic position. *In Methods in Social Epidemiology* (S. 47–86). San Francisco: John Wiley & Sons.

Gothwal, V. K., Reddy, S. P., Bharani, S., Bagga, D. K., Sumalini, R., Garudadri, C. S., et al. (2013). Glaucoma symptom scale: Is it a reliable measure of symptoms in glaucoma patients? *British Journal of Ophtalmology, 97,* 379–380.

Hacker, E. D. (2010). Technology and quality of life outcomes. *Quality of Life Outcomes in Cancer Care*: 1990–2010. *Seminars in Oncology Nursing, 26,* 47–58.

Herold, G. (Hrsg.). (2018). *Innere Medizin 2018: eine vorlesungsorientierte Darstellung. Unter Berücksichtigung des Gegenstandskataloges für die Ärztliche Prüfung: Mit ICD 10-Schlüssel im Text und Stichwortverzeichnis.* Köln: Gerd Herold.

Hirneiß, C., Kampik, A., & Neubauer, A. S. (2010). „Value-based medicine" bei Glaukom. *Der Ophthalmologe, 107,* 223–227.

Huber, M., Knottnerus, J. A., Green, L., Horst, H. v. d., Jadad, A. R., Kromhout, D., et al. (2011). How should we define health? *BMJ, 343,* d4163.

Jain, K. K. (2011). *Applications of Biotechnology in Cardiovascular Therapeutics.* Totowa: Springer Science+Business Media LLC.

Kagawa-Singer, M., Padilla, G. V., & Ashing-Giwa, K. (2010). Health-related quality of life and culture. Quality of life outcomes in cancer care: 1990–2010. *Seminars in Oncology Nursing, 26,* 59–67.

Koch, K., Gerber, A., Repschläger, U., Schulte, C., & Osterkamp, N. (2010). QALYs in der Kosten-Nutzen-Bewertung. Rechnen in drei Dimensionen. In Barmer GEK Gesundheitswesen aktuell 2010.

König, H. H., Bernert, S., & Angermeyer, M. C. (2005). Gesundheitszustand der deutschen Bevölkerung: Ergebnisse einer repräsentativen Befragung mit dem EuroQoL-Instrument. *Das Gesundheitswesen, 67,* 173–182.

Lampert, T., Kroll, L. E., Müters, S., & Stolzenberg, H. (2012). Messung des sozioökonomischen Status in der Studie „Gesundheit in Deutschland aktuell" (GEDA). *Bundesgesundheitsblatt, 2013*(56), 131–143.

Lappas, A., Foerster, A. M., Schild, A. M., Rosentreter, A., & Dietlein, T. S. (2011). Quantifizierung der subjektiven visuellen Lebensqualität bei Glaukompatienten. *Der Ophthalmologe, 108,* 745–752.

Mann, D. L., Zipes, D. P., Libby, P., Bonow, R. O., & Braunwald, E. (2015). *Braunwald's heart disease: A textbook of cardiovascular medicine* (10. Aufl.) Philadelphia: Elsevier/Saunders.

Maropoulos, P. G., & Ceglarek, D. (2010). Design verification and validation in product lifecycle. *CIRP Annals, 59,* 740–759.

Mielck, A., Vogelmann, M., Schweikert, B., & Leidl, R. (2010). Gesundheitszustand bei Erwachsenen in Deutschland: Ergebnisse einer repräsentativen Befragung mit dem EuroQoL5D (EQ-5D). *Gesundheitswesen, 72,* 476–486.

Moons, P., Budts, W., & de Geest, S. (2006). Critique on the conceptualisation of quality of life: A review and evaluation of different conceptual approaches. *International Journal of Nursing Studies, 43,* 891–901.

Müller-Bühl, U., Engeser, P., Klimm, H. D., & Wiesemann, A. (2003). Lebensqualität als Bewertungskriterium in der Allgemeinmedizin. *Zeitschrift für Allgemeinmedizin, 79,* 24–27.

Peter, R., Gässler, H., & Geyer, S. (2007). Socioeconomic status, status inconsistency and risk of ischaemic heart disease: A prospective study among members of a statutory health insurance company. *Journal Epidemiology Community Health, 61,* 605–612.

Pinger, S. (2018). *Repetitorium Kardiologie: für Klinik, Praxis und Facharztprüfung* (4. vollständig überarbeitete und erweiterte Aufl.). Köln: Deutscher Ärzteverlag.

Prochaska, J. H., Arnold, N., Jünger, C., Münzel, T., & Wild, P. S. (2018). Prävention von Herz-Kreislauf-Erkrankungen. *Herz, 43,* 87–100.

Riede, U. N., & Werner M. (Hrsg.). (2017). *Allgemeine und Spezielle Pathologie.* Berlin: Springer.

Robert Koch-Institut. (2015). Wie gesund sind die älteren Menschen? RKI-Bibl. https://doi.org/https://doi.org/10.17886/rkipubl-2015-003-8

Ruß, M., Fleck, E., Graf, K., Gams, E., & Werdan, K. (2007). Chronische koronare Herzkrankheit. *Der Kardiologe, 1,* 55–70

Schumann, B. (2009). Indikatoren des sozioökonomischen Status und ihre Assoziation mit kardiovaskulären Risikofaktoren in einer älteren Allgemeinbevölkerung. https://digital.bibliothek.uni-halle.de/ulbhalhs/urn/urn:nbn:de:gbv:3:4-1966. Zugegriffen: 4. Juni 2018.

Schöffski, O., & Graf von der Schulenburg, J.-M. (2012). *Gesundheitsökonomische Evaluationen.* Heidelberg: Springer.

Spertus, J. A., Winder, J. A., Dewhurst, T., Deyo, R. A., Prodzinski, J., McDonnell, M., & Fihn, S. D. (1995). Development and evaluation of the Seattle angina questionnaire: A new functional status measure for coronary artery disease. *Journal of the American College of Cardiology, 25,* 333–341.

Statistisches Bundesamt (2017e): Statistisches Bundesamt Deutschland – GENESIS-Online – Krankheitskosten: Deutschland, Jahre, Krankheitsdiagnosen (ICD-10). https://www-genesis. destatis.de/genesis/online;jsessionid=F1EB6D523180C414F3154DBE83E9BC31.tomcat_GO_ 2_2?operation=previous&levelindex=2&levelid=1519040534430&step=2. Zugegriffen: 19. Febr. 2018.

Statistisches Bundesamt (2018c). Staat und Gesellschaft – Die 10 häufigsten Todesursachen. https://www.destatis.de/DE/ZahlenFakten/GesellschaftStaat/Gesundheit/Todesursachen/ Tabellen/HaeufigsteTodesursachen.html. Zugegriffen: 19. Febr. 2018.

Szende, A., Janssen, B., & Cabases, J. (2014). *Self-Reported Population Health: An International Perspective based on EQ-5D.* Dordrecht: Springer, Netherlands.

Szende, A., Oppe, M., & Devlin, N. J. (2007). *EQ-5D value sets: inventory, comparative review, and user guide.* Dordrecht: Springer Netherlands (EuroQol Group monographs, v. 2).

U. S. Department of Health and Human Services FDA Center for Drug Evaluation; U.S. Department of Health and Human Services FDA Center for Biologics Evaluation and Research; U.S. Department of Health and Human Services FDA Center for Devices and Radiological Health. (2006). Guidance for industry: Patient-reported outcome measures: Use in medical product development to support labeling claims: Draft Guidance. *Health and Quality of Life Outcomes, 4,* 79.

WHO (1995). The World Health Organization quality of life assessment (WHOQOL): Position paper from the World Health Organization. In Quality of Life in Social Science and Medicine. *Social Science & Medicine, 41,* 1403–1409.

Werdan, K. (2006). Nationale Versorgungsleitlinie (NVL) Chronische KHK. *Herz, 41,* 537–560.

Winkler, J., & Stolzenberg, H. (1999). Der Sozialschichtindex im Bundes-Gesundheitssurvey. *Das Gesundheitswesen, 61,* 178–183.

Ethische Aspekte in der Forschung und Entwicklung von sowie der Versorgung mit Implantaten

9

Saskia Jünger, Laura Harzheim, Mariya Lorke und Christiane Woopen

9.1 Einleitung und Überblick

Im Kontext der Entwicklung von und Versorgung mit medizinischen Implantaten gilt es, damit einhergehende ethische Fragestellungen zu berücksichtigen. Die Analyse ethischer Aspekte ist mit einigen Herausforderungen verbunden: Neue Errungenschaften der technischen Entwicklung gehen mit einer hoffnungsvollen und optimistischen Haltung gegenüber verbesserten Lösungen für gesundheitliche Probleme einher; zugleich impliziert der innovative Charakter ein Fehlen von umfassenden Einschätzungsmöglichkeiten und langfristigen Erfahrungswerten zur differenzierten Abwägung von Nutzen und Schaden. Mit den Health Technology Assessments (HTA) wird im Sinne einer Technikfolgenabschätzung angestrebt, eine Analyse und Bewertung innovativer biomedizinischer Technologien vorzunehmen. Diese konzentrieren sich jedoch zumeist auf ökonomische Kosten-Nutzen-Analysen sowie Aspekte der Wirksamkeit und Sicherheit, während ethische Aspekte in der Regel unterrepräsentiert sind (Woopen und Mertz 2014).

In diesem einleitenden Abschnitt werden zunächst allgemeine ethische Grundsätze und Prinzipien der medizinischen Versorgung vorgestellt, die im Folgenden konkret im Hinblick auf die Versorgung mit Implantaten reflektiert werden. Außerdem werden Besonderheiten der drei Indikationsbereiche im Rahmen von RESPONSE dargestellt (kardiovaskuläre, Cochlea- und Glaukom-Implantate). Vor dem Hintergrund des aktuellen Forschungsstands werden relevante Aspekte aufgezeigt und Forschungslücken

S. Jünger (✉) · L. Harzheim · M. Lorke · C. Woopen
Cologne Center for Ethics, Rights, Economics, and Social Sciences of Health, Universität zu Köln, Köln, Deutschland
E-Mail: saskia.juenger@hs-gesundheit.de

© Der/die Autor(en), exklusiv lizenziert durch Springer Fachmedien Wiesbaden GmbH, ein Teil von Springer Nature 2021
U. Löschner et al. (Hrsg.), *Strategien der Implantatentwicklung mit hohem Innovationspotenzial*, https://doi.org/10.1007/978-3-658-33474-1_9

benannt. Neben allgemeinen ethischen Fragestellungen im Hinblick auf medizinisch-technische Innovationen stellen sich in jedem dieser Bereiche spezifische Fragen und Herausforderungen (vgl. Abschn. 9.3.1–9.3.3).

9.1.1 Allgemeine ethische Grundsätze und Prinzipien

Die Erörterung und Bewertung ethischer Fragestellungen im Hinblick auf Implantate muss der Komplexität technischer Innovationen Rechnung tragen (Lysdahl et al. 2016; vgl. Abschn. 9.6). Die Ethik der Technikfolgenabschätzung kann hier Maßstäbe für die Evaluation empirischer Ergebnisse in unterschiedlichen Phasen der Entwicklung von und Versorgung mit Implantaten stellen, sowie im Fall von Konflikten oder bei unterschiedlichen Handlungsoptionen Orientierung bieten (Woopen und Mertz 2014).

▶   **Bedeutung** Die Anwendung ethischer Prinzipien in der Technikfolgenabschätzung kann Maßstab für die Evaluation empirischer Ergebnisse sowie Orientierungshilfe bei Konflikten oder mehreren Handlungsoptionen sein.

Ein ethischer Ansatz, der zugleich auch mit der rechtlichen Perspektive auf medizinisch-technische Innovationen gut vereinbar ist, stellt die fundamentalen Güter, Werte und Rechte in den Fokus der Analyse. Zu den grundlegenden Werten und Rechten gehören Würde, Freiheit und Selbstbestimmung, Gesundheit im Sinne körperlicher und psychischer Integrität, Gerechtigkeit und Solidarität sowie Nachhaltigkeit. Diese Begrifflichkeiten werden im Folgenden näher erläutert; im Anschluss wird auf die Abwägung dieser Güter im Rahmen der angewandten Ethik eingegangen, bei der die Güter im konkreten Anwendungsfall kontextualisiert werden und im Fall konfligierender Güter eine Priorisierung begründet wird.

Würde
Die Menschenwürde impliziert, dass Menschen um ihrer selbst willen Respekt zusteht. Im medizinischen Kontext sind die daraus abzuleitenden Forderungen oft schwer zu konkretisieren, wohingegen eindeutiger klar ist, was nicht mit der Würde vereinbar wäre und daher grundlegend zu vermeiden ist. Würde kann jedoch auch als orientierender Maßstab gelten, beispielsweise im Sinne des Erfordernisses, bestimmte den menschlichen Lebensbezügen förderliche Rahmenbedingungen zu gewährleisten (Andorno 2011). Gerade für die Gesundheitsversorgung gehört zum Schutz der Würde ein konkretes und kontextspezifisches Verständnis des Menschen als ‚Person'. Angesichts ihrer besonderen Vulnerabilität im Kontext von Krankheit oder Verletzung sind Menschen in ihrem Entscheiden und Handeln besonders abhängig von der Unterstützung anderer.

In Bezug auf technische Innovationen im Bereich der Medizin impliziert die Menschenwürde, dass der Mensch Vorrang vor der Technik hat und die menschliche

Gestaltungshoheit gewahrt bleiben muss (Datenethikkommission der Bundesregierung [DEK] 2019). Im Hinblick auf die Implantat-Technologie bedeutet dies, dass der Mensch nicht als defizitäres Wesen betrachtet wird, das durch die Technik wie eine Sache ‚repariert', optimiert oder perfektioniert werden muss.

Freiheit und Selbstbestimmung

Zur Würde des Menschen gehören seine Freiheit sowie die Möglichkeit der Selbstbestimmung, verstanden als Praktisch-Werden der Freiheit (Gerhardt 1999). Sie betrifft die Bestimmung der eigenen Prioritäten und Ziele im Leben, sowie das Recht auf die Ausbildung einer eigenen Identität. Identität kann dabei verstanden werden als eine als ‚Selbst-Sein' erlebte Einheit einer Person, die den physischen Körper, das Denken, das Fühlen sowie das Eingebettet-Sein und Interagieren in einer sozialen Welt umfasst (Jenkins 2004). Hierzu gehört auch die individuelle Gestaltung des gesundheitlich relevanten Handelns als Teil der persönlichen Lebensweise.

Um in einem medizinischen Kontext selbstbestimmt handeln zu können, ist der Zugang zu Informationen – beispielsweise über die Bedeutung einer Diagnose, die Prognose, Behandlungsempfehlungen sowie mögliche Alternativen – eine wichtige Voraussetzung. Diese bilden, sofern sie dem Stand der medizinischen Erkenntnis entsprechen, so umfassend sind, wie die Person es braucht und wünscht, sowie verständlich und nicht-manipulativ vermittelt werden, die Grundlage für ein informiertes Einverständnis mit den empfohlenen Maßnahmen. Im Idealfall beruht Selbstbestimmung auf einer sorgfältigen Aufklärung, auf dem Verstehen der Informationen, dem freiwilligen Handeln und der Entscheidungskompetenz. Zugleich bedeutet Selbstbestimmung auch die Freiheit, sich gegen eine empfohlene medizinische Intervention zu entscheiden – selbst, wenn dies für die Person nach dem Dafürhalten des behandelnden Fachpersonals gemäß aktuellem Erkenntnisstand schädliche Auswirkungen haben kann. Mit Blick auf technische Innovationen ist im Sinne einer informationellen Selbstbestimmung auch der Schutz der Privatheit und der persönlichen Daten zu berücksichtigen – beispielsweise bei Implantaten, die mittels einer Software justiert werden. Hier muss das Recht der Person gewahrt werden, über die Vermittlung von personenbezogenen Informationen bestimmen zu können.

Gesundheit im Sinne körperlicher und psychischer Integrität

Einerseits kann es als primäre Zielsetzung innovativer medizinischer Technologien betrachtet werden, die menschliche Gesundheit zu fördern. Gesundheit wird hierbei jedoch häufig im Sinne eines möglichst ‚intakten' körperlichen Funktionierens verstanden, während persönliche und soziale Vorstellungen von Gesundheit im Sinne eines ‚guten Lebens' weniger vorrangig betrachtet werden. In diesem Beitrag wird ein biopsychosoziales Verständnis von Gesundheit zugrunde gelegt, wie es auch die Weltgesundheitsorganisation (World Health Organization [WHO] 1946) in den Mittelpunkt stellt.

▶ **Bedeutung** Die persönliche Vorstellung von Gesundheit, Lebensqualität und Sicherheit ist von Person zu Person unterschiedlich und muss im Hinblick auf die Vereinbarkeit mit einem Implantat beachtet werden. Ein Implantat darf die Integrität des Einzelnen nicht schädigen.

Bezogen auf Implantate bedeutet dies, dass das Implantat für eine Person mit ihren Vorstellungen von Gesundheit, Lebensqualität und dem Gefühl von körperlicher und emotionaler Sicherheit vereinbar sein muss. Maßgeblich ist weiterhin, dass die Person durch das Implantat in ihrer körperlichen und psychischen Integrität nicht geschädigt wird.

Gerechtigkeit und Solidarität

In der Versorgung mit Implantaten spielen angesichts knapper Ressourcen und sozioökonomischer Ungleichheit Fragen der Zugangs- und Verteilungsgerechtigkeit eine Rolle.

Beispiel

Wenn sich eine Person gegen ein Implantat entscheidet, sollte dies nicht mit Sanktionen in der gesundheitlichen Versorgung oder hinsichtlich der Chance auf gesellschaftliche Teilhabe verbunden sein (beispielsweise durch Vorenthalten bestimmter Leistungen oder unzureichende Gewährleistung von Barrierefreiheit). ◀

Bestimmte Personengruppen dürfen etwa nicht aufgrund ihrer sozialen Rolle, einer Behinderung oder ihrer Hautfarbe benachteiligt werden. Zudem ist in Deutschland das System der gesetzlichen Krankenversicherung (GKV) nach dem Solidarprinzip gestaltet, nach dem jedem Mitglied der GKV unabhängig von dessen finanziellem Beitrag dieselbe bedarfsgerechte Gesundheitsversorgung zusteht. Das umfassendere Prinzip der Solidarität schließt darüber hinaus das Einstehen der Gesellschaft für Menschen in Not ein (Woopen 2008). Gerechtigkeit und Solidarität sind auch relevant im Hinblick auf Entscheidungsfragen.

Nachhaltigkeit

Bei der Entwicklung innovativer medizinischer Technologien verdienen auch Fragen der Nachhaltigkeit Berücksichtigung, nicht zuletzt vor dem Hintergrund der Nachhaltigkeitsziele der Vereinten Nationen (sustainable development goals; United Nations (UN), Department of Economic and Social Affairs 2020), die ökonomische, ökologische und soziale Aspekte umfassen und die gemeinsame Verantwortung aller Akteure, einschließlich Wissenschaft, Wirtschaft, Politik und Zivilgesellschaft voraussetzen (Presse- und Informationsamt der Bundesregierung 2020).

Dies betrifft beispielsweise den schonenden Umgang mit Ressourcen bei der Entwicklung und Produktion sowie in der klinischen Versorgung mit Implantaten, die Langlebigkeit der Implantate im Hinblick auf ihren Verbleib und ihre Wirksamkeit im menschlichen Körper sowie auch die individuellen und systemischen Folgekosten, z. B. durch erforderliche Nachuntersuchungen, Updates, Re-Implantationen oder technisches Zubehör. Verantwortung für Nachhaltigkeit ist hier im gesamten Prozess von Relevanz, beginnend bei der Entwicklung erster Prototypen über die Evaluation bis hin zur Markteinführung, dem Vertrieb und der Entsorgung.

Güterabwägung

Im konkreten Anwendungsfall kann es zu Konflikten zwischen zwei oder mehreren Gütern kommen. Die Güterabwägung gehört zur angewandten Ethik, um zwischen Handlungsalternativen zu entscheiden. Ziel ist es, auf dieser Grundlage zu einer Realisierung der bestmöglichen Entscheidungs- und Handlungsoption zu gelangen. Bezogen auf die Entwicklung von und Versorgung mit Implantaten bedeutet dies, indikationsspezifisch und im konkreten Anwendungsfall unter Wahrung der Würde des Menschen und mit Bezug auf die größtmögliche Achtung seiner Freiheit eine Gewichtung der oben dargelegten Grundsätze und Güter vorzunehmen, um zu einer ethisch verantwortbaren Entscheidung zu kommen (vgl. Abschn. 9.3.1–9.3.3).

Hierbei ist auch zu berücksichtigen, dass den einzelnen Grundsätzen und Gütern in verschiedenen soziokulturellen Kontexten eine unterschiedliche Gewichtung zukommt (Hilgendorf 2013; van der Wilt et al. 2000). Gerade in der Auseinandersetzung mit innovativen Technologien der Biomedizin kann nicht von einer Kulturneutralität der oben dargelegten Güter, Werte und Rechte ausgegangen werden, da diese durch einen bestimmten weltanschaulichen Kontext geprägt sind (Hilgendorf 2013). Vor dem Hintergrund der Internationalisierung biotechnologischer Forschung und Entwicklung ist daher eine kultursensible Perspektive von Bedeutung (vgl. Abschn. 9.5.2).

Hinweis

Ein kultursensibler Umgang bei der Abwägung von Gütern ist wichtig. Beispielsweise ist bei der Aufklärung und Entscheidung über die Verwendung von Implantaten zu berücksichtigen, ob bestimmte Materialen (z. B. tierische Rohstoffe) aus kulturellen oder religiösen Überzeugungen nicht verwendet werden können. ◀

9.1.2 Zusammenhang ethischer, psychosozialer, kultureller und Gesundheitskompetenz-relevanter Aspekte in der Implantattechnologie

Der Begriff der Implantat-Ethik (implant ethics, Hansson 2005) schließt eine Ethik der klinischen Versorgung, aber auch eine Ethik der Forschung und Entwicklung ein. Eine Implantat-Ethik umfasst nach unserem Verständnis neben den oben aufgeführten grundlegenden Rechten und Freiheiten bioethischen Prinzipien auch psychosoziale und kulturelle Aspekte sowie die individuelle und organisationale Gesundheitskompetenz.

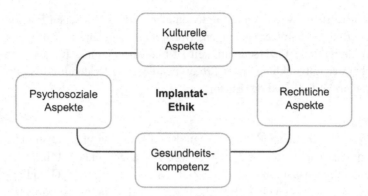

Abb. 9.1 Implantat-Ethik und angrenzende Dimensionen (Quelle: Eigene Darstellung)

Diese Perspektiven sind eng miteinander verwoben und werden daher in diesem Kapitel als sich gegenseitig bedingende Dimensionen einer übergeordneten Implantat-Ethik verstanden (vgl. Abb. 9.1).

▶ **Definition: Implantat-Ethik** Beinhaltet, neben grundlegenden Rechten und Freiheiten, psychosoziale, kulturelle sowie die individuelle und organisationale Gesundheitskompetenz betreffende Aspekte.

Psychosoziale Aspekte spielen insofern eine wichtige Rolle, als dass sich ein Implantat nicht nur auf das körperliche Funktionieren einer Person auswirkt, sondern mit dem seelischen Wohlbefinden, sozialen Kontakten sowie der Lebensplanung in Zusammenhang steht.

Kulturelle Aspekte sind nicht allein im Sinne einer nationalen oder ethnischen Identität zu verstehen, sondern als das Zusammenspiel von Bedeutungen, Praktiken und Verhaltensweisen, die durch Werte, Bräuche, Gewohnheiten oder Sprache definiert werden (Napier et al. 2014). Eine weitere Dimension betrifft mögliche unterschiedliche Wahrnehmungen, Deutungen und Verständnisse verschiedener professioneller Kulturen, die am Prozess der Implantatentwicklung und -versorgung beteiligt sind.

Gesundheitskompetenz bezieht sich auf die Fähigkeit, gesundheitsbezogene Informationen zu finden, zu verstehen, einzuschätzen und sie auf das eigene Handeln anzuwenden (Sørensen et al. 2012). Gesundheitskompetenz ist zugleich als kommunikativer Prozess im Rahmen sozialer Interaktion (Harzheim et al. 2020; Samerski 2019) zu verstehen. Im Kontext der Versorgung mit Implantaten spielt insbesondere auch die organisationale Gesundheitskompetenz (Farmanova et al. 2018) eine bedeutsame Rolle, um Menschen das Verständnis relevanter Informationen zu erleichtern und sie im Prozess der Entscheidungsfindung sowie der Behandlung zu unterstützen. Gesundheitskompetenz ist damit das Ergebnis wechselseitiger Beziehungen zwischen individuellen Fähigkeiten sowie den Rahmenbedingungen im Gesundheitswesen und im sozialen Umfeld.

▶ **Bedeutung** Die Gesundheitskompetenz bildet eine wichtige Voraussetzung
für eine ethisch verantwortungsvolle Versorgung mit Implantaten – angefangen
von der Information über Implantate in den Medien sowie in Informations-
broschüren, über die Aufklärung im direkten Kontakt zwischen Patient*in
und Ärzt*in, bis hin zum Handeln im Sinne der praktischen Integration des
Implantats in das Alltagsleben.

Diese unterschiedlichen Dimensionen der Implantat-Ethik kommen in verschiedenen
Phasen zum Tragen – von der Entwicklung und Forschung über die Markteinführung
bis hin zur Versorgung – mit jeweiligen ethischen Implikationen für das Individuum
und die Gesellschaft. Nach einem kurzen Überblick über die aktuelle Forschungs-
landschaft im Hinblick auf Cochlea-, Glaukom- und kardiovaskuläre Implantate (vgl.
Abschn. 9.1.3) werden im Folgenden ethische Implikationen für Forschung und Entwicklung (vgl. Abschn. 9.2) sowie für die Versorgung mit Implantaten in den jeweiligen
klinischen Bereichen dargestellt (vgl. Abschn. 9.3). Weiter werden ethische Aspekte in
der Aus-, Fort- und Weiterbildung (vgl. Abschn. 9.4) sowie Konsequenzen für menschliche Lebensbezüge und die Gesellschaft (vgl. Abschn. 9.5) erörtert.

9.1.3 Ein kurzer Überblick über den Forschungsstand

Im Rahmen des RESPONSE FV13 wurde ein Scoping Review (orientierende Literaturrecherche) durchgeführt; maßgebliches Ziel war die Aufbereitung und vertiefende
Analyse des aktuellen Forschungs- und Erkenntnisstands sowie der Theoriebildung
zu ethischen, psychosozialen und kulturellen Aspekten der Implantattechnologie. Die
Literaturrecherche wurde der ausgearbeiteten Suchstrategie[1] entsprechend in fünf Datenbanken durchgeführt (PubMed, EBSCO, Web of Science, PsycNET und Philpapers).
Eine erste Analyse der identifizierten Treffer gab Aufschluss über Forschungsschwer-
punkte, aber auch Forschungslücken im Hinblick auf die drei klinischen Anwendungs-
felder.

Bei kardiovaskulären Implantaten, insbesondere Defibrillatoren und Herzschrittmachern, lag ein Fokus auf der Lebensqualität mit dem Implantat und insbesondere möglichen Ängsten, die damit einhergehen können. Darüber hinaus wurden

---

[1]Zur Beantwortung der Fragestellung wurde gemäß den Prinzipien der Sensitivität und Präzision
ein umfänglicher Search-String für die Datenbank-Recherche in PubMed (MEDLINE) entwickelt
und anschließend für die anderen Datenbanken angepasst. Anhand von MeSH-Terms und freien
Key-Terms wurden hierzu mittels Bool'scher Operatoren Suchterme im Bereich der Cochlea-,
Glaukom und kardiovaskulären Implantate in Kombination mit den für die Implantat-Ethik (vgl.
Abschn. 9.1.2) relevanten Suchtermen wie ‚ethics', ‚quality of life', ‚health services', ‚lived
experiences', ‚culture', ‚health literacy' oder ‚decision-making' verwendet.

ethische Fragen der Entscheidungsfindung am Lebensende erörtert – inwieweit ist die Deaktivierung dieser Implantate ethisch vertretbar? In Bezug auf Cochlea-Implantate besteht ein lebendiger und zugleich kontroverser Diskurs hinsichtlich der Entscheidung für oder gegen ein Implantat insbesondere bei Kindern mit angeborener Taubheit, verbunden mit ethischen Fragen hinsichtlich der Medikalisierung, Stigmatisierung und Diskriminierung von Gehörlosigkeit als Krankheit oder Behinderung. Herausforderungen wurden auch im Hinblick auf technische Komplikationen und damit verbundene Sorgen und Nachteile im Alltag beschrieben; sowie in Bezug auf Folgekosten der Implantation (Folgeuntersuchungen, regelmäßige Einstellung des Implantats sowie Wartungskosten). Im Bereich der Glaukom-Implantate zeigte sich, dass ethische, psychosoziale und kulturelle Aspekte in der Forschung bislang entweder kaum adressiert wurden oder darüber kaum publiziert wurde.

Lebensqualität wird in den Studien maßgeblich durch standardisierte quantitative Erhebungsinstrumente untersucht und im Sinne des funktionalen medizinischen Erfolgs des Implantats operationalisiert (beispielsweise Spracherkennung bei Cochlea-Implantaten). Aus methodologischer Sicht sprechen die vorläufigen Ergebnisse der Literaturanalyse für eine erhebliche Unterrepräsentation partizipativer und patientenzentrierter qualitativer Forschungsdesigns. Eher wenige Studien oder theoretische Abhandlungen widmeten sich bislang einer grundsätzlichen Reflexion ethischer, psychosozialer und kultureller Aspekte im Sinne einer übergeordneten ‚Implantat-Ethik‘ – zumindest, wenn es sich konkret um medizinische Implantate handelt, welche fehlende oder eingeschränkte Körperfunktionen kompensieren und nicht bereits bestehende „übernatürlich" verbessern.

Hinweis

Wenige wissenschaftliche Arbeiten setzen sich bisher mit ethischen, psychosozialen und kulturellen Aspekten im Bereich der Implantattechnologie auseinander. ◄

Gegenstand der in letzterem Bereich identifizierten Quellen waren zum einen Fragen nach der ethischen Vertretbarkeit der technischen Manipulation des menschlichen Körpers *(Cyborgs, Enhancement)* und den damit verbundenen Konsequenzen für die *conditio humana,* die Natur des Menschen, die vereinzelt in einer übergeordneten ethisch-philosophischen Analyse erörtert wurden (vgl. Abschn. 9.5.1). Zum anderen befassten sich die Beiträge mit ethischen Fragen der Forschung und Entwicklung von Implantaten sowie mit methodischen Fragen der Evaluation im Sinne des *Health Technology Assessment* (HTA; vgl. Abschn. 9.2).

9.2 Forschungsethische Desiderate in der Entwicklung, Markteinführung und Versorgung von und mit Implantaten

Die ethischen Aspekte in der Forschung im Zusammenhang mit medizinischen Implantaten können ausgehend von den grundlegenden ethischen Prinzipien in zweierlei Hinsicht beleuchtet werden: Die erste betrifft die praktische Dimension der ethischen Fragestellungen: *Was* ist aus Sicht der Forschung im Prozess der Entwicklungsphase, im Zuge der Markteinführung von und der Versorgung mit einem Implantat *wie, wann* und durch *wen* zu berücksichtigen? Die zweite Perspektive umfasst eine übergreifende philosophische bzw. systematische Dimension, welche die Frage nach der möglichen Verschiebung von Grenzen und Normen durch Innovationen in den Blick nimmt. Dieser Abschnitt nimmt die erste Perspektive in den Fokus, während sich Abschn. 9.5 dem zweiten Aspekt widmet.

Forschung, Entwicklung, Markteinführung und -überwachung sind Prozessschritte bis zur Anwendung von Medizinprodukten, zu welchen Implantate zählen. Die Forschungsphase bezieht sich dabei schon auf die der Entwicklung vorangehende, aber auch auf die prozessbegleitende Analyse von Bedarfen, Machbarkeit und Zweckbestimmung der Produkte respektive der Implantate. Die Entwicklung fasst die regulatorische sowie technische Vorbereitung zur Erstellung von Implantaten zusammen. Die Markteinführung beginnt mit der Produktion und der Anwendung von Implantaten in der medizintechnischen Versorgung und wird gefolgt von der Phase der Marktüberwachung und Re-Zertifizierung der Implantate (Evaluation; Bundesverband Medizintechnologie [BVMed] 2016b).

Die Forschung, Entwicklung, Markteinführung und Marktüberwachung von Implantaten geht mit einer systematischen und evidenz-basierten Bewertung der medizinischen Technologie – gemäß der jeweils geltenden Vorschriften für die Entwicklung und Herstellung von Medizinprodukten – und deren Effekten auf die Gesundheitsversorgung einher. Dazu gehört auch eine Berücksichtigung der ethischen, psychosozialen und kulturellen Aspekte. Lysdahl et al. (2016) weisen jedoch darauf hin, dass diese nur selten explizit adressiert werden, was unter anderem der Komplexität innovativer medizinischer Interventionen zugeschrieben wird. Insofern sich dieser Prozess auf die angewandte Ethik bezieht, wird die Analyse in der Regel die spezifischen Details der Gesellschafts- und Patient*innenperspektive, der klinischen Wirksamkeit und Sicherheit, der wirtschaftlichen Analyse, der Umweltauswirkungen und der Umsetzungserwägungen reflektieren. Daher stellt die ethische Überprüfung einen iterativen Prozess dar, bei dem die Analyse die Ergebnisse der klinischen Überprüfung, der Umsetzung, der Patient*innenperspektive und der wirtschaftlichen Überprüfung aufgreift (Canadian Agency for Drugs and Technologies in Health [CADTH] 2018).

In der ersten Phase der Entwicklung eines Prototyps (BVMed 2016b) betreffen forschungsethische Anforderungen insbesondere Aspekte der Tierethik, da Implantate zumeist unter Einsatz von Tierversuchen entwickelt werden und neue Prototypen an

Tieren getestet werden, ehe sie im Menschen zum Einsatz kommen. Im Rahmen dieses Leitfadens liegt der Fokus auf ethischen Aspekten im Hinblick auf den Menschen; für tierethische Erörterungen in diesem Zusammenhang sei verwiesen auf ein Übersichtspapier der Deutschen Forschungsgemeinschaft zu Tierversuchen in der Forschung (Deutsche Forschungsgemeinschaft [DFG] 2016).

In der zweiten Phase von der Entwicklung bis zur Marktzulassung (BVMed 2016b) spielen forschungsethische Erwägungen beispielsweise im Hinblick auf die Definition von Ein- und Ausschlusskriterien, die Proband*innenrekrutierung (Xia und Ren 2013) sowie die Gruppenzuweisung in kontrollierten Studien eine Rolle. Zudem sollte stets kritisch reflektiert werden, dass häufig „gesunde" Menschen über „Kranke" schreiben (Thoma 1986). Dadurch besteht die Herausforderung, die Perspektive der sogenannten „Betroffenen" zu beleuchten, ohne dabei vorangenommene Normalitätsvorstellungen als Maßstab anzuwenden. Eine besondere Beachtung sollte auch die Forschungsethik qualitativer Studien finden. Partizipative Forschungsansätze erfordern in diesem Zusammenhang eine transparente und durchgängige Forscher*innen-Reflexion und eine Validierung der Ergebnisse in Kooperation mit den „Erforschten".

In der dritten Phase der Marktüberwachung liegt der Schwerpunkt der forschungsethischen Überlegungen auf der Versorgungsrealität und deren Konsequenzen für die Patient*innen. Technologische Innovationen spiegeln bestimmte gesellschaftliche Werte, die zugleich als Grundlage zur Regulierung von Prozessen technischer Innovationen dienen (Thoma 1986). Jede ethische Prüfung muss folglich im lokalen Kontext stattfinden und die Patient*innen-Perspektive beinhalten. Da zum heutigen Zeitpunkt nur wenige empirische Studien in Deutschland diese Kriterien erfüllen, ist eine ethische Einschätzung allein aufgrund der Studienlage unzureichend. Interaktive und partizipative Health Techology Assessment Ansätze (Lysdahl et al. 2016) stellen hier einen zielführenden methodischen Ansatz dar, um ethischen Aspekten kontextsensitiv Rechnung zu tragen und auch zentrale Verzerrungen in der Entwicklung und Bewertung (z. B. Gender-Bias) reflektieren (van der Wilt et al. 2000).

9.3   Ethische Fragen in der Versorgung mit Implantaten

Neben allgemeinen ethischen Grundsätzen und Prinzipien (vgl. Abschn. 9.1.1) spielt es im Hinblick auf unterschiedliche Implantate eine Rolle, welche Bedeutung diese für das menschliche Leben haben. Anhand unserer systematischen Literaturanalyse im Rahmen von RESPONSE wurden unterschiedliche ethisch relevante Fragestellungen und Herausforderungen im Zusammenhang mit der Implantatversorgung identifiziert. Dies betrifft das individuelle körperliche Funktionieren, das seelische Wohlbefinden, die individuelle und kollektive Identität (beispielsweise im Sinne der Gehörlosenkultur), die soziale Teilhabe sowie auch weitreichendere gesellschaftliche Implikationen medizinisch-technischer Innovationen.

▶ **Bedeutung** Wichtige ethische Fragen in der Implantatversorgung beziehen sich auf das körperliche und seelische Wohlbefinden der Implantatträger*innen und auf gesellschaftliche und soziale Auswirkungen.

Cochlea- und Glaukom-Implantate betreffen beispielsweise Sinnesorgane, während kardiovaskuläre Implantate in der Regel mit Fragen nach (Über-)Leben oder Sterben assoziiert sind. Stellt sich die Entscheidung für ein Glaukom- oder kardiovaskuläres Implantat zumeist im höheren Lebensalter, so betrifft dies bei Cochlea-Implantaten häufig auch (immer jüngere) Kinder. Im Folgenden werden diese Fragestellungen exemplarisch für kardiovaskuläre, Cochlea-, und Glaukom-Implantate zusammengefasst und anhand der unter Abschn. 9.1.1 beschriebenen allgemeinen ethischen Grundsätze und Prinzipien beleuchtet.

9.3.1 Kardiovaskuläre Implantate

Ziel der Behandlung mit kardiovaskulären Implantaten ist in der Regel der Lebens-erhalt durch das Vermeiden von Herzinfarkten oder Herzstillständen. Damit einher-gehend kann das Leben mit einem kardiovaskulären Implantat zugleich Belastungen für die Implantatträger*innen bedeuten: Psychische Effekte im Zusammenhang mit einer Abhängigkeit des Lebens von technischen Geräten können Betroffene in ihrer Lebens-qualität, dem Sicherheitsempfinden und der Lebensführung sowohl stärken als auch beeinträchtigen. Bei der Beratung zu und Planung von kardiovaskulären Eingriffen und Implantationen müssen Patient*innen daher stets über alternative Optionen informiert werden, um ihr Recht auf informierte Entscheidungsfindung und Selbstbestimmung wahren zu können. Kardiovaskuläre Implantate gehören mittlerweile zur therapeutischen Routine. Ungeachtet dessen müssen Patient*innen vor einer Implantation jedoch darüber aufgeklärt werden, ob beispielsweise Änderungen von Lebens- und Ernährungsstilen gleichermaßen einen Rückgang der einen Eingriff begründenden Symptome bedeuten können.

▶ **Praxistipp** Potenzielle Beeinträchtigungen oder Negativauswirkungen auf das Leben des Einzelnen mit einem kardiovaskulären Implantat müssen bei der Beratung von Patient*innen berücksichtigt und transparent kommuniziert werden.

Ethische Herausforderungen bestehen außerdem insbesondere bei der gemeinsamen Entscheidungsfindung von Ärzt*innen, Patient*innen und Angehörigen am Lebensende von Personen mit kardiovaskulären Implantaten. Medizinethische Diskurse über ‚End of Life-Decisions‘ im Kontext der Implantattechnologie beziehen sich derzeit vorder-gründig auf die Deaktivierung implantierter Defibrillatoren oder Herzschrittmacher, wenn ein natürliches Versterben durch Alter oder Krankheit eintreten würde, ein kardiovaskuläres Implantat dieses jedoch verhindert (Berger 2005; Hutchison und Sparrow 2018). Durch die stetige Entwicklung und Anwendung kardiovaskulärer Implantate kann das Eintreten des Todes durch Herz-Kreislauf-Erkrankungen also zunehmend herausgezögert werden. Mit einem hierdurch verlängerten Leben steigt jedoch die Wahrscheinlichkeit chronischer und progressiver Erkrankungen. Derzeit gibt es keine Leitlinien oder Orientierungshilfen zur Unterstützung von Gesundheitsprofessionellen im Zusammenhang mit Entscheidungen am Lebensende bei Menschen mit kardiovaskulären Implantaten.

▶   **Bedeutung** Eine älter und potenziell kränker werdende Bevölkerung führt zu einer wachsenden Anzahl an Personen, die das Ende ihres Lebens mit einem kardiovaskulären Implantat erreichen werden. Diese Entwicklung unterstreicht das Erfordernis, ‚End of Life'-Situationen bei der Behandlung mit Implantaten zu antizipieren und Entscheidungshilfen für Patient*innen und deren Angehörige anzubieten (Berger 2005; Grubb und Karabin 2011).

Mit Blick auf die Nachhaltigkeit als ethisches Prinzip im Kontext kardiovaskulärer Implantate kann das Beispiel der Erneuerung von Implantaten aus biologischem Material, beispielsweise dem Herzklappenersatz durch Gewebe vom Schwein, aufgeführt werden. Der Ersatz von Organteilen aus tierischem Gewebe bedeutet, dass die biologischen Prothesen nach Jahren erneuert werden müssen, also regelmäßige, aufwendige Operationen erforderlich sind. Neben Vorteilen gegenüber mechanischen Implantaten können biologische Implantate durch diese wiederkehrende Grenzerfahrung eine potenzielle Belastung der Patient*innen bedeuten. Die Haltbarkeit und Langlebigkeit der Implantate im menschlichen Körper spielen daher eine große Rolle, insbesondere bei der Forschung und Entwicklung neuer Methodiken und Materialien kardiovaskulärer Implantate.

9.3.2   Cochlea-Implantate

Das Hören ist eine zentrale Säule der sozialen Interaktion und eng mit dem seelischen Wohlbefinden und der Lebensqualität verbunden. Die (Wieder-)Herstellung des Hörvermögens durch ein Cochlea-Implantat (CI) kann daher mit einem bedeutsamen Nutzen im Sinne sozialer und kultureller Teilhabe sowie schulischer und beruflicher Perspektiven verbunden sein. CI können die Entwicklung von Präferenzen, Hobbys und identitätsstiftenden Entfaltungsmöglichkeiten beeinflussen und stehen im Zusammenhang mit Freude, Genuss, ästhetischem Erleben und Selbstbewusstsein. Zugleich sind mit dem CI Konsequenzen für die Lebensqualität und die persönliche Entfaltung im Alltagsleben verbunden (z. B. Wahl der Frisur, Kopfbedeckung, Wahl von Lokalitäten im Berufs- und Freizeitleben).

In der Kommunikation ist auf Transparenz hinsichtlich der Vor- und Nachteile sowie der (fehlenden) Evidenz in Bezug auf kurz-, mittel- und langfristige Folgen der

Implantation zu achten. In diesem Zusammenhang ist eine kritische Auseinandersetzung mit dem ‚Optimismus-Bias' bezüglich technischer Innovationen angezeigt und ein sorgsames Abwägen im Verhältnis zu alternativen Möglichkeiten (z. B. Hörgeräte, Gebärdensprache) geboten, um eine einseitige Beratung zu vermeiden.

Der invasive Charakter der Operation kann mit Ängsten und möglichen Risiken verbunden sein, insbesondere durch fehlende Langzeit-Beobachtungen bei innovativen Implantaten. Zudem besteht durch den chirurgischen Eingriff und das CI das Risiko des Verlusts eines noch funktionierenden ‚natürlichen' Rest-Gehörs. Weitere Risiken und Belastungen ergeben sich durch die erforderlichen Folgebehandlungen, z. B. regelmäßige Nachuntersuchungen und Neu-Einstellungen oder wiederholte Operationsrisiken bei Re-Implantation. Außerdem gilt zu beachten, dass die/der Träger*in des Implantats auf das Funktionieren angewiesen ist, was zu Vorsicht und Verunsicherung im Alltag führen kann. CI können einen Verlust an Kontrolle (durch Abhängigkeit vom technischen Funktionieren des Implantats) sowie die Gefährdung informationeller Selbstbestimmung (durch Weitergabe von Daten sowie externe Einstellung der Parameter des Implantats) implizieren.

In Anbetracht des Spannungsfelds zwischen medizinischen Möglichkeiten und dem Respekt vor der Gehörlosenkultur können Konflikte der Identität (als hörende oder gehörlose Person) und Zugehörigkeit entstehen. Die Entscheidungsfindung hinsichtlich eines CI kann daher mit seelischer Belastung einhergehen, insbesondere in Anbetracht des normativen Drucks aufgrund der vorhandenen technischen Möglichkeiten. Grundsätzlich ist bei der Kommunikation über CI Sensibilität für die Situation und die Präferenzen der individuellen Person – bei Kindern des familiären Umfelds – erforderlich. Ungeachtet der erwarteten Vorteile durch ein CI muss die Freiheit der Entscheidung gegen diese Option dabei gewahrt werden. Besondere Herausforderungen ergeben sich im Hinblick auf das informierte Einverständnis und die Entscheidungsfindung bei der Versorgung von Kindern; hier sind die Eltern gefordert, für das Kind zu entscheiden.

Aufgrund der ökonomischen Bedeutung für Kostenträger ist eine ausreichende Versorgung mit CI zunehmend gefährdet (Jacob und Stelzig 2013) und es kommt für Menschen mit dem Bedarf eines Implantats zu langwierigen (abschreckenden) Verhandlungen und Unterversorgung. Zudem ist der Versorgungsprozess in Deutschland sehr unterschiedlich geregelt, was zu Unsicherheiten hinsichtlich einer medizin- und sozialrechtlich korrekten sowie kostentechnisch vertretbaren Versorgung mit CI führt; diese Problematik wird noch verstärkt durch Implantate unterschiedlicher Hersteller sowie den Bedarf einer beidseitigen Implantation. Das CI ist für die Träger*innen mit Kosten verbunden, u. a. durch Wartungskosten (Batterien, Updates, Implantat-Ersatz, Erfordernis der Re-Implantation) oder Folgeuntersuchungen in spezialisierten Zentren (einschließlich Schul- oder Dienstausfällen, Reise- und Übernachtungskosten). In diesem Kontext ist zu bedenken, dass durch eine potenziell zunehmende Betrachtung des CI als Standard-Versorgung bei Einschränkungen des Gehörs eine Verteilungsungerechtigkeit im Hinblick auf die Versorgung mit Hörgeräten entstehen kann (Höcker 2010). Hörgeräte sind weniger invasiv und insgesamt kostengünstiger, zugleich jedoch meist mit höheren Zuzahlungen seitens der Nutzer*innen verbunden.

▶ **Praxistipp** Im Hinblick auf den Versorgungsprozess ist zu berücksichtigen, dass gehörlose Patient*innen vielfältigen Kommunikationsbarrieren und Missverständnissen ausgesetzt sind (Höcker 2010). Viele gehörlose Menschen sind noch nicht über die gesetzlich geregelten Möglichkeiten der Kosten- übernahme von Gebärdendolmetscher*innen informiert; hier sollte eine bessere Aufklärung stattfinden, um gehörlose Menschen bei der barrierefreien Nutzung gesundheitsbezogener Leistungen zu unterstützen.

Im Sinne der Gerechtigkeit und Solidarität sowie der Nachhaltigkeit ist bei der Ent- wicklung innovativer Implantate auf die potenzielle Verfügbarkeit des Implantats im Ver- sorgungssystem in Anbetracht der zur Herstellung erforderlichen Rohstoffe, Ressourcen, Produktionskosten sowie Behandlungs- und Folgekosten zu achten.

9.3.3 Glaukom-Implantate

Ein Glaukom-Implantat (GI) kann eine Behandlungsoption darstellen, um Menschen länger die eigene Sehfähigkeit zu erhalten und sie somit dabei zu unterstützen, die eigenen persönlichen Lebensbezüge (die durch einen potenziellen Sehverlust beein- flusst werden können) zu bewahren. Die Angst vor einer Erblindung ist häufig der zentrale Faktor, der die Entscheidung der Patient*innen für oder gegen ein GI beein- flusst. Dieser Aspekt sollte im Rahmen des Beratungsgesprächs berücksichtigt und auf- gegriffen werden. Damit Patient*innen eine solche Entscheidung frei und selbstbestimmt treffen können, ist Transparenz in der Kommunikation von Belang. Hier bedarf es einer besonderen Aufmerksamkeit hinsichtlich der Frage, inwieweit Ärzt*innen vollständig über die große Vielfalt an mikroinvasiver Glaukomchirurgie (MIGS) und den Mangel an klinischer Evidenz über deren Wirksamkeit (CADTH 2019) aufklären können und wie die bestehenden Unsicherheiten in die Entscheidungsfindung miteinbezogen werden können.

Hinweis

Kritisch zu reflektieren sind außerdem mögliche Interessenskonflikte im Sinne institutioneller Anreize, Implantate als Behandlungsoption zu bevorzugen; beispiels- weise im Zusammenhang mit finanziellen Abrechnungsmöglichkeiten, Erforder- nissen in Bezug auf fachliche Qualifizierung (z. B. Facharztweiterbildung) oder Anforderungen im Hinblick auf Zertifizierungen (z. B. Mindestanzahlen bestimmter Interventionen; CADTH 2019) Falls diese bestehen sollten, muss gewährleistet werden, dass Patient*innen darüber informiert werden oder die Beratung von einer Fachkraft durchgeführt wird, bei der keine Interessenskonflikte bestehen. ◀

Damit die Person durch das GI in ihrer körperlichen und psychischen Integrität nicht geschädigt wird, ist eine umfassendere Sichtweise dessen erforderlich, was Patient*innen für eine informierte Entscheidung in Bezug auf MIGS benötigen. Diese schließt nicht nur klinische Faktoren mit ein, sondern bedarf der Berücksichtigung eines breiteren Spektrums individueller Faktoren, die sich auf die Behandlungswahl auswirken können. Hierzu gehören z. B. Vulnerabilität im höheren Alter, geografische Lage oder die Möglichkeit, Kosten, die mit der Wahl von MIGS im Vergleich zu anderen Behandlungsoptionen verbunden sind und nicht von der Krankenkasse übernommen werden, selbst zu tragen (CADTH 2019). Abgesehen davon können Fachkräfte dazu neigen, die positiven Auswirkungen und Eigenschaften eines Implantats zu optimistisch zu bewerten, ohne diese direkt in Relation zu der häufig spärlichen Evidenz zu setzen (CADTH 2019). Seitens der Patient*innen kann ein „Optimismus Bias" (Muskens et al. 2017) ebenfalls eine Rolle spielen. Im Prozess der Entscheidungsfindung sollte dieser Aspekt im Gespräch reflektiert werden, einschließlich realistischer Erfolgsaussichten, möglicher Risiken sowie der Bedeutung der chirurgisch-technischen Erfahrungswerte für einen Erfolg des Eingriffs.

In Bezug auf die Nachhaltigkeit ist es außerdem aus Sicht der Patient*innen wichtig, dass transparent nachvollziehbar ist, wer, wann und wie über die Versorgung mit einem Implantat entscheidet und wer verantwortlich zeichnet, falls künftig Mängel am Implantat festgestellt werden oder eine technische Neuerung indiziert ist, durch welche die Lebensqualität im Vergleich zum „älteren Modell" erheblich verbessert werden kann.

▶   **Praxistipp** Hinsichtlich der gerechten Verteilung und des Zugangs zu GI ist es wichtig zu hinterfragen, inwieweit ein Vergleich zwischen den verschiedenen Arten von Implantaten im Beratungsgespräch vorgenommen werden kann und ob Patient*innen in diese Entscheidung miteinbezogen werden.

9.4   Ethische Aspekte in der Aus-, Fort- und Weiterbildung

Medizinethik als Teil der medizinischen Aus-, Fort und Weiterbildung bedeutet das Lehren ethischer Kompetenzen bei der Versorgung von Patient*innen. Hierzu zählen Moralbegründung, Gewissenhaftigkeit und Argumentationsfähigkeit bei der Beratung und der Entscheidungsfindung im medizinischen Kontext (Neitzke 2008).

Die Berücksichtigung ethischer Aspekte bei der Entscheidungsfindung für oder gegen therapeutische Maßnahmen ist für die medizinische Praxis von großer Bedeutung. Ebenso wie in anderen Disziplinen besteht in der Implantatversorgung das Erfordernis,

Nutzen und Risiken von Behandlungen für die Patient*innen abzuwägen und Aspekte der Autonomie Betroffener kritisch zu hinterfragen.

Beispiel

Die Entscheidung für oder gegen eine Implantation bei gehörlosen oder gehörbeeinträchtigten Kindern, die hierüber aufgrund ihres Alters noch nicht selbst bestimmen können, liegt beispielsweise im Verantwortungsbereich von Eltern oder Vormündern und der behandelnden Ärzt*innen (Christiansen und Leigh 2002). Im Bereich kardiovaskulärer Implantate bestehen ethische Herausforderung bei der Entscheidungsfindung über die Deaktivierung von Defibrillatoren oder Herzschrittmachern am Lebensende von Patient*innen. Beratende und behandelnde Gesundheitsprofessionelle haben in diesem Kontext die zentrale Aufgabe, Informationen über Behandlungsoptionen und mögliche Risiken zu vermitteln und Entscheidungen im Sinne der Betroffenen zu begleiten. ◄

Begründet mit dieser Verantwortung, reichen Forderungen, ethische Aspekte in die humanmedizinische Aus-, Fort- und Weiterbildung zu integrieren, weit zurück (Beauchamp und Childless 1991; Bickel 1991; Pellegrino 1992; Self et al. 1993; Stempsey 1999). Eine moralische Denkweise bei der Entscheidungsfindung im medizinischen Setting gilt als Grundlage für den ethischen Umgang mit Patient*innen (Stempsey 1999), während die Entwicklung der moralischen Haltung von zukünftigen Mediziner*innen durch die Inhalte des Studiums wesentlich beeinflusst wird (Kopelman 1983; Self et al. 1993). Wird davon ausgegangen, dass die Persönlichkeit der behandelnden Mediziner*innen, als Grundlage für eine vertrauensvolle Beziehung zwischen Ärzt*innen und Patient*innen beispielsweise, zu einem therapeutischen Gelingen beiträgt, müssen Ausbildung und Approbation auch Fragen zur Tugendhaftigkeit beinhalten (Woopen 2005). Das Medizinstudium steht also vor der Herausforderung, Studierenden inhaltlich und methodisch breites Fachwissen zu lehren und gleichzeitig ethische Prinzipien zu vermitteln und eine Grundlage für moralisch orientiertes Handeln zu schaffen (Jonassen et al. 1997). Eine Objektivierung von Patient*innen als medizinischer Fall bei gleichzeitiger Forderung einer individuellen, präferenzsensitiven Versorgung kann jedoch als ambivalente Botschaft verstanden werden und Studierende potenziell in ihrer Haltungsbildung verunsichern (Kopelman 1983). Die Anforderungen eines Medizinstudiums können außerdem das Risiko bergen, dass Studierende Fächer zur ethischen und moralischen Kompetenzbildung als lediglich zu bestehende Nebenfächer abtun (Self et al. 1993). In der Praxis begegnet ihnen jedoch die Forderung, Rollen zu übernehmen, die über das rein medizinische Fachwissen hinausgehen und psychologische, soziale sowie kulturelle Kompetenzen gleichermaßen bedienen (Cherry 1996).

Für die Implantattechnologie ist die Integration von Ethik in das Curriculum des Medizinstudiums oder in Lehrkonzepte der Fort- und Weiterbildung von

Mediziner*innen besonders wichtig, da sie mit einem technikinduzierten Wertewandel (Irrgang und Heidel 2015) einhergeht. Diese Entwicklung wird begleitet von der Forderung nach einer fortlaufenden, kritischen Diskussion ethischer Inhalte im Medizin-studium, beispielsweise anhand von Fallsimulationen mit ethischer Fragestellung (Biller-Andorno et al. 2003; Bobbert 2013; Neitzke 2008; Strube et al. 2011).

▶ **Bedeutung** Für die Implantattechnologie ist die Integration von Ethik in das Curriculum des Medizinstudiums oder in Lehrkonzepte der Fort- und Weiterbildung von Mediziner*innen besonders wichtig, da die Versorgung mit Implantaten zunehmend eine Optimierung des menschlichen Körpers ermöglicht, die über die reine Heilung oder Prävention von Krankheit oder Krankheitsverläufen hinausgeht. Dies ist mit einem technikinduzierten Werte-wandel (Irrgang und Heidel 2015) in der medizinischen Versorgung im All-gemeinen und der Implantattechnologie im Speziellen verbunden.

9.5 Bedeutung technischer Implantat-Innovationen für gesellschaftliche Normvorstellungen

Im Zusammenhang mit der medizinisch-technischen Weiterentwicklung von Medizin-produkten und Operationsverfahren verschieben sich die gesellschaftlichen Grenzen des Denkbaren und des Möglichen. Technologische Innovationen im Bereich der Implantat-Forschung und -Entwicklung können zu einer Verschiebung von Grenzen und Normen führen, nicht nur im Bereich der individuellen Gesundheit oder der medizinischen Ver-sorgung, sondern auch in Bezug auf die eigene Identität und Selbstdefinition.

Die Entwicklung innovativer Implantate hat also Auswirkungen im Hinblick auf die Normen und Standards im Gesundheitswesen wie auch auf die Gesellschaft insgesamt. Zugleich stellen sich neue Fragen im Sinne dessen, was wünschenswert, erstrebens-wert und ethisch vertretbar ist. Können innovative Behandlungsmöglichkeiten einerseits als Chance und Gewinn für die Gesundheit und die Lebensqualität betrachtet werden, so können sie andererseits Erwartungen wie auch Entscheidungs- und Handlungsdruck auslösen. Im Folgenden sollen diese Verschiebungen von Normen und Bedeutungen auf unterschiedlichen Ebenen näher erörtert werden.

9.5.1 Verschiebung von Normen hinsichtlich des funktionierenden Körpers

Die Entwicklung von Implantaten basiert auf dem grundsätzlichen Bestreben eines gesundheitlichen Nutzens für die Empfängerin oder den Empfänger – bei Cochlea- und Glaukom-Implantaten können beispielsweise Sinneswahrnehmungen (wieder)erlangt werden und nicht nur zu einer höheren Lebensqualität beitragen, sondern auch das Sicherheitsempfinden im Alltag sowie die persönlichen Entfaltungsmöglichkeiten positiv beeinflussen. Kardiovaskuläre Implantate haben sogar das Potenzial, Leben zu retten oder zu verlängern.

Die Idee, das Funktionieren des menschlichen Körpers durch technische Hilfsmittel aufrechtzuerhalten oder (wieder)herzustellen, wirkt sich auf unsere soziokulturellen Wissensbestände hinsichtlich Gesundheit, Vulnerabilität und Krankheit aus. Was ist ein ‚gesunder' Mensch und mit welchen Einschränkungen muss man leben? Das vorherrschende Ideal eines bis ins hohe Alter funktionsfähigen Körpers stellt die individuelle und kollektive Akzeptanz von Vergänglichkeit, Verfall, Endlichkeit und Verlust infrage. Dies ist insbesondere vor dem Hintergrund sozialer, kultureller und gesundheitspolitischer Unterschiede im Hinblick auf den Umgang mit Gesundheit, Erkrankungen sowie körperlichem Funktionieren bzw. körperlichen Einschränkungen zu betrachten (vgl. Abschn. 9.5.2). In sogenannten ‚westlichen' Kulturen liegt der Fokus des Gesundheitswesens und der Medizin stark auf Optimierung und Machbarkeit mit Blick auf das menschliche Leben (Pellegrino 1992). Dies spiegelt sich in soziokulturellen Narrativen ‚idealer' medizinischer Behandlungsverläufe wider, beispielsweise dem ‚Wiederherstellungs-Narrativ' (Wong und King 2008); dieses impliziert einen normativen Blick auf eine ‚perfekte' Gesundheit und körperliche Integrität als einen Normalzustand, der aufrechterhalten und wiederhergestellt (repariert) werden muss. Die Entwicklung innovativer Medizintechnologien und ihre Einführung in das Gesundheitsversorgungssystem prägen damit den Blick dessen, was als ‚behebbar' und damit als behandlungswürdig gilt – und bergen neben potenziellen Entscheidungskonflikten ein Risiko der Überdiagnostik und Überbehandlung.

Hinweis

Die Entwicklung innovativer Implantate hat Auswirkungen im Hinblick auf die Normen und Standards im Gesundheitswesen wie auch auf die Gesellschaft insgesamt. Was ist ein ‚gesunder' Mensch und mit welchen Einschränkungen muss man leben? Das vorherrschende Ideal eines bis ins hohe Alter funktionsfähigen Körpers impliziert einen normativen Blick auf eine ‚perfekte' Gesundheit und körperliche Integrität als einen Normalzustand, der aufrechterhalten und wiederhergestellt (repariert) werden muss. Verbunden damit stellen sich neue Fragen im Sinne dessen, was in unserer Gesellschaft und für unser Gesundheitswesen wünschenswert, erstrebenswert und ethisch vertretbar ist. ◄

Zugleich entsteht damit ein neuer Imperativ, die vorhandenen Möglichkeiten auszuschöpfen – Menschen können in Rechtfertigungsnot geraten, wenn sie (oder ihre Angehörigen) sich gegen die verfügbaren Optionen entscheiden. So sind Cochlea-Implantate sowohl seitens der Träger*innen des Implantats als auch des Umfelds mit Erwartungen an ein funktionierendes Gehör verbunden, die möglicherweise nicht erfüllt werden. Dies kann für die Personen mit Implantat negative Folgen haben, da sie einerseits nicht ‚richtig' gehörlos sind, zum anderen aber auch nicht ‚normal' hörend.

„Es ist halt so: CIs produzieren ganz systematisch Menschen, die weder richtig gehörlos noch richtig hörend sind. Sind sie eine Minderheit unter den Hörenden, also im Hören behinderte Hörende? Oder eine Minderheit unter den Gehörlosen, also durchs Hören behinderte Gehörlose?" (Görsdorf 2010)

Neben der körperlichen und psychischen Integrität spielen bei Eingriffen in den menschlichen Körper Fragen der Identität und Authentizität eine Rolle. Eine Implantation kann als Grenzüberschreitung im Hinblick auf den menschlichen Körper gesehen werden und das Implantat selbst als Fremdkörper, den es in den eigenen Körper und die persönliche Identität zu integrieren gilt. Insbesondere bei Neuroimplantaten stellen sich zudem Fragen der Authentizität an der Grenze zwischen ‚natürlich' und ‚künstlich', zwischen (Körper-)Eigenem und (Körper-)Fremdem (Schicktanz und Ehm 2006).

Die Frage, wie sich Menschen, die mit einem Implantat leben, fühlen und selbst definieren, beschäftigt Wissenschaftler*innen verschiedener Disziplinen seit Jahrzehnten. In der Forschungsliteratur findet sich dieses Interesse oft unter dem Begriff „Cyborg" wieder. Park beispielsweise, selbst Träger eines Cochlea-Implantats, betrachtet sich als Cyborg, diskutiert die Frage nach der „Reparierbarkeit" der Menschen und warnt vor sinkenden Mühen im Bereich der Inklusion. Er glaubt, dass die Entscheidung für oder gegen ein Implantat eine individuelle sein sollte, die nicht unter Druck von Konzepten wie „Normalsein" oder „ökonomischer Effizienz" getroffen wird (Park 2014).

▶ **Definition: Cyborg** Zwei verschiedene Definitionen von „Cyborg" dominieren das Forschungsfeld: 1) eine breitere, die alle Personen mit Implantaten als Cyborgs definiert (Christie und Bloustien 2010; Oudshoorn 2015; Schermer 2009) und 2) eine engere, die nur gesunde Menschen, die sich bewusst für ein Implantat entscheiden, als Cyborgs bezeichnet (Buchanan-Oliver und Cruz 2011; Jarret 2013; Parkhurst 2012).

Auch in Bezug auf das natürliche Ende des Lebens bergen Entwicklungen in der Implantattechnologie das Potenzial, Normen und gesellschaftliche Haltungen gegenüber körperlichen Grenzen und Endlichkeit zu verändern. Der Fortschritt in der Implantattechnologie bedeutet unter anderem die Möglichkeit des technisch unterstützten Erhalts von Leben und damit der Vermeidung des natürlichen Todes. Gleichauf mit dem Diskurs über das Therapieren von Krankheiten versus dem ‚Enhancement' des menschlichen Körpers mittels medizinischer Technologien, stehen ethische Herausforderungen bei der Entscheidung über das Ende eines Lebens, dessen Erhalt technisch möglich ist.

Hinweis

Im Falle einer schweren Erkrankung ohne Aussicht auf Heilung stellen sich Fragen mit Blick auf einen Therapieverzicht oder -abbruch. Somit rückt das Lebensende durch die fortschreitende Technisierung des Lebenserhalts zunehmend in den Verantwortungs- und Entscheidungsbereich der medizinisch-technischen Entwicklung, Versorgung und letzten Endes der Behandler*innen, der Patient*innen und deren Angehörigen. ◄

Die Verschiebung der Normen hinsichtlich des Körpers sowie der Funktions- und Leistungsfähigkeit kann sich somit auf unterschiedlichen gesellschaftlichen Ebenen auswirken:

- Veränderte Wahrnehmung dessen, was als ‚normal‘ oder ‚gesund‘ gilt bzw. was als ‚krank‘, ‚abweichend‘ und ‚behandelbar‘ oder sogar ‚behandlungspflichtig‘ angesehen wird
- Verändertes Menschenbild – Definitionen von Behinderung und gesellschaftlicher Umgang mit Abweichungen von der Norm (z. B. Barrierefreiheit)
- Veränderte Normen und Erwartungen hinsichtlich der körperlichen Funktions- und Leistungsfähigkeit
- Einfluss auf Innensichten des menschlichen Körpers, z. B. im Rahmen von Aufklärungsgesprächen über das Implantat (Maschinen-Metaphern, Ersatzteile), verbunden mit der Machbarkeit als Denk- und Handlungsmaxime und der Frage nach deren Grenzen – ist es legitim, die technischen Möglichkeiten bewusst nicht auszuschöpfen? Welche individuellen und kollektiven Preise oder Sanktionen sind damit möglicherweise verbunden?
- Fragen der menschlichen Identität an der Schnittstelle zwischen Mensch und Technik – insbesondere bei Implantaten, die mittels einer Software gesteuert werden können (Park 2019; vgl. Abschn. 9.3.3 zu ‚Enhancement‘ und ‚Cyborgs‘)

Hinweis

Wünschenswert wäre, wenn innovative biomedizinisch-technische Entwicklungsprozesse von einem interdisziplinären fachlichen sowie einem öffentlichen gesellschaftlichen Dialog begleitet würden, um nicht allein das technisch Mögliche ins Zentrum der Entwicklung zu stellen, sondern immer auch die Frage danach, wie wir leben wollen und welche gesundheitlichen Handlungs- und Versorgungsoptionen wir dazu als angemessen erachten. ◄

- Konflikte der Identität und Zugehörigkeit, z. B. im Fall von Cochlea-Implantaten zwischen der Gehörlosenkultur und dem Anspruch auf Lautsprache als sozialer Norm
- Sicherheit, Kontrolle und Autonomie – z. B. wenn technische Geräte als ein Teil des Körpers wahrgenommen werden und somit weitere Sicherheitsvorstellungen in Bezug auf die Unversehrtheit des eigenen Körpers aufgedeckt werden; zumal die Anpassung und Kontrolle der Implantate aktuell nur Expert*innen möglich ist (Park 2014)

- Verantwortlichkeit hinsichtlich des gesundheitsbezogenen Handelns, einhergehend mit möglichen Sanktionen bei Nicht-Befolgen der normativen Erwartungen (‚responsibilisierende Entscheidungen‘; Samerski und Henkel 2015) – z. B. im Ärzt*in-Patient*in-Verhältnis, in Bezug auf Leistungen durch Krankenkassen/andere Versicherungen, sowie im sozialen, beruflichen und schulischen Umfeld
- Rechtliche Aspekte – z. B. im Sinne des ärztlichen Haftungsrechts
- Dilemmata aufseiten der Behandelnden – z. B., wenn sie die Implantation als medizinisch indiziert erachten, die/der Patient*in die Operation jedoch nicht wünscht

9.5.2   Verschiebung kultureller Bedeutungen

Technische Innovationen und deren Einsatz in biologischen Prozessen führen zu einer Verschiebung kultureller Bedeutungen. Die Untersuchung der Auswirkungen dessen auf das Alltags- und Körpererleben der Patient*innen ermöglicht die stete Berücksichtigung von Diversität im Zuge der Erstellung ethischer Empfehlungen. Welche Wechselwirkungen zwischen Biomedizin, Technik und dem menschlichen Körper sind sozial und kulturell akzeptiert und welche nicht? Dies ist eine Frage, die sich im spezifischen, lokalen Kontext jeder technischen Innovation neu stellt.

Die Bewertung sozioethischer Implikationen einer neuen oder bestehenden Gesundheitstechnologie können der schwierigste und herausforderndste Aspekt einer Evaluation sein, weil jede Entscheidung, eine Gesundheitstechnologie zu entwickeln oder einzusetzen, unweigerlich auf Werturteilen beruht (van der Wilt et al. 2000). Diese Werturteile sind und werden immer heterogener sowohl in Bezug auf individuelle Lebenswelten als auch auf gesellschaftliche Diversität und medizinische Kultur.

Ein Bespiel für solche Unterschiede und die ‚identitätsstiftende Bedeutung der Biotechnologie‘ (Lundin 1999) sind die unterschiedlichen Bilder des Körpers als: ‚Treffpunkt für verschiedene Arten des Denkens und der Praxis‘ (Lundin 1999); ‚Arena der persönlichen Authentizität‘ (Giddens 1990); als ‚Schlacht‘ (Lundin 1999) oder ‚Minenfeld‘ (Martin 1994). Das Wissen über die Körperbilder in Relation zum Implantat in der jeweiligen Gesellschaft kann dazu beitragen, sowohl die Kommunikations- als auch die Entwicklungs- und Behandlungsangebote bedarfsorientierter anzupassen.

▶   **Praxistipp** Die folgenden Fragen können zu einem besseren Verständnis der Körperbilder beitragen und sollten in gegenwärtigen qualitativen Studien aufgegriffen werden: Welches Bild wird dem Implantat zugeschrieben und welche positiven oder negativen Auswirkungen hat dieses Bild auf Bewältigungsprozesse etwaiger Risiken, die mit dem Implantat verbunden sein können? Welche kulturellen Mechanismen werden entwickelt, um häufig als Fremdkörper wahrgenommene Implantate anzunehmen oder abzustoßen?

Aus einer diversitätsorientierten Perspektive kann die Einführung eines Implantats auch Effekte auf bestimmte soziale Gruppen und kollektive Identitäten ausüben (Hansson 2005). So könnten sich Gruppen in deren Gemeinschaft und Kultur bedroht fühlen und sich für eine kritische und nicht-medizin-zentrierte Betrachtung der Thematik einsetzen. In Anbetracht der mit biomedizinisch-technischen Innovationen einhergehenden Verschiebungen von Normen im Hinblick auf Körper, Gesundheit und Leistungsfähigkeit kann die Solidarisierung in Gruppen oder Kulturen (z. B. der Gehörlosen-Kultur) von Bedeutung für die Wahrung oder Wiederherstellung einer persönlichen und sozialen Identität sein (Schneider 2007). Die bei weitem stärkste Gegenreaktion dieser Art ist die der „Deaf World" (einer sprachlichen und kulturellen Minderheitengruppe) gegen die Anwendung der Cochlea-Implantat-Chirurgie bei prälingual ertaubten Kindern.

Aus interkultureller und interreligiöser Sicht ergeben sich zusätzlich Fragen, die das Material der entwickelten Implantate betrifft. Untersuchungen legen nahe, dass religiöse Kodizes mit einigen Behandlungsschemata in Konflikt stehen (z. B. die Verwendung von aus Rindern oder Schweinen gewonnenen Produkten). In diesem Kontext ist es von entscheidender Bedeutung, die informierte Zustimmung der Patient*innen für die Verwendung von Arzneimitteln und Implantaten mit tierischen oder menschlichen Inhaltsstoffen einzuholen (Eriksson et al. 2013), Zugang zu den relevanten Informationen zu gewährleisten und für das Thema zu sensibilisieren.

9.6 Zusammenfassung und Fazit

Zusammenfassend können die nachfolgenden Fragen der Reflexion und Orientierung im Hinblick auf eine ethisch verantwortungsvolle Entwicklung von Implantaten dienen (vgl. Tab. 9.1): Welche Aspekte sind im Vorfeld zu bedenken? Welche Akteur*innen und Wissensquellen können in diesem Prozess zurate gezogen werden?

In der Literatur finden sich unterschiedliche Rahmenwerke zur Analyse und Bewertung ethischer Fragestellungen im Hinblick auf medizinische Technologien sowie Empfehlungen zur Einhaltung ethischer Prinzipien bei der Entwicklung innovativer Technologien und der klinischen Versorgung (Forte et al. 2018; Gagliardi et al. 2017; Lysdahl et al. 2016). Alle Rahmenwerke haben gemeinsam, dass sie die Werte der/des Patient*in ins Zentrum der Entwicklung und Anwendung medizinischer Innovationen stellen.

▶ **Praxistipp** Technologische Innovationen spiegeln bestimmte gesellschaftliche Werte, die gleichzeitig als Grundlage dienen (Thoma 1986), um Prozesse technischer Innovationen zu regulieren. Daher sollte eine ethische Prüfung mit Bezug zum lokalen Kontext stattfinden und die Patient*innen-Perspektive beinhalten. Diese Kriterien erfüllen zum heutigen Zeitpunkt nur wenige empirische Studien in Deutschland. Methodisch empfehlen sich prozess-

Tab. 9.1 Fragen zur Reflexion im Sinne einer Implantat-Ethik (Quelle: Eigene Darstellung)

Dimensionen der Implantat-Ethik	
Allgemeine ethische Grundsätze	• Wurden die allgemeinen ethischen Grundsätze (Würde, Freiheit und Selbstbestimmung, Gesundheit im Sinne körperlicher und psychischer Integrität, Gerechtigkeit und Solidarität, Nachhaltigkeit) bei der Entwicklung des Implantats in Betracht gezogen? • Welche Aspekte müssten dafür berücksichtigt und welche noch unbekannten Auswirkungen antizipiert werden? • Wer müsste am Entwicklungsprozess beteiligt werden, um den Grundsätzen Rechnung zu tragen?
Forschung und Entwicklung	
Entwicklung, Evaluation und Markteinführung	• Reflektiert die ethische Analyse eines Implantats die spezifischen Details der Gesellschafts- und Patient*innenperspektive, der klinischen Wirksamkeit und Sicherheit, der wirtschaftlichen Analyse, der Umweltauswirkungen und der Umsetzungserwägungen? • Wurden die folgenden Prinzipien der Evaluation berücksichtigt: 1) Aufsicht/Kontrolle; 2) informiertes Einverständnis; 3) fachliche Lernkurve und 4) vulnerable Patient*innengruppen?
Forschungsethik	• Basiert die ethische Analyse auf qualitativen empirischen Untersuchungen im lokalen Kontext? • Werden partizipative Forschungsansätze berücksichtigt? • Findet eine Forscher*innen-Reflexion statt?
Aus-, Fort- und Weiterbildung	
Ingenieure (z. B. Biomedizinische Technik)	• Besteht eine inner- und interdisziplinäre Informations- und Austauschkultur über mögliche Konsequenzen der Implantattechnologie für Patient*innen, Angehörige und Gesellschaft? • Wie werden ethische, psychosoziale und kulturelle Aspekte der Implantatentwicklung und -versorgung in der Praxis medizintechnischer Ingenieure berücksichtigt? • Wie können diese Aspekte in die Aus-, Fort- und Weiterbildung integriert werden?
Versorgende (z. B. Ärzt*innen, Pflegende)	• Inwiefern werden Medizinstudierende auf ethische Fragestellungen im Zusammenhang mit der Implantatversorgung vorbereitet? • Wie können Themen der Implantatethik in das Curriculum des Medizinstudiums und in Fort- und Weiterbildungsmaterialien für Mediziner*innen eingebaut werden?

(Fortsetzung)

Tab. 9.1 (Fortsetzung)

Versorgung mit Implantaten	
Allgemein	• Wurde reflektiert, welche (Langzeit-)Folgen Implantate für das Selbstempfinden, die Lebensführung und das soziale Erleben von Personen bedeuten können? • Wurden Nutzen und Risiken für die individuelle Lebenssituation der Patient*in reflektiert und kommuniziert? • Wurden alle für das Leben mit einem Implantat relevanten Aspekte bei der gemeinsamen Entscheidungsfindung identifiziert und ausgehandelt? • Wurden ärztliche Empfehlungen und Kommunikationsstrategien kritisch überprüft (in Selbstreflexion und im Austausch mit Kolleg*innen)? • Wird es Patient*innen ermöglicht, eine Entscheidung für oder gegen ein Implantat, ohne Druck aufgrund von Konzepten wie „Normalsein" oder „ökonomischer Effizienz", zu treffen?
Cochlea-Implantate	• Wurde das Implantat im Hinblick auf das Alltagsleben der Träger*innen geprüft – beispielsweise in Situationen des Berufs- und Freizeitlebens, Teilhabe an kulturellen und sozialen Aktivitäten sowie bei sportlicher Betätigung? • Wurde bei der Entwicklung des Implantats die Verteilungsgerechtigkeit im Sinne der erwarteten Kosten und der Verfügbarkeit des Implantats berücksichtigt (z. B. im Sinne der zur Herstellung erforderlichen Rohstoffe, Ressourcen, Produktionskosten sowie Behandlungs- und Folgekosten, Selbstbeteiligung der Träger*innen an Wartungskosten, Folgeuntersuchungen an spezialisierten Zentren einschließlich Reise- und Übernachtungskosten sowie Schul- oder Dienstausfall)? • Wie kann ein größtmögliches Maß an Selbstbestimmung hinsichtlich des Lebens mit dem Implantat gewährleistet werden, einschließlich der Kontrolle über das technische Funktionieren des Implantats sowie die informationelle Selbstbestimmung bei externer Einstellung und Anpassung?
Glaukom-Implantate	• Wurde die begleitende Angst von Patient*innen und deren Angehörigen, dass das Implantat plötzlich nicht mehr funktioniert und man selbst zu einem „Notfall" wird, bei der Entwicklung berücksichtigt? • Wurde auf mögliche Schuldgefühle bei den Implantatträger*innen (welche durch „falsches Verhalten oder unzureichend schnelle Reaktion) bzgl. einer potenziellen Erblindung eingegangen?

(Fortsetzung)

Tab. 9.1 (Fortsetzung)

Kardiovaskuläre Implantate	• Inwieweit können verwendete (biologische) Materialien kulturbedingte Bedürfnisse von Patient*innen belangen? • Welche ethischen Konfliktmomente können durch technische Möglichkeiten kardiovaskulärer Implantate bedingt werden, beispielsweise in Bezug auf Entscheidungen zum Lebensende?
Fragen am Lebensende	• Wie werden ethische Aspekte lebenserhaltender Implantate in Entwicklung, Wissenschaft und Versorgung reflektiert? • Welche Bedeutung haben Implantate für das natürliche Lebensende? Inwiefern werden Patient*innen und Angehörige über mögliche Entscheidungsmomente zum Lebensende von Personen mit Implantaten aufgeklärt? • Welche Herausforderungen bestehen für Mediziner*innen bei der Beratung von Patient*innen und Angehörigen?
Gesellschaftliche Implikationen	
Verschiebung von Normen	• Inwiefern trägt der Fortschritt in der Implantattechnologie zu einem Werte- und Normenwandel in Medizin und Gesellschaft bei und welche Zukunftsperspektive ergibt sich hieraus für den Anspruch an die Leistungsfähigkeit des Menschen? • Welchen Einfluss kann die Entwicklung eines Implantats auf die Wahrnehmung von Normalität, Abweichung/Behinderung, Anspruch an körperliche Leistungsfähigkeit und Menschenbild haben? • Wurde die Bedeutung eines konkreten Implantats für das Verständnis von ‚gesund‘ und ‚krank‘, ‚normal‘ und ‚abweichend‘ reflektiert? • Wie wirkt sich das Implantat auf die menschliche Identität an der Schnittstelle zwischen Mensch und Technik aus – insbesondere bei Implantaten, die mit dem Nervensystem interagieren? • Kann durch die Markteinführung des Implantats Handlungsdruck entstehen und die Entscheidung gegen das Implantat mit potenziellen Konflikten oder Sanktionen verbunden sein?

(Fortsetzung)

Tab. 9.1 (Fortsetzung)

Verschiebung kultureller Bedeutungen	• Auf welchen Werturteilen beruht die Entwicklung des Implantats und verbergen diese potenzielle Konflikte oder Ungerechtigkeiten? • Welches Bild wird dem Implantat zugeschrieben und welche positiven oder negativen Auswirkungen hat dieses Bild auf Bewältigungsprozesse etwaiger Risiken, die mit dem Implantat verbunden sein können? • Welche kulturellen Mechanismen werden entwickelt, um häufig als Fremdkörper wahrgenommene Implantate anzunehmen oder abzustoßen? • Werden durch die Implantatentwicklung möglicherweise kollektive Identitäten beeinflusst – und falls ja, wie? • Gibt es kulturelle Besonderheiten in Bezug auf die Implantatanwendung, die berücksichtigt werden sollten?

orientierte, interaktive und partizipative Ansätze des Health Techology Assessment (Lysdahl et al. 2016), um der Komplexität ethischer Aspekte in Bezug auf medizinische Innovationen gerecht zu werden. Diese erfordern eine transparente Reflexion seitens der Forschenden und eine Validierung der Ergebnisse in Kooperation mit den potenziellen zukünftigen Implantat-Träger*innen.

Beispielsweise formulieren Gagliardi et al. (2017) Faktoren, die bei der Entscheidungsfindung bezüglich eines Implantats in einem medizinischen Versorgungskontext auf der Ebene der/des Patient*in, der Behandelnden, des Gesundheitssystems sowie der Produkts bzw. Marktes beachtet werden sollten.

Diese erlauben einerseits Flexibilität im Hinblick auf die Unvorhersehbarkeit komplexer Interventionen, sowie andererseits Offenheit für unterschiedliche Perspektiven, die im gesamten Prozess von der Entwicklung über die Markteinführung bis hin zur Versorgung individueller Personen von Bedeutung sind.

Der methodische Ansatz des ethischen Teilprojekts im Rahmen von RESPONSE FV13 trägt diesen Prinzipien Rechnung; ein multimethodisches Vorgehen unter Einbeziehung partizipativer Zugänge zur Beteiligung unterschiedlicher Interessensvertreter*innen bildet die Grundlage für die Erarbeitung von Leitfäden zur Kommunikation und Entscheidungsfindung; außerdem fließen die Erkenntnisse in den Aufbau eines Schulungs-Moduls (als Teil eines e-Learning-Curriculums) zur verantwortungsvollen Entwicklung und Anwendung von Implantaten sowie für die Etablierung und Verstetigung von Strukturen zur dauerhaften Integration ethischer Aspekte in die innovative Implantat-Entwicklung und -anwendung.

Literatur

Andorno, R. (2011). The dual role of human dignity in bioethics. *Medicine, Health Care, and Philosophy, 16,* 967–973.

Beauchamp, T. L., & Childless, J. F. (1991). Principles of biomedical ethics. *International Clinical Psychopharmacology, 6,* 129–130.

Berger, J. T. (2005). The ethics of deactivating implanted cardioverter defibrillators. *Annals of Internal Medicine, 142,* 631–634.

Bickel, J. (1991). Medical students' professional ethics: Defining the problems and developing resources. *Academic Medicine: Journal of the Association of American Medical Colleges, 66,* 726–729.

Biller-Andorno, N., Neitzke, G., Frewer, A., & Wiesemann, C. (2003). Lehrziele „Medizinethik im Medizinstudium". *Ethik in der Medizin, 15,* 117–121.

Bobbert, M. (2013). 20 Jahre Ethikunterricht im Medizinstudium: Eine erneute Lehrziel- und Curriculumsdiskussion ist erforderlich. *Ethik in der Medizin, 25,* 287–300.

Buchanan-Oliver, M., & Cruz, A. (2011). Discourses of technology consumption: Ambivalence, fear, and liminality. *Advances in Consumer Research, 39,* 287–291.

Bundesverband Medizintechnologie (BVMed). (2016b). Der lange Weg eines Medizinprodukts von der Idee bis zur Anwendung am Patienten. https://www.bvmed.de/de/bvmed/publikationen/medizinprodukte-inforeihe.

Canadian Agency for Drugs and Technologies in Health (CADTH). (2018). Optimal use of minimally invasive glaucoma surgery: A health technology assessment – Project protocol. Ottawa (ON) (CADTH Optimal Use Reports).

Canadian Agency for Drugs and Technologies in Health (CADTH). (2019). Optimal use of minimally invasive glaucoma surgery: Recommendations. Ottawa (ON) (CADTH Optimal Use Reports).

Cherry, M. J. (1996). Bioethics and the construction of medical reality. *The Journal of Medicine and Philosophy, 21,* 357–373.

Christiansen, J. B., & Leigh, I. (2002). *Cochlear implants in children: Ethics and choices.* Washington, D.C.: Gallaudet University Press.

Christie, E., & Bloustien, G. (2010). I-cyborg: disability, affect and public pedagogy. *Discourse: Studies in the Cultural Politics of Education, 31,* 483–498.

Datenethikkommission der Bundesregierung (DEK). (2019). Gutachten der Datenethikkommission. Berlin. https://www.bmi.bund.de/SharedDocs/downloads/DE/publikationen/themen/it-digitalpolitik/gutachten-datenethikkommission.html. Zugegriffen: 24. Sept. 2020.

Deutsche Forschungsgemeinschaft (DFG). (2016). Tierversuche in der Forschung. https://www.dfg.de/download/pdf/dfg_im_profil/geschaeftsstelle/publikationen/tierversuche_forschung.pdf.

Eriksson, A., Burcharth, J., & Rosenberg, J. (2013). Animal derived products may conflict with religious patients' beliefs. *BMC Medical Ethics, 14,* 48.

Farmanova, E., Bonneville, L., & Bouchard, L. (2018). Organizational health literacy: Review of theories, frameworks, guides, and implementation issues. *Inquiry: A Journal of Medical Care Organization, Provision and Financing, 55,* 46958018757848.

Forte, D. N., Kawai, F., & Cohen, C. (2018). A bioethical framework to guide the decision-making process in the care of seriously ill patients. *BMC Medical Ethics, 19,* 78.

Gagliardi, A. R., Lehoux, P., Ducey, A., Easty, A., Ross, S., Bell, C. M., et al. (2017). Factors constraining patient engagement in implantable medical device discussions and decisions: Interviews with physicians. *International Journal for Quality in Health Care: Journal of the International Society for Quality in Health Care, 29,* 276–282.

Gerhardt, V. (1999). *Selbstbestimmung: Das Prinzip der Individualität.* Stuttgart: Reclam.

Giddens, A. (1990). The consequences of modernity. 6th pr. Stanford, Calif.: Stanford Univ. Press.

Görsdorf, A. (2010). „Aber, Du wirst für immer zwischen den Welten bleiben!" – Deutungsmuster und mein Leben mit Cochlea-Implantat: Not quite like Beethoven – Ein Blog über Unhörbares, Uerhörtes und Nichtgehörtes. https://notquitelikebeethoven.wordpress.com/2010/05/25/cochlea-implantat-deutungsmuster-leben/.

Grubb, B. P., & Karabin, B. (2011). Ethical dilemmas and end-of-life choices for patients with implantable cardiac devices: Decisions regarding discontinuation of therapy. *Current Treatment Options in Cardiovascular Medicine, 13*, 385–392.

Hansson, S. O. (2005). Implant ethics. *Journal of Medical Ethics, 31*, 519–525.

Harzheim, L., Lorke, M., Woopen, C., & Jünger, S. (2020). Health literacy as communicative action – A qualitative study among persons at risk in the context of predictive and preventive medicine. *International Journal of Environmental Research and Public Health, 17*, 1718.

Hilgendorf, E. (2013). Einführung in Teil C: Menschenwürde und medizinisch-technischer Fortschritt. In J. Joerden, E. Hilgendorf, & F. Thiele (Hrsg.). *Menschenwürde und Medizin. Ein interdisziplinäres Handbuch* (S. 733–738). Berlin: Duncker & Humblot.

Höcker, J. (2010). Sozialmedizinische Aspekte der medizinischen Versorgung gehörloser Menschen in Deutschland. Inauguraldissertation zur Erlangung des Doktorgrades der Medizin. Johannes Gutenberg-Universität. Institut für Arbeits-, Sozial- und Umweltmedizin der Universitätsmedizin.

Hutchison, K., & Sparrow, R. (2018). Ethics and the cardiac pacemaker: More than just end-of-life issues. *Europace, 20*, 739–746.

Irrgang, B., & Heidel, C.-P. (2015). Medizinethik: Lehrbuch für Mediziner. 1. Aufl. Stuttgart: Franz Steiner (Philosophie).

Jacob, R., & Stelzig, Y. (2013). Cochleaimplantatversorgung in Deutschland. *HNO, 61*, 5–11.

Jarret, C. (2013). The age of the superhuman. *The Psychologist, 26*, 720–723.

Jenkins, R. (2004). *Social identity* (2. Aufl.). London: Routledge.

Jonassen, J. A., Cardasis, C. A., & Clay, M. A. (1997). Integrating clinical ethical concepts and patient-centered problem solving into the basic science curriculum. *Academic Medicine: Journal of the Association of American Medical Colleges, 72*, 426–427.

Kopelman, L. (1983). Cynicism among medical students. *JAMA, 250*, 2006.

Lundin, S. (1999). The boundless body: Cultural perspectives on xenotransplantation. *Ethnos, 64*, 5–31.

Lysdahl, K. B., Oortwijn, W., van der Wilt, G. J., Refolo, P., Sacchini, D., Mozygemba, K., et al. (2016). Ethical analysis in HTA of complex health interventions. *BMC Medical Ethics, 17*, 16.

Martin, E. (1994). Flexible bodies: Tracking immunity in American culture from the days of polio to the age of AIDS. Boston: Beacon Press.

Muskens, I. S., Gupta, S., Hulsbergen, A., Moojen, W. A., & Broekman, M. L. (2017). Introduction of novel medical devices in surgery: Ethical challenges of current oversight and regulation. *Journal of the American College of Surgeons, 225*, 558–565.

Napier, A. D., Ancarno, C., Butler, B., Calabrese, J., Chater, A., Chatterjee, H., et al. (2014). Culture and health. *The Lancet, 384*, 1607–1639.

Neitzke, G. (2008). Ethik in der medizinischen Aus- und Weiterbildung. *Bundesgesundheitsblatt, Gesundheitsforschung, Gesundheitsschutz, 51*, 872–879.

Oudshoorn, N. (2015). Sustaining cyborgs: Sensing and tuning agencies of pacemakers and implantable cardioverter defibrillators. *Social studies of science, 45*, 56–76.

Park, E. (2014). Ethical issues in cyborg technology: Diversity and inclusion. *Nanoethics, 8*, 303–306.

Park, E. (2019). Digitalisierung geht unter die Haut – Perspektiven eines Cyborgs. In R. Fürst (Hg.) Gestaltung und Management der digitalen Transformation (1. Aufl 2019, S. 243–254). Wiesbaden: Springer Fachmedien Wiesbaden GmbH Springer (AKAD University Edition).

Parkhurst, A. (2012). Becoming cyborgian. *The New Bioethics, 18,* 68–80.

Pellegrino, E. D. (1992). Intersections of western biomedical ethics and world culture: Problematic and possibility. *Cambridge Quarterly of Healthcare Ethics, 1,* 191–196.

Presse- und Informationsamt der Bundesregierung. (2020). Die UN-Nachhaltigkeitsziele. https://www.bundesregierung.de/breg-de/themen/nachhaltigkeitspolitik/die-un-nachhaltigkeitszi ele-1553514. Zugegriffen: 24. Sept. 2020.

Samerski, S. (2019). Health literacy as a social practice: Social and empirical dimensions of knowledge on health and healthcare. *Social Science & Medicine, 1982*(226), 1–8.

Samerski, S., & Henkel, A. (2015). Responsibilisierende Entscheidungen. Strategien und Para-doxien des sozialen Umgangs mit probabilistischen Risiken am Beispiel der Medizin. *Berliner Journal für Soziologie, 25,* 83–110.

Schermer, M. (2009). The mind and the machine. On the conceptual and moral implications of brain-machine interaction. *Nanoethics, 3,* 217–230.

Schicktanz, S., & Ehm, S. (2006). Der menschliche Körper als bioethischer Konfliktstoff? Ein Problemaufriss. In S. Ehm & S. Schicktanz (Hrsg.), *Körper als Maß?: Biomedizinische Ein-griffe und ihre Auswirkungen auf Körper- und Identitätsverständnisse* (S. 9–28). Stuttgart: Hirzel.

Schneider, W. (2007). Simone Ehm, Silke Schicktanz (Hrsg) (2006) Körper als Maß? Bio-medizinische Eingriffe und ihre Auswirkungen auf Körper- und Identitätsverständnisse. *Ethik in der Medizin, 19,* 166–167.

Self, D. J., Schrader, D. E., Baldwin, D. C., & Wolinsky, F. D. (1993). The moral development of medical students: A pilot study of the possible influence of medical education. *Medical Education, 27,* 26–34.

Sørensen, K., van den Broucke, S., Fullam, J., Doyle, G., Pelikan, J., Slonska, Z., & Brand, H. (2012). Health literacy and public health: A systematic review and integration of definitions and models. *BMC public health, 12,* 80.

Stempsey, W. E. (1999). The quarantine of philosophy in medical education: Why teaching the humanities may not produce humane physicians. *Medicine, Health Care and Philosophy, 2,* 3–9.

Strube, W., Pfeiffer, M., & Steger, F. (2011). Moralische Positionen, medizinethische Kenntnisse und Motivation im Laufe des Medizinstudiums – Ergebnisse einer Querschnittsstudie an der Ludwig-Maximilians-Universität München. *Ethik in der Medizin, 23,* 201–216.

Thoma, H. (1986). Some aspects of medical ethics from the perspective of bioengineering. *Theoretical Medicine and Bioethics, 7,* 305–317.

United Nations (UN), Department of Economic and Social Affairs. (2020). Sustainable develop-ment goals. https://sdgs.un.org/. Zugegriffen: 23. Sept. 2020.

van der Wilt, G. J., Reuzel, R., & Banta, H. D. (2000). The ethics of assessing health technologies. *Theoretical Medicine and Bioethics, 21,* 103–115.

Wong, N., & King, T. (2008). The cultural construction of risk understandings through illness narratives. *Journal of Consumer Research, 34,* 579–594.

Woopen, C. (2005). Zur Frage des Propriums einer medizinischen Ethik. In Gethmann-Siefert, A., Gahl, K., & Henckel, U (Hrsg.). *Wissen Und Verantwortung: Festschrift für Jan P. Beckmann* (S. 80–90). München, Freiburg i. Br. (Studien zur medizinischen Ethik).

Woopen, C. (2008). Solidarische Gesundheitsversorgung – Was schulden wir uns gegenseitig? In D. Schäfer, A. Frewer, E. Schockenhoff, & V. Wetzstein (Hrsg.), *Gesundheitskonzepte im Wandel* (S. 189–199). Stuttgart: Franz Steiner.

Woopen, C., & Mertz, M. (2014). Ethik in der Technikfolgenabschätzung: Vier unverzichtbare Funktionen. *Aus Politik und Zeitgeschichte, 64,* 40–46.

World Health Organization (WHO). (1946). *Verfassung der Weltgesundheitsorganisation.* New York, NY: WHO.

Xia, Y., & Ren, Q. (2013). Ethical considerations for volunteer recruitment of visual prosthesis trials. *Science and Engineering Ethics, 19,* 1099–1106.

Printed in the United States
by Baker & Taylor Publisher Services

Printed in the United States
by Baker & Taylor Publisher Services